161 コンクリートライブラリー

締固めを必要とする
高流動コンクリートの
配合設計・施工指針（案）

土木学会

Concrete Library 161

Recommendations for Mix Design and Construction of Mechanically-compacting Flowable Concrete

February, 2023

Japan Society of Civil Engineers

はじめに

土木学会コンクリート委員会では，このたび「締固めを必要とする高流動コンクリートの配合設計・施工指針（案）」を発刊することとなった．本指針は，土木学会が全国生コンクリート工業組合連合会，一般社団法人全国コンクリート圧送事業団体連合会，コンクリート用化学混和剤協会の 3 団体，セメント会社 2 社，建設会社 20 社の共同委託を受け，コンクリート委員会内に設置した「締固めを必要とする高流動コンクリートの施工に関する研究小委員会」（渡辺博志委員長）において作成され，コンクリート委員会での審議，承認を経て出版されるものである．

「締固めを必要とする高流動コンクリート」という呼び名は，先行して指針が作成され呼び名が定着している「（自己充填性を有する）高流動コンクリート」と区別するために導入されたものである．日本発のイノベーションである締固め不要の高流動コンクリートが誕生したのが 1988 年のことである．その後土木学会では，1998 年に「高流動コンクリート施工指針」，2012 年に「高流動コンクリートの配合設計・施工指針」を策定し，自己充填性を有する高流動コンクリート適用のための技術基盤を整えてきた．

一方，2016 年に刊行されたコンクリートライブラリー148「コンクリート構造物における品質を確保した生産性向上に関する提案」では，品質を確保したうえで生産性を向上するための提案がいくつか示された．それらの提案を実現するための課題のひとつに「振動締固めを必要とする高流動コンクリートの選択が可能な規定を検討，整備する」ことがあった．このことを受け，土木学会コンクリート委員会では 2018 年に「締固めを必要とする高流動コンクリートの配合設計・施工技術研究小委員会（358 委員会）」（加藤佳孝委員長）を委員公募による第 3 種委員会として設置して，締固めを必要とする高流動コンクリートの技術的な問題について集中的に調査研究を行った．これが今回の指針策定事業の前身となる活動である．このような背景のもと，締固めを必要とする高流動コンクリートを実際の工事に効果的に適用するための技術指針として本指針の作成に着手された．

締固めを必要とする高流動コンクリートは，一般的な配筋の構造物に対して打込みおよび締固め作業の軽減を期待できるものや，高密度配筋の構造物に対して間隙通過性を確保しつつ作業の軽減を期待できるものなど，多様な場面での利用が期待される．本指針が広く活用され，締固めを必要とするコンクリートが良質なコンクリート構造物の実現に寄与することが期待される．また，本指針では，締固めを必要とする高流動コンクリートの流動性，材料分離抵抗性および間隙通過性のフレッシュコンクリートの品質を評価するための新たな試験方法が提案されている．指針とともに有効に活用されることが望まれる．

本指針の作成に尽力いただいた締固めを必要とする高流動コンクリートの施工に関する研究小委員会の渡辺博志委員長，加藤佳孝副委員長，橋本紳一郎幹事長をはじめとする委員各位に心より感謝申し上げる．

令和 5 年 2 月

土木学会　コンクリート委員会
委員長　　下村　匠

序

締固めを必要とする高流動コンクリートは，施工品質の低下を防止して高品質なコンクリート構造物の構築に寄与するだけでなく，これからの建設業の人手不足に対応し，施工の合理化・省力化にも貢献することが期待される．これは，フレッシュコンクリートの流動性が高いため，圧送性が向上するとともに，比較的軽微な締固めによって充填性が確保できるという利点を有することによる．また，締固めを前提としない高流動コンクリートに比べ，締固めを必要とする高流動コンクリートは材料コスト面で優位となるとともに，軽微な締固めを実施することにより狭隘部の打ち込みにおいても未充填箇所の発生を防止できることが特徴として挙げられる．

締固めを必要とする高流動コンクリートの現場活用にあたっては，性能規定の原則に基づき，施工条件に即して，ワーカビリティーも含む性能の適切な設定と照査を経て，要求事項を満たすことが確認されればよい．しかし，これまでの活用実績が必ずしも多くないため，配合選定や施工管理方法等の技術的な情報の蓄積が十分ではない．このため，多くの現場に幅広く普及を図るうえでは，参考となる技術指針の整備が不可欠な状況であると考えられる．こうした背景から，前身となる「締固めを必要とする高流動コンクリートの配合設計・施工技術研究小委員会」（358 委員会）での検討内容をさらに発展させ，ここに新たに「締固めを必要とする高流動コンクリートの配合設計・施工指針（案）」を策定した．

本指針は，「本編」，「施工標準」，「検査標準」，「土木学会規準」および策定した指針の技術的な根拠や試験結果などを収録した「資料編」から構成されている．本編は，性能照査の基本原則について，締固めを必要とする高流動コンクリート特有の事項に着目して取りまとめたものである．本編では基本原則を示すことから，一般的な記述となる．これに対して，施工標準は，締固めを必要とする高流動コンクリートの標準的な適用条件を想定して，配合設計の手順やフレッシュコンクリートの標準的な品質目標値の設定などの具体的な項目について記述したものであり，マニュアルとしての性格も有するものである．

本指針ではフレッシュ性状確認のための新たな試験方法を提案しており，土木学会規準としてコンクリート標準示方書規準編に示されるとともに本指針にも収録している．ここで，新たな試験方法および品質目標値の設定にあたっては，実証試験を実施し可能な限り技術的根拠が明確になるようこころがけた．本指針の資料編には，こうした検討結果も収録している．

本指針が，締固めを必要とする高流動コンクリートを活用する技術者のよき参考書になるとともに，建設現場への普及に貢献することを願うものである．最後に，コロナ禍の難しい情勢にもかかわらず，本指針の作成にご尽力いただいた幹事および委員各位に厚く感謝申し上げる次第である．

令和 5 年 2 月

土木学会　コンクリート委員会
締固めを必要とする高流動コンクリートの施工に関する研究小委員会
委員長　　渡辺　博志

土木学会　コンクリート委員会　委員構成

（令和３年度・４年度）

顧　　問　　上田 多門，河野 広隆，武若 耕司，前川 宏一，宮川 豊章，横田 弘

委 員 長　　下村 匠

幹 事 長　　山本 貴士

委　員

秋山　充良	○綾野　克紀	○石田　哲也	○井上　　晋	○岩城　一郎
○岩波　光保	○上田　隆雄	上野　　敦	宇治　公隆	○氏家　　勲
○内田　裕市	○大内　雅博	△大島　義信	春日　昭夫	加藤　絵万
△加藤　佳孝	○鎌田　敏郎	○河合　研至	○岸　　利治	木村　嘉富
国枝　　稔	○河野　克哉	○古賀　裕久	○小林　孝一	○齊藤　成彦
○斎藤　　豪	○佐伯　竜彦	○坂井　吾郎	佐川　康貴	○佐藤　靖彦
島　　　弘	○菅俣　　匠	○杉山　隆文	髙橋　良輔	△田所　敏弥
谷村　幸裕	○玉井　真一	○津吉　　毅	○鶴田　浩章	土橋　　浩
長井　宏平	○中村　　光	○永元　直樹	半井健一郎	○二羽淳一郎
橋本　親典	○濵田　秀則	濱田　　譲	○原田　修輔	○久田　　真
日比野　誠	○平田　隆祥	藤山知加子	△細田　　暁	○本間　淳史
△前田　敏也	△牧　　剛史	○松田　　浩	○松村　卓郎	○丸屋　　剛
三木　朋広	三島　徹也	皆川　　浩	○宮里　心一	○森川　英典
○山口　明伸	○山路　　徹	渡辺　忠朋		

（50 音順，敬称略）

○：常任委員会委員

△：常任委員会委員兼幹事

土木学会　コンクリート委員会

締固めを必要とする高流動コンクリートの施工に関する研究小委員会
委員構成

委員長	渡辺　博志	（(一財) 土木研究センター）
副委員長	加藤　佳孝	（東京理科大学）
幹事長	橋本　紳一郎	（千葉工業大学）

委員兼幹事

上野　敦	（東京都立大学）	蔵重　勲	（(一財) 電力中央研究所）

委　員

阿波　稔	（八戸工業大学）	杉山　隆文	（北海道大学）
井口　重信	（東日本旅客鉄道（株））	鈴木　裕隆	（JR 東日本コンサルタンツ（株））
伊藤　始	（富山県立大学）	竹田　宣典	（広島工業大学）
伊代田　岳史	（芝浦工業大学）	伊達　重之	（東海大学）
長田　光司	（中日本高速道路（株））	鶴田　浩章	（関西大学）
片平　博	（(国研) 土木研究所）	橋本　親典	（徳島大学）
加藤　絵万	（(国研) 海上・港湾・航空技術研究所）	濱田　譲	（ジェイアール西日本コンサルタンツ（株））
佐川　康貴	（九州大学）	名倉　健二	（清水建設（株））

委託側委員兼幹事

代表幹事　浦野　真次　（清水建設（株））

坂井　吾郎	（鹿島建設（株））	桜井　邦昭	（(株) 大林組）
根本　浩史	（清水建設（株））	南　浩輔	（前田建設工業（株））
梁　俊	（大成建設（株））		

委託者側委員

石井　祐輔	（太平洋セメント（株））	田中　亮一	（東亜建設工業（株））
小林　竜平	（コンクリート用化学混和剤協会）	谷口　修	（五洋建設（株））
齋藤　尚	（住友大阪セメント（株））(2021.6 ～)	中村　敏之	（オリエンタル白石（株））
澤村　淳美	（戸田建設（株））	西脇　敬一	（鉄建建設（株））
椎名　貴快	（西松建設（株））	早川　健司	（東急建設（株））
千賀　年浩	（日本国土開発（株））（～2021.1）	林　俊斉	（(株) 安藤・間）
高橋　直希	（(株) フジタ）	樋口　正典	（三井住友建設（株））
竹中　寛	（東洋建設（株））	平間　昭信	（飛島建設（株））
田中　徹	（全国コンクリート圧送事業団体連合会）	廣中　哲也	（(株) 奥村組）

松本　修治　　（鹿島建設（株））
松信　岳彦　　（コンクリート用化学混和剤協会）
三浦　真司　　（住友大阪セメント（株））（～ 2021.6）
三本　巌　　（全国生コンクリート工業組合連合会）
森浜　哲志　　（佐藤工業（株））
守屋　健一　　（戸田建設（株））
山内　匡　　（日本国土開発（株））（2021.9～）
山之内　康一郎（全国生コンクリート工業組合連合会）
横山　大輝　　（日本国土開発（株））（2021.1 ～ 2021.9）

WG 構成

指針作成 WG　委員構成

主査　　加藤　佳孝　　（東京理科大学）
副査　　浦野　真次　　（清水建設（株））

上野　敦　　（東京都立大学）
長田　光司　　（中日本高速道路（株））
加藤　絵万　　（（国研）海上・港湾・航空技術研究所）
蔵重　勲　　（（一財）電力中央研究所）
坂井　吾郎　　（鹿島建設（株））
桜井　邦昭　　（（株）大林組）
鈴木　裕隆　　（JR 東日本コンサルタンツ（株））
名倉　健二　　（清水建設（株））
根本　浩史　　（清水建設（株））
橋本　親典　　（徳島大学）
南　浩輔　　（前田建設工業（株））
梁　俊　　（大成建設（株））
渡辺　博志　　（（一財）土木研究センター）

施工標準WG　委員構成

主査　　上野　敦　　（東京都立大学）
副査　　坂井　吾郎　　（鹿島建設（株））

伊藤　始　　（富山県立大学）
長田　光司　　（中日本高速道路（株））
齋藤　尚　　（住友大阪セメント（株））（2021.6 ～）
澤村　淳美　　（戸田建設（株））
千賀　年浩　　（日本国土開発（株））（～2021.1）
杉山　隆文　　（北海道大学）
鈴木　裕隆　　（JR 東日本コンサルタンツ（株））
高橋　直希　　（（株）フジタ）
竹中　寛　　（東洋建設（株））
伊達　重之　　（東海大学）
田中　徹　　（全国コンクリート圧送事業団体連合会）
鶴田　浩章　　（関西大学）
名倉　健二　　（清水建設（株））
早川　健司　　（東急建設（株））
林　俊斉　　（（株）安藤・間）
三浦　真司　　（住友大阪セメント（株））（～ 2021.6）
森浜　哲志　　（佐藤工業（株））
山内　匡　　（日本国土開発（株））（2021.9～）
山之内　康一郎（全国生コンクリート工業組合連合会）
横山　大輝　　（日本国土開発（株））（2021.1 ～ 2021.9）

性能規定WG　委員構成

主査　蔵重　勲　（（一財）電力中央研究所）

副査　桜井　邦昭　（（株）大林組）

井口　重信　（東日本旅客鉄道（株））

長田　光司　（中日本高速道路（株））

片平　博　（（国研）土木研究所）

加藤　絵万　（（国研）海上・港湾・航空技術研究所）

佐川　康貴　（九州大学）

椎名　貴快　（西松建設（株））

竹田　宣典　（広島工業大学）

田中　亮一　（東亜建設工業（株））

谷口　修　（五洋建設（株））

樋口　正典　（三井住友建設（株））

平間　昭信　（飛島建設（株））

守屋　健一　（戸田建設（株））

品質評価WG　委員構成

主査　橋本　紳一郎　（千葉工業大学）

副査　根本　浩史　（清水建設（株））

阿波　稔　（八戸工業大学）

石井　祐輔　（太平洋セメント（株））

伊代田　岳史　（芝浦工業大学）

片平　博　（（国研）土木研究所）

小林　竜平　（コンクリート用化学混和剤協会）

竹中　寛　（東洋建設（株））

中村　敏之　（オリエンタル白石（株））

西脇　敬一　（鉄建建設（株））

橋本　親典　（徳島大学）

濱田　譲　（ジェイアール西日本コンサルタンツ（株））

廣中　哲也　（（株）奥村組）

松本　修治　（鹿島建設（株））

三本　巌　（全国生コンクリート工業組合連合会）

事例収集WG　委員構成

主査　南　浩輔　（前田建設工業（株））

副査　梁　俊　（大成建設（株））

小林　竜平　（コンクリート用化学混和剤協会）

椎名　貴快　（西松建設（株））

田中　徹　（全国コンクリート圧送事業団体連合会）

田中　亮一　（東亜建設工業（株））

中村　敏之　（オリエンタル白石（株））

廣中　哲也　（（株）奥村組）

松本　修治　（鹿島建設（株））

松信　岳彦　（コンクリート用化学混和剤協会）

山之内　康一郎　（全国生コンクリート工業組合連合会）

コンクリートライブラリー161

締固めを必要とする高流動コンクリートの配合設計・施工指針（案）

目　次

本　　編

施工標準

検査標準

土木学会規準

資 料 編

本　編

1章　総　　則

1.1　一　　般

（1）この指針（案）は，締固めを必要とする高流動コンクリートを対象として，設計で定められた性能を有するコンクリート構造物を構築するための施工に適用する．

（2）［指針（案）：本編］は，設計図書に示されたコンクリート構造物を構築するために，性能規定の原則に基づいて締固めを必要とする高流動コンクリートを用いて施工を行う場合の基本的な考え方を示す．

（3）［指針（案）：施工標準］は，一般的な土木工事で用いられる構造形式の構造物に対して，締固めを必要とする高流動コンクリートを用いた施工の標準を示す．

（4）［指針（案）：検査標準］は，新設の土木構造物のコンクリート工事において，締固めを必要とする高流動コンクリートを用いた施工に対して必要となる検査の標準を示す．

（5）この指針（案）に記載のない事項は，最新のコンクリート標準示方書［施工編］による．

【解　説】　（1）について　この指針（案）では，設計図書に示されている要求性能を満足するコンクリート構造物を造るための施工の考え方を示している．締固めを必要とする高流動コンクリートは，2017年制定コンクリート標準示方書［施工編：特殊コンクリート］「**3章**　高流動コンクリート」の定義によれば，流動性がスランプフローで管理されるコンクリートのうち，締固めをすることを前提にしたコンクリートとなる．一般のコンクリート，締固めを必要とする高流動コンクリート，自己充塡性を有する高流動コンクリートの3つのコンクリートを対象に，流動性と充塡に必要な締固めの程度の関係に着目したときの各コンクリートの位置付けを**解説 図** 1.1.1に示す．図中にも注記しているように，この図では，流動性の大小の関係，締固めの程度の大小の関係を示しているだけであり，各コンクリートの厳密な範囲を示していないことに留意されたい．

締固めを必要とする高流動コンクリートは，一般のコンクリートに比べて，圧送性は向上し，打込み間隔やバイブレータの挿入間隔を大きくでき，締固め時間が短くてすむなど，各施工プロセスの作業効率を高めることが可能となる特徴がある．自己充塡性を有する高流動コンクリートと比較すると，コンクリートの粘性が低くなり，製造のしやすさや圧送性は向上し，使用材料（構成材料）が一般のコンクリートと近いために品質管理のしやすさが向上するとともに，材料のコストも比較的安価となる．また，自由落下高さや打込み間隔は自己充塡性を有する高流動コンクリートほど大きくできない反面，狭隘な箇所への打込み中に，仮に流動が停止しても軽微な締固めによって未充塡を回避することが可能である．したがって，締固めを必要とする高流動コンクリートは，一般的な配筋の構造物に対して打込みおよび締固め作業の軽減を期待する場合や，高密度配筋の構造物に対して間隙通過性を確保しつつ作業の軽減を期待する場合など，多様な場面での利用が期待されるコンクリートである．なお，この指針（案）では，現場でフレッシュコンクリートを用いて施工する場合と，プレキャストコンクリートを製造する場合を対象としている．

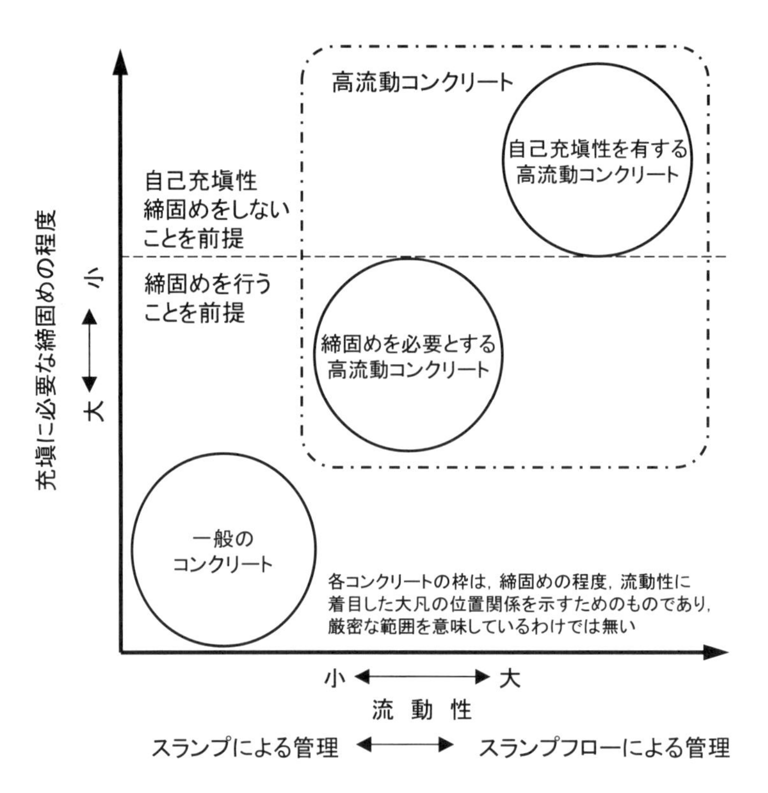

解説 図1.1.1　流動性と充塡に必要な締固めの程度の関係

（2），（3），（4）について　［指針（案）：本編］は，設計図書に示されたコンクリート構造物を構築するために，性能規定の原則に基づいて締固めを必要とする高流動コンクリートを用いて施工を行う場合の基本的な考え方を示すとともに，その場合の施工の留意点について記述している．この指針（案）では，施工に関する照査として，強度発現性についてはコンクリート標準示方書［施工編：本編］に従うこととし，ワーカビリティーに関する照査の考え方について示している．なお，コンクリート標準示方書［施工編：本編］に記載されている「**4章**　施工」，「**5章**　品質管理」，「**6章**　検査」，「**7章**　記録」については，これを参照することとし，［指針（案）：本編］では省略している．

［指針（案）：施工標準］は，［指針（案）：本編］に基づいて，施工に関する照査の標準的な方法を示す必要があるが，締固めを必要とする高流動コンクリートの適用実績は十分にないため，現時点では，標準的な方法を示すことは難しい．そのため，［指針（案）：施工標準］では，施工方法の範囲を示し，設定した施工方法を前提として，これまでの実績や研究成果に基づき，構造物を設計図書どおりに構築できるフレッシュコンクリートの品質も限定し，これらの設定した条件を実現する具体的な施工方法，配合設計の方法について記述している．すなわち，［指針（案）：施工標準］に従って施工方法およびフレッシュコンクリートの品質を設定し，配合設計により所定の品質を有するコンクリートを実現すれば，［指針（案）：本編］に示す施工に関する照査を満足していると見なすことができる．［指針（案）：施工標準］で設定している各種条件の根拠については，［指針（案）：資料編］II編を参照するとよい．

［指針（案）：検査標準］は，コンクリート標準示方書［施工編：検査標準］に加えて，締固めを必要とする高流動コンクリートを適用する場合に必要となる検査の標準的な事項について記述している．

（5）について　この指針（案）は，2017年制定コンクリート標準示方書［施工編］に基づいて作成している．そのため，この指針（案）に記載のない事項に関しては基本的には2017年制定コンクリート標準示方書［施工編］を参照するのがよいが，示方書の改訂は，技術の進歩を考慮して実施されていることから，最新のコンクリート標準示方書［施工編］もあわせて参照し，所定の品質を有するコンクリート構造物を構築するための施工について検討するとよい．

この指針（案）では，コンクリート標準示方書［設計編］，コンクリート標準示方書［施工編］を，［設計編］，［施工編］と省略して記述している．

1.2　用語の定義

この指針（案）では，用語を次のように定義する．ここで示していない用語については，コンクリート標準示方書［基本原則編］，［設計編］，［施工編］，［維持管理編］による．

充塡されたフレッシュコンクリートの均質度：構造体中の硬化コンクリートの均質性に関わる充塡されたフレッシュコンクリートの品質変動の尺度．

一般のコンクリート：一般的な新設の土木構造物のコンクリート工事に適用する設計基準強度が 50N/mm^2 未満，打込みの最小スランプが 16 cm 以下の AE コンクリート．

【解　説】　充塡されたフレッシュコンクリートの均質度について　設計で定められた硬化コンクリートの特性が構造物において均質であること（以下，構造体中の硬化コンクリートの均質性）に関わる充塡されたフレッシュコンクリートの品質変動の尺度として均質度を定義した．例えば，製造に伴う品質変動，締固めに伴うフレッシュコンクリート中の粗骨材の沈下量，ブリーディング量，空気量等の変動の程度や，型枠への未充塡の程度などで表現される指標である．構造体中の硬化コンクリートの均質性について，設計では，コンクリートの特性値に対して材料係数を用いることで考慮している．例えば，材料係数が1.3の場合，特性値を77%まで下げて，つまり材料物性を望ましくない方向に変動させて設定していることになる．また，コンクリートの配合設計では，設計で定めたコンクリートの特性値を満足する配合が材料実験データ等に基づいて選定される．そのため，施工においては，材料実験データから判断されるコンクリートの特性値が，構造体中の全ての箇所で再現されていれば，設計で想定した均質性を満足していると見なせる．均質性の低下が懸念される場合も，特性値が，設計で設定している材料係数で考慮されている変動の範囲に収まるように，施工を実施することが最低限求められる．特性値の変動が許容される範囲については，設計または施工計画で定められ，それに対応した充塡されたフレッシュコンクリートの均質度の限界値が定まる．この指針（案）では，充塡されたフレッシュコンクリートの均質度は，構造体中の硬化コンクリートの均質性が失われるほどその値が小さくなるように指標化することを想定している．

一般のコンクリートについて　［施工編：施工標準］で対象としているコンクリートを意味しており，コンクリートライブラリー152「混和材を大量に使用したコンクリート構造物の設計・施工指針（案）」に従って定義した．

2章　締固めを必要とする高流動コンクリートの利用における検討方針

2.1　一　　般

（1）締固めを必要とする高流動コンクリートは，環境条件，構造物の種類，構造条件，施工条件を考慮するとともに，その利用により得られる施工上の効果を考慮して適用する.

（2）締固めを必要とする高流動コンクリートは，その利用による施工上の効果が得られるように，施工方法とフレッシュコンクリートの品質を設定する.

【解　説】　（1）について　設計図書や工事仕様書等に示される要求事項を満足するコンクリート構造物を確実に構築するためには，適切に施工方法およびコンクリートの品質を設定する必要がある．このため，工事現場の場所，地形や施工時期に左右される環境条件，構造物の用途や形状，配筋等に代表される構造条件，工程，労務や作業条件，資機材の条件等を含む施工条件に基づき，コンクリートの運搬，打込みおよび締固め等の作業性を考慮した上で施工方法を設定し，適切なワーカビリティーが確保できるようにフレッシュコンクリートの品質を設定することが一般的である.

一方，近年のコンクリート構造物を取り巻く環境は，複雑な断面形状や高密度配筋化等の構造条件の多様化に加え，働き方改革，労働人口減少・高齢化，ICT・AI等の技術の普及を背景として，不具合発生リスクの低減とともに，安全で快適な労働環境を実現しつつ建設事業の生産性向上の一要素として建設施工の省力化・効率化および品質の向上が求められている．これらの社会ニーズに対応するためには，[設計編：本編]の「3.3 施工に関する検討」に，「設計図等に示された条件を満足するように施工されることが必要である．そのためには，施工に関する制約条件を十分に配慮して構造計画を行うことが必要である.」と記述されているように，設計段階で施工に関する検討を実施することが必要である．今後の社会ニーズや技術開発の進歩などを踏まえて適切な施工技術を活用していくためには，次の様な事項を考慮して建設プロジェクトを進めていくことが重要になってくる．例えば，設計施工一括発注や詳細設計付工事発注，ECI方式の場合は，施工で生じうる不具合発生リスクの低減や施工の省力化・効率化を達成するため，設計段階から自由度の高い施工の検討が可能となる．また，工事の施工のみを発注する場合は，設計段階である程度合理的な方法を想定しておくことは重要であるが，これによって施工の自由度が妨げられることがないように，施工での不具合発生リスクの低減と施工の省力化・効率化を実現する適切な技術の採用について，施工者からの提案に対する協議をしやすくすることも重要である．例えば，設計・施工技術連絡会議（三者会議）等を適切に活用することなどが想定される．さらに，より安全で快適な労働環境の実現に向け，現場での作業の負担軽減が可能な技術の採用も必要不可欠になる.

締固めを必要とする高流動コンクリートは，一般のコンクリートに比べて流動性と施工方法に関する選択の自由度が高まるため，コンクリートの施工における品質の確保および施工の省力化・効率化に有効であり，今後の活用，適用拡大が望まれているコンクリートである．なお，この指針（案）では具体的な程度までは言及しないが，施工の省力化・効率化によって現場での作業の負担が軽減される可能性も十分にある．したがって，締固めを必要とする高流動コンクリートの利用にあたっては，構造物の種類，部材の種類と形状・寸法および配筋等の構造条件，コンクリートの運搬，打込みおよび締固め等の施工条件を考慮するだけでなく，その利用により得られる施工上の効果を考慮して適用することが重要である．

締固めを必要とする高流動コンクリートで使用する材料のコストは，一般のコンクリートよりは高くなる場合も想定されるが，粉体量や混和材料の組合せが一般のコンクリートに近いために，自己充填性を有する高流動コンクリートよりは材料のコストの上昇を抑えることができる．そのため，このコンクリートを使用することによってもたらされるメリットを総合的に勘案すれば，工事全体としては経済的に有利になる場合も多い．その場合も，締固めを必要とする高流動コンクリートの品質に関する特徴をよく理解し，経済性と併せて，施工において得られる効果や硬化後の品質等を総合的に考慮して利用するとよい．なお，［指針（案）：資料編］VI 編には，締固めを必要とする高流動コンクリートの適用に関して，一般のコンクリートと比較して紹介しているので参考にするとよい．

（２）について　締固めを必要とする高流動コンクリートの利用によって得られる施工上の効果は，コンクリート構造物の構築における施工の作業のしやすさ（不具合発生リスクを抑えつつ作業効率を高めるなど）である．具体的には，適切な大きさのスランプフローおよび良好な締固め性（締固めを行ったときに短時間で良好な充填性を実現できるコンクリートの性状）を有するコンクリートを採用することにより，締固め作業の軽減，締固め作業人員の削減，打込み・締固め間隔の延長，型枠振動機等の機械化，施工時間の短縮等に加え，高い流動性と振動を付与した時の良好な間隙通過性により高密度配筋箇所への充填の確保と不具合発生リスクの低減等が挙げられる．コンクリートポンプを用いた長距離圧送では，管内閉塞事故の発生を抑制できる．また，工場製品やプレキャストコンクリートの製造における振動の軽減や美観向上等も，このコンクリートを利用することの効果として挙げることができる．締固めを必要とする高流動コンクリートの利用によって得られる施工上の効果を十分に発揮させるためには，コンクリート構造物の構造条件に対して，一般的な施工方法と比較して効率的かつ安全に作業が実施できる施工方法とフレッシュコンクリートの品質の組合せを十分に検討する必要がある．この検討結果に基づき，締固めを必要とする高流動コンクリートの配合や適用する施工方法の信頼性を十分に確認し，施工に関する照査を満足する施工計画を策定する必要がある．

締固めを必要とする高流動コンクリートのワーカビリティー以外のコンクリートの特性については，使用材料や配合が一般のコンクリートと大きく変わらないことから，［設計編］，［施工編］を適用することができる．そのため，この指針（案）では，強度や物質の透過に対する抵抗性，劣化に対する抵抗性等のコンクリートの特性に関わる事項については記述していないため，必要に応じて［設計編］，［施工編］を参照するとよい．

3章 施工計画

3.1 一 般

施工者は，締固めを必要とする高流動コンクリートの特徴を考慮し，設計図書に示されるコンクリート構造物を構築することができる施工計画を立案し，施工計画書を作成する．

【解 説】 設計図書に示されたコンクリート構造物を構築するために，施工計画の立案では，環境条件，構造条件および施工条件を勘案し，作業の安全性および環境負荷に対する配慮を含め，全体工程，施工方法，使用材料，コンクリートの配合，コンクリートの製造方法および品質管理計画について検討することとなる．

施工計画書は，この章に示す締固めを必要とする高流動コンクリートの特徴に関連する事項を考慮して，［施工編：本編］に基づいて作成するものとする．

3.2 施工に関する照査

3.2.1 一 般

（1）施工者は，性能規定の原則に基づいて，設計図書や工事仕様書等に示される要求事項を満足するコンクリート構造物を構築できることを照査する．

（2）照査は，適切な照査の方法を定め，照査指標の限界値と応答値との比較により行う．

【解 説】 （1）について 性能規定の原則に基づけば，構造物が設計図書どおりに構築できることを適切な方法によって確認すれば，コンクリート構造物を構築するための施工方法ならびにフレッシュコンクリートの品質は自由に選択できる．すなわち，施工に関する照査では，環境条件，構造条件および施工条件を考慮し，施工方法およびフレッシュコンクリートの品質を設定し，構造物が設計図書どおりに構築されることを確認すればよい．照査では，施工方法とフレッシュコンクリートの品質の両者の組合せを考慮して検討し，構造物が設計図書どおりに構築できる組合せとなるまで検討を繰り返すことになる．施工方法を仮に設定し，その条件を考慮した上で，適切なワーカビリティーと強度発現性を有するフレッシュコンクリートの品質を設定し照査を実施するのが一般的な方法である．［指針（案）：本編］では，強度発現性については［施工編：本編］に従うこととし，ワーカビリティーに関する照査の考え方について示している．

（2）について ［設計編：本編］では，構造物の性能照査を合理的に行うためには，限界状態を可能な限り直接表現することができる照査指標を用いて，限界値と応答値の比較を行うことが原則とされている．すなわち，用いる照査の方法に応じて照査指標，限界値および応答値は異なり，照査の方法には，実験等による実証や数理モデルに基づく方法等がある．

ここで，ワーカビリティーは，［施工編］で「材料分離を生じることなく，運搬，打込み，締固め，仕上げ等の作業のしやすさ」と定義されており，「材料分離を生じることなく」とは，設計で定められた硬化コンクリートの特性が構造物において均質であることを意味しており，さらに各作業がしやすいことで，作業効率を高めたり，作業に伴う不具合発生のリスクを低減したりすることなどが重要であることを意味していると解釈できる．

そこで，［指針（案）：本編］では，作業のしやすさについては「3.2.2 施工方法の設定」で考慮し，設定した特定の施工方法に対して，「3.2.3 フレッシュコンクリートの品質の設定」で設定したフレッシュコンクリートを用いて施工した場合の品質の変動を考慮し，充填されたフレッシュコンクリートの均質度が限界値を下回らないことを確認することで，ワーカビリティーに関する照査に代える方法を採用している．なお，この指針（案）では，構造体中の硬化コンクリートの均質性に関わる充填されたフレッシュコンクリートの品質変動の尺度として「充填されたフレッシュコンクリートの均質度」を用いており，例えば，施工に伴うフレッシュコンクリート中の粗骨材の沈下量，施工に伴うフレッシュコンクリートの空気量の変動の程度や，型枠への未充填の程度等で表現される指標である．すなわち，単にフレッシュコンクリートの品質の変動とは異なるため，この指針（案）では，この違いを明確にするために「充填されたフレッシュコンクリートの均質度」と表現している．

［施工編：施工標準］では，適切なワーカビリティーを有するコンクリートであることを確認する方法として，充填性，圧送性および凝結特性に着目して記述しているが，これは，この指針（案）で示している均質度に対する照査と相反するものではなく，ワーカビリティーに関する照査の方法が異なっているだけである．そのため，この指針（案）では，構造体中の硬化コンクリートの均質性との関係を明確にした均質度に対する照査の方法を紹介しているが，［施工編：施工標準］に従った方法でワーカビリティーに関する照査を実施してもよい．なお，［施工編：施工標準］では，充填性は流動性と材料分離抵抗性に基づいて定めているが，この指針（案）では，一般のコンクリートの適用に比べて，高密度配筋の構造物も対象にしていることから，そのような場合には間隙通過性も考慮する必要がある．

3.2.2　施工方法の設定

施工に関する各種の条件および締固めを必要とする高流動コンクリートの特徴を考慮して施工方法を設定し，コンクリート工の計画を立てる．

【解　説】　充填されたフレッシュコンクリートの均質度は，コンクリートの運搬方法，打込み方法，作業従事者の配置や担当する作業内容，締固め方法，仕上げ方法等の施工方法と，打込み時の気温等の環境条件，およびフレッシュコンクリートの品質の影響を受ける．所定の充填されたフレッシュコンクリートの均質度を満足するフレッシュコンクリートの品質と施工方法の組合せによって，コンクリート工の作業効率を高めるとともに，作業に伴う不具合発生リスクを低減することを検討することも重要である．特にフレッシュコンクリートを取り扱う作業である運搬から養生開始までの一連の作業では，コンクリートの供給が途切れることなく，円滑に作業できることを施工計画に反映する必要がある．また，施工作業は分業化が進み，施工関係者がすべての工種に携わらない場合も多いため，コンクリート工の計画では各作業内容を関係者間で情報共有・認識して，施工作業の責任と管理を明確にする体制を組み込むことが重要である．

締固めを必要とする高流動コンクリートの場合，一般のコンクリートに比べて，圧送性は向上し，打込み間隔やバイブレータの挿入間隔を大きくでき，締固め時間が短くてすむなど，各施工プロセスの作業効率を高めることが可能となる．自己充填性を有する高流動コンクリートと比較すると，コンクリートの粘性が低くなり，製造のしやすさや圧送性は向上し，使用材料（構成材料）が一般のコンクリートと同等で品質管理のしやすさが向上するとともに，材料のコストも比較的安価となる．また，自由落下高さや打込み間隔は自己充填性を有する高流動コンクリートほど大きくできない反面，狭隘な箇所への打込み中に，仮に流動が停止しても軽微な締固めによって未充填を回避することが可能である．ただし，この指針（案）で対象とするコンクリートは，一般のコンクリートの流動性に近いタイプのコンクリートから，自己充填性を有する高流動コンクリートに近いタイプのコンクリートまで，そのフレッシュコンクリートの品質の範囲が広いため，想定するフレッシュコンクリートの品質に応じて，利用の目的や作業効率の向上程度は異なる．これらの締固めを必要とする高流動コンクリートの特徴を考慮し，環境条件，構造条件，施工条件に基づいて，効率的な作業を実現するとともに作業に伴う不具合発生リスクが低減できる施工方法を設定することが重要となる．

3.2.3　フレッシュコンクリートの品質の設定

構造条件および施工方法に応じてフレッシュコンクリートの品質を設定する．

【解　説】　ここで想定しているフレッシュコンクリートの品質とは，一般のコンクリートの場合はスランプ，空気量にあたる指標であり，試し練りによる配合選定で用いる指標や，実施工の品質管理で用いる指標である．締固めを必要とする高流動コンクリートでは，鋼材の最小あき等の構造条件および施工方法に応じて，流動性，材料分離抵抗性，間隙通過性のうちの必要な性状に対して具体的な指標を選定し，フレッシュコンクリートの品質を設定するものとする．一方で，均質度に対する照査で用いる指標は，フレッシュコンクリートの品質で用いる指標と同じ場合もあり得るが，設定した施工方法の影響を直接的に考慮できる照査指標を設定するなど，フレッシュコンクリートの品質で用いる指標とは異なることも考えられる．なお，フレッシュコンクリートの品質の設定で用いる指標の例としては，［指針（案）：施工標準］を参照するとよい．

フレッシュコンクリートの品質の設定にあたっては，照査を満足する品質の許容範囲が狭くなると，施工における品質管理の結果，使用できないコンクリートの発生量が増大する可能性がある．そのため，施工方法とフレッシュコンクリートの品質の適切な組合せを検討するのがよい．

3.2.4　均質度に対する照査

（1）均質度に対する照査は，充填されたフレッシュコンクリートの均質度の限界値 H_{lim} の応答値 H_d に対する比に安全係数 γ_p を乗じた値が，1.0 以下であることを確かめることにより行うことを原則とする．

$$\gamma_p \frac{H_{lim}}{H_d} \leq 1.0$$

ここに，γ_p　：H_d のばらつきに対する安全係数
H_{lim}　：充填されたフレッシュコンクリートの均質度の限界値
H_d　：充填されたフレッシュコンクリートの均質度の応答値

（2）均質度に対する照査は，類似の条件による施工実績や信頼できる実験にしたがって確実に充填できることを確認することによって行ってもよい．

【解　説】　（1）について　均質度については，例えば，施工計画の対象である実構造物と同等スケールの実験結果に基づいて指標化する方法や，施工プロセス毎に均質度に与える影響を実験的に求め，運搬，打

込み，締固めの施工プロセスでの性状の変化を統合して指標化する方法等が想定される．これらの指標化する方法の相違により照査指標は異なるため，限界値および応答値も異なることになる．充填されたフレッシュコンクリートの均質度は，構造体中の硬化コンクリートの均質性が失われるほどその値が小さくなるように指標化することを想定している．なお，施工プロセス毎に考慮した指標化の考え方については，［指針（案）：資料編］I 編を参照するとよい．

この指針（案）では，均質度に対する照査を満足することで，構造体中の硬化コンクリートの均質性を満たしていることを確認する方法を原則とした．そのため，充填されたフレッシュコンクリートの均質度の限界値 H_{lim} は，構造体中の硬化コンクリートの均質性との関係に基づいて設定するとよい．均質度に対する照査の方法の一例としては，［指針（案）：施工標準］で設定している各種条件の根拠について示している，この［指針（案）：資料編］II 編を参照するとよい．

［施工編：施工標準］は，標準的な構造物を構築するうえでの材料および施工方法の仕様を規定することで，構築された構造物の性能を担保する，いわゆるみなし規定として位置づけられている．すなわち，［施工編：施工標準］に従えば，構造物が設計図書どおりに構築できることが担保されており，これは，構造体中の硬化コンクリートの均質性が，設計または施工計画で許容されている範囲に収まっていることを意味している．このことから，［施工編：施工標準］の適用範囲内でコンクリート構造物の施工を実施し，均質度に対する照査で設定した指標に従った充填されたフレッシュコンクリートの均質度の数値を取得すれば，締固めを必要とする高流動コンクリートの場合の限界値 H_{lim} として用いることが可能である．また，充填されたフレッシュコンクリートの均質度の応答値 H_d は，数理モデル等を用いた予測や実験結果に基づいた予測等の方法で設定することとなる．

（2）について　施工者は，締固めを必要とする高流動コンクリートを採用し，自らの責任において自由に材料および施工方法を選択し，施工計画を立案し，確実に充填できることを確認した後に施工を行う．このとき，均質度に対する照査を（1）の方法によって行うことが原則であるが，類似の条件による施工実績や信頼できる実験データがあれば，その内容にしたがって確実に充填できることを確認することによって行ってもよい．

3.3　コンクリートの配合計画

3.3.1　一般

施工者は，設計図書に記載されたコンクリートの特性値および 3.2 で定めたフレッシュコンクリートの品質を満足するコンクリートの配合を設計する．

【解　説】　コンクリートの特性値は，供試体を用いた試験で確認することを基本とし，その値が設計図書に定めた値を満足する必要がある．フレッシュコンクリートの品質については，試し練りで確認することを基本とし，「3.2.3 フレッシュコンクリートの品質の設定」で定めたフレッシュコンクリートの品質を満足する必要がある．なお，要求される品質を満足するコンクリートに用いられる材料の種類，配合および製造方法の組合せは幾つもあるため，経済性等を考慮して適切な組合せを定める必要がある．

3.3.2 使用材料の選定

締固めを必要とする高流動コンクリートに使用する材料は品質を確かめて使用する．

【解　説】 性能規定の原則に基づいた施工では，コンクリートが設計で設定されたコンクリートの特性値および「3.2.3 フレッシュコンクリートの品質の設定」で定めたフレッシュコンクリートの品質を満足していれば，あらゆる材料を用いることができる．ただし，その材料は，品質が確かめられたものであって，かつ，その材料を用いたコンクリートがコンクリートの特性値およびフレッシュコンクリートの品質を満足していることを，施工者が適切な方法によって示す必要がある．また，材料の入手のしやすさについても留意することが重要である．

締固めを必要とする高流動コンクリートの場合は，一般のコンクリートに比べて，フレッシュコンクリートの品質が骨材の品質および混和剤の影響を受けやすいため，使用材料の品質変動も考慮して材料を選定するとよい．

3.3.3 配合設計

締固めを必要とする高流動コンクリートの配合は，コンクリートが所定の品質を満足するように製造の制約条件等を考慮して定める．

【解　説】 配合設計では，フレッシュコンクリートおよび硬化コンクリートが所定の品質を満足するように，コンクリートの製造が想定される工場等の制約条件を考慮した上で使用材料および配合を仮定して試し練りを実施し，すべての要求される品質を満足することを確認するまで，この作業を繰り返すことになる．なお，設計図書に，コンクリートの特性値を設定する際に想定したコンクリートの水セメント比や使用するセメントの種類等の参考値が示されている場合は，それらを参考に使用する材料と配合を仮定して試し練りを行えば，合理的かつ効率的に配合を決定できる場合が多い．

締固めを必要とする高流動コンクリートの配合設計では，次の点に留意するとよい．環境温度と使用する混和剤の種類・量がフレッシュコンクリートの品質に及ぼす影響は，一般のコンクリートに比べて大きい場合があるため，荷卸しまでの時間や施工時の環境温度を考慮して配合設計を行うとよい．特に暑中環境下では，流動性の経時変化が大きくなる場合もあるため，環境温度の影響を適切に考慮する必要がある．「3.2.3 フレッシュコンクリートの品質の設定」で用いた指標だけでは，施工時の品質管理の実施においてフレッシュコンクリートの品質の良否が判断しにくい場合もあることから，試し練りの時に，経験を有する技術者による目視確認や，その他の品質試験を実施し，用いるコンクリートの特徴を把握し，その結果を品質管理に活用するとよい．品質試験および品質管理の例については，［指針（案）：施工標準］を参照するとよい．

3.4 コンクリートの製造計画

締固めを必要とする高流動コンクリートを一定のばらつきの範囲で製造することができるように製造計画を立てる．

【解　説】　コンクリートを一定のばらつきの範囲で製造するためには，製造設備が所定の製造能力を有していること，製造方法が適切であること，ならびに目標とするコンクリートの品質を安定して製造できる品質管理能力を工場が備えている必要がある．また，製造に従事する技術者の技術力や経験も，コンクリートの品質に影響を与える．施工者は，打込み作業が中断しないように，コンクリートを製造する工場の製造能力，運搬能力，工場と施工現場までの運搬距離を考慮した運搬計画を立てる必要がある．なお，レディーミクストコンクリート工場を使用する場合は，生産者と協議してコンクリートの製造計画を立案するのがよい．

締固めを必要とする高流動コンクリートの場合，単位水量の変動がフレッシュコンクリートの品質に与える影響が大きくなる場合もあることから，骨材の表面水率の管理を適切に行うことが重要である．また，混和剤の効果は，温度による影響を受けやすいことにも留意するとよい．

3.5　コンクリート工の計画

施工者は，締固めを必要とする高流動コンクリートの運搬，打込み，締固め，仕上げ，養生，継目等の計画を立てる．

【解　説】　「3.2.2 施工方法の設定」で計画したコンクリート工について，コンクリートの配合計画およびコンクリートの製造計画も踏まえて，必要に応じて見直しを実施し，コンクリート工の計画を確定する．

3.6　鉄筋工の計画

施工者は，設計図書に示されている補強材料を用い，設計図書どおりの補強材料の加工，配置および組立等が行えるように計画を立てる．

【解　説】　鉄筋等の補強材料は，外力に対してコンクリートと一体となって働くものであり，その施工の良否は構造物の安全性等の性能に大きく影響する．したがって，設計図書に示された補強材料の種類や径を確かめ，間違いなく所定の位置に配置する必要がある．現場で実施する納入された補強材料の確認や保管・加工・組立方法の選定は，設計で想定した構造物の性能を担保するためのものである．

締固めを必要とする高流動コンクリートは，鋼材の最小あき等の構造条件に応じて施工方法の設定およびフレッシュコンクリートの品質の設定が行われるため，設計図書どおりに行えるように鉄筋工の計画を立てることが，確実な施工において重要である．

3.7　型枠および支保工の計画

施工者は，コンクリート構造物が設計図書に示されている形状，寸法となるように，型枠および支保工の計画を立てる．

【解　説】　型枠および支保工は，所定の形状寸法の構造物を建設する上で重要である．型枠および支保工は設計図書では示されていないため，施工者の責任で設計する必要がある．型枠および支保工の設計あるいは施工では，所定の形状寸法の構造物を確保することだけでなく，労働安全衛生規則をよく理解した上で施工の安全にも配慮した計画を立案する.

締固めを必要とする高流動コンクリートは，一般のコンクリートに比べて流動性が高いため，使用材料や配合，環境温度，打込み速度等の条件によっては，型枠に作用するコンクリートの側圧が，一般のコンクリートの場合よりも大きくなる可能性があることに留意して，型枠の計画を立てる必要がある.

3.8　品質管理計画

施工者は，設計図書どおりの構造物を構築するために，効率的かつ効果的な品質管理計画を立てる.

【解　説】　施工者には，設計図書どおりの構造物を構築することが契約上求められており，完成した構造物の受け取りの可否については，発注者の検査の結果に基づいて判断される．コンクリート構造物の場合，完成後の構造物の性能を直接検査することは難しく，施工のプロセスごとに検査を行うのが一般的であり，施工者は，この検査に合格するように施工のプロセスで品質管理を実施することが重要となる．そのため，コンクリート材料，補強材料，機械設備，付属物，施工方法等の項目に対して適切な方法により品質管理を実施するための品質管理計画を立てる必要がある.

品質管理は，あくまでも施工者の自主的な活動であり，施工者自らが必要と判断されるものを適宜選定して実施すればよいが，製造および施工の各作業における品質管理の責任者と担当者を定め，管理項目，管理方法，管理頻度，判定基準および異常が生じた場合の対策を明確にしておくと，効率的かつ効果的な品質管理を実現しやすくなる．なお，品質管理の業務を円滑に進める手法の一つに，PDCA サイクルがあり，コンクリート工事の施工にも，その考え方を適用するとよい．特に，実施工において問題が発生する可能性が確認された場合，即座に改善できるような体制を事前に計画しておくことが重要である.

締固めを必要とする高流動コンクリートの場合，次の点に留意して品質管理計画を立てるとよい．フレッシュコンクリートの品質に関連する事項として，温度変化や骨材の表面水率の変動によってフレッシュコンクリートの品質が変化しやすいことを踏まえて，製造時や荷卸し時に適切な頻度で品質を確認するとよい．さらに，流動性が高いことを前提として施工方法を設定しているため，流動性が低下した場合には不具合が生じるリスクが高まる可能性もあるため，所定の品質のコンクリートが確実に供給されていることを確認することも重要になる．コンクリート工に関連する事項として，自由落下高さや打込み間隔を大きく設定した場合，充塡されたフレッシュコンクリートの均質度が低下する可能性もあるため，設定した方法で確実に施工していることを管理し，例えば，材料分離が生じていることが確認された場合には，それらを小さくする改善策を即座に講じることができるような体制を計画しておくことも重要となる．さらに，一般のコンクリートに比べて，過剰な締固めによる材料分離が生じやすい場合も想定されるため，計画どおりの方法で確実に締固めしていることを管理することも重要な視点である.

3.9　施工計画書

施工者は，施工概要，工事工程表，施工要領，安全衛生管理，環境対策および施工体制等を施工計画書に記載する.

【解　説】　施工計画について検討した結果は，施工計画書として取りまとめて発注者に提出し，その内容について承認を得る必要がある．一般に，施工計画書には，工事概要，工事・構造物の要求条件，工程，労務・組織，主要機械，主要資材，仮設備，施工方法，品質管理（施工管理を含む），緊急時の体制，交通管理，安全衛生管理，環境保全対策など，工事全般について，その項目と内容を記載することになる．また，工事の規模が大きく，建設する構造物の種類や工種が多岐にわたる場合には，工事全般について記した施工計画書（全体施工計画書）に加えて，詳細施工計画書を作成する場合が多い．

3.10　施工計画の確認

発注者は，コンクリートの施工計画が工事の要件を満たすとともに，構造物が設計図書どおりに構築できることを施工計画書で確認する．

【解　説】　施工者は発注者に施工計画書を提出し，発注者はその施工計画書により設計図書に示された構造物を構築できることを確認するものとする．それぞれの作業毎に想定される変動要因に対して余裕があるか，計画にトラブル時の対応方法が盛り込まれているかなどについて確認する必要がある．新技術あるいは新工法を採用する場合は，信頼できる資料あるいは実規模の試験施工などに基づき，施工の信頼性について確認する必要がある．

施工標準

1章　総　　則

1.1　一　　般

（1）［指針（案）：施工標準］は，一般的な土木工事で用いられる範囲の構造形式，使用材料，施工機械，施工条件の下で，締固めを必要とする高流動コンクリートを適用する際の標準的な事項を示している．

（2）［指針（案）：施工標準］では，現場でフレッシュコンクリートを用いて施工する場合を対象とするが，同様の施工方法で製造されるプレキャストコンクリートの製造も対象としている．

【解　説】　（1）および（2）について　［指針（案）：施工標準］は，土木の一般的なコンクリート工事において，締固めを必要とする高流動コンクリートを用いて所要の性能を有するコンクリート構造物を構築するための標準的な事項を示している．一般的な工事とは，基本的に［施工編：施工標準］に示されるものであり，コンクリートの設計基準強度が50 N/mm^{2}未満，場外運搬はトラックアジテータ，場内運搬は水平換算圧送距離が300 m未満のコンクリートポンプによる圧送，棒状バイブレータによる締固め等を想定している．ただし，締固めを必要とする高流動コンクリートを対象とする場合は，コンクリートを打ち込む位置の数や棒状バイブレータの挿入間隔や振動時間等，［施工編：施工標準］とは異なる事項もある（**解説 表1.1.1**参照）．［指針（案）：施工標準］では，締固めを必要とする高流動コンクリートの特性を活かした施工を実現するために，配合設計の方法や施工上の留意点等を示す．また，［指針（案）：施工標準］に定めのない事項については，［施工編：施工標準］による．

解説 表1.1.1　［指針(案)：施工標準］で対象とする標準的な施工方法

作業区分	項　目		コンクリート標準示方書［施工編：施工標準］	指針(案)施工標準
運搬	現場までの運搬方法		トラックアジテータ	同左
	現場内での運搬方法		コンクリートポンプ	同左
打込み	自由落下高さ（吐出口から打込み面までの高さ）		1.5 m 以内	同左
	打込みに伴う流動距離*		−	5 m 以下
	一層当りの打込み高さ		40〜50 cm	同左
	練混ぜから打終わりまでの時間	外気温 25℃以下の場合	2 時間以内	同左
		外気温 25℃を超える場合	1.5 時間以内	同左
	許容打重ね時間間隔	外気温 25℃以下の場合	2.5 時間	同左
		外気温 25℃を超える場合	2.0 時間	同左
締固め	締固め方法		棒状バイブレータ	同左
	挿入間隔		50 cm 程度	50〜100 cm
	挿入深さ		下層のコンクリートに10 cm 程度	同左
	一箇所当りの振動時間		5〜15 秒	5 秒程度

＊ 打込みに伴う流動距離：振動を加えることなくコンクリートが打込み位置から型枠内を自然に流動する距離

［指針（案）：施工標準］では，「**4章** タイプ1のコンクリートの配合設計」および「**5章** タイプ2のコンクリートの配合設計」に従って配合設計を行ったコンクリートを用いることを基本とするが，JIS A 5308「レディーミクストコンクリート」に規定されるスランプフロー45 cm，50 cm，55 cmの普通コンクリートについては，［指針（案）：施工標準］に定める各事項に適合することが確認できれば，締固めを必要とする高流動コンクリートとして使用することができ，［指針（案）：施工標準］を適用することができる．なお，［指針（案）：施工標準］では，スランプで流動性を管理するコンクリートを施工現場で流動化させて製造される締固めを必要とする高流動コンクリートを対象としていない．これは，［指針（案）：施工標準］および［指針（案）：検査標準］では，フレッシュコンクリートの品質の検査方法に特徴があるためである．具体的には，**4章**および**5章**での配合設計時に，「**2章** 締固めを必要とする高流動コンクリートの品質」で示す材料分離抵抗性および間隙通過性の目標値を満足するスランプフローの変動の許容範囲を設定し，現場での荷卸し時の検査で行うスランプフローの試験結果が設定した許容範囲内であることを確認することで，フレッシュコンクリートの品質の検査をレディーミクストコンクリートの納入伝票と計量印字記録により行う流れとなる．

プレキャストコンクリート製品の製造方法に関しても，上記の場所打ちコンクリートを対象とした施工方法と同様であれば，この［指針（案）：施工標準］を適用することが可能であるが，締固めについては留意すべき事項があるので，「**7.4 締固め**」を参照するとよい．

［指針（案）：施工標準］では，フレッシュコンクリートの品質を評価する指標として，「コンクリートのスランプフロー試験方法（JIS A 1150）」から得られるスランプフロー，「加振を行ったコンクリート中の粗骨材量試験方法（案）（JSCE-F 702-2022）」から得られる粗骨材量比率，および「ボックス形容器を用いた加振時のコンクリートの間隙通過性試験方法（案）（JSCE-F 701-2022）」の附属書1（規定）「容器の仕切りゲートを開くと同時にバイブレータを始動させる場合の試験方法」から得られる間隙通過速度を用いている．以降，「加振を行ったコンクリート中の粗骨材量試験方法（案）（JSCE-F 702-2022）」を「沈下量試験」，「ボックス形容器を用いた加振時のコンクリートの間隙通過性試験方法（案）（JSCE-F 701-2022）」の附属書1（規定）を「ボックス試験」と表記する．

1.2　施工方法とフレッシュコンクリートの品質の組合せ

（1）締固めを必要とする高流動コンクリートは，その利用により施工上の効果が得られるように，施工方法に適したフレッシュコンクリートの品質を設定する．

（2）［指針（案）：施工標準］では，構造条件および施工方法とフレッシュコンクリートの品質の組合せとして，2つのタイプを対象とする．

（3）締固めを必要とする高流動コンクリートは，一般のコンクリートと同等の間隙通過性を有するタイプ1，高い間隙通過性を有するタイプ2に分類し，鋼材の最小あきに基づき選択する．

【解　説】　<u>（1）について</u>　締固めを必要とする高流動コンクリートの利用によって得られる施工上の効果は，コンクリート構造物の構築における施工の作業のしやすさと不具合発生リスクの低減である．具体的には締固め作業の軽減，締固め作業人員の削減，打込み・締固め間隔の拡大，型枠振動機等の機械化，施工時間の短縮等に加え，流動性の高さによる高密度配筋箇所等への充填性の確保と不具合発生リスクの低減等が挙げられる．締固めを必要とする高流動コンクリートの利用によって得られる施工上の効果を十分に発揮させるためには，コンクリート構造物の構造条件に対して，施工方法とフレッシュコンクリートの品質の組合せを十分に検討する必要がある．**解説 表1.1.2**に示すように，設計図書に示される鋼材の最小あきから，間隙通過性の検討の必要性を判断する．さらに，施工上の効果に期待する内容から判断する場合，例えば，自由落下高さは一般のコンクリートの場合と同程度であるが，打込み位置からの打込みに伴う流動距離を大きくし，締固め時間を短時間にしたい場合は，高い流動性と高い材料分離抵抗性を有するフレッシュコンクリートの品質を設定する必要がある．なお，表中の「−」は，例えば，鋼材の最小あきが大きい場合でも高い間隙通過性を有するコンクリートを用いてもよいし，自由落下高さが低い場合でも高い材料分離抵抗性を有するコンクリートを用いてもよく，より高い品質のコンクリートを用いることを妨げているわけではない．ただし，より高い品質のコンクリートを用いることは，施工に伴う不具合発生のリスクは低減できるが，材料コストは増加する可能性があることにも留意する必要がある．設計図書に示される構造条件を考慮し，締固めを必要とする高流動コンクリートの利用によって期待する施工上の効果が得られるように，施工方法とフレッシュコンクリートの品質の組合せを適切に設定することが重要である．

解説 表1.1.2　構造条件および施工方法とフレッシュコンクリートの品質の関係の概念的整理の例

項目		各項目の大小等 特に必要なフレッシュコンクリートの品質	
構造条件	鋼材の最小あき	小 間隙通過性	大 —
施工方法	自由落下高さ	低 —	高 材料分離抵抗性
	打込みに伴う 流動距離	短い —	長い 流動性 材料分離抵抗性
	締固め時間	短い 流動性	長い 材料分離抵抗性

−：標準的な品質は必要

<u>（2）および（3）について</u>　［指針（案）：本編］に示すように，性能規定の原則に基づいて，設計図書や工事仕様書等に示される要求事項を満足するコンクリート構造物を構築できれば，任意の施工方法とフレッシュコンクリートの品質の組合せを選定することができる．ただし，締固めを必要とする高流動コンクリートの適用実績は少なく，現状で任意の組合せに対する施工標準を作成することは難しい．そのため，［指針（案）：施工標準］では，施工方法と締固めを必要とする高流動コンクリートのフレッシュコンクリートの品質の組合せとして，2つのタイプを設定し，これを対象とした施工標準を示している．

2つのタイプは，一般のコンクリートと同等の間隙通過性を有する場合をタイプ1，これと比較して高い間隙通過性を有する場合をタイプ2とし，設計図書に示される鋼材の最小あきの数値に基づいて使用するコンクリートのタイプを選択することとした．流動性については，このコンクリートの利用によって得られる施工上の効果である施工の作業のしやすさの観点から，打込みに伴う流動距離や締固め時間等の施工方法を考慮して，所定の材料分離抵抗性および間隙通過性を有することを前提として，適切なスランプフローを設定すればよい．ただし，スランプフローの数値によって「**4章** タイプ1のコンクリートの配合設計」および「**5章** タイプ2のコンクリートの配合設計」で示す配合設計の方法が異なるため，タイプ1では，流動性として打込み箇所におけるスランプフローの目標値が450 mmで所定の材料分離抵抗性を有していることを前提とし，タイプ2では，流動性として打込み箇所におけるスランプフローの目標値が550 mmで所定の材料分離

抵抗性および間隙通過性を有していることを前提とした．実際は，タイプ 1 のコンクリートの使用が選択される条件の場合でも，所定の材料分離抵抗性を有していれば，タイプ 2 のスランプフロー550 mm 程度のコンクリートを用いることは可能であるが，［指針（案）: 施工標準］では，「指針（案）: 資料編」II 編および V 編に示した共通試験等の結果に基づき，タイプとスランプフローの組合せを限定し，その施工方法の標準を示している．

解説 表 1.1.3 は，構造条件である鋼材の最小あきおよびフレッシュコンクリートの品質に基づき，［指針（案）: 施工標準］で対象とする，締固めを必要とする高流動コンクリートの利用によって期待する施工上の効果が得られる施工方法を示している．締固めを必要とする高流動コンクリートは，高い流動性とそれに見合った材料分離抵抗性が付与されているため，打込みに伴う流動距離，すなわちコンクリートの打込み箇所から振動締固め等の外的なエネルギーを与えることなく，コンクリートが自然に流動する距離を 5 m 以下とすることができる．このことにより，コンクリートの打込み間隔を一般のコンクリートによる施工の場合よりも大きく取ることができ，施工の省力化を図ることが可能である．流動性が特に高い場合，打込みに伴う流動距離が 5 m を超える場合も想定されるが，その場合も，打込み間隔を適切に設定することで打込みに伴う流動距離を 5 m 以下にすることが重要である．さらに，流動中の締固めを必要とする高流動コンクリートに棒状バイブレータ等で振動を加えると材料分離を助長し，コンクリート構造物の品質を低下させることになるので，コンクリートの流動を促進する目的で棒状バイブレータ等を使用してはならない．また，締固めを必要とする高流動コンクリートは，一般のコンクリートに比べて，比較的短い振動時間で容易にコンクリートを締め固めることができ，その目安は 5 秒程度である．これにより，コンクリート構造物の品質を確保しつつ，締固め作業の負担を軽減することが可能である．なお，締固めを必要とする高流動コンクリートを自由落下させた場合の材料分離の程度は，一般のコンクリートと同程度であることが確認されたため，締固めを必要とする高流動コンクリートの自由落下高さは，一般のコンクリートと同様に 1.5m 以内とした．これらの施工方法の条件に関する記述は，この指針（案）の作成にあたり実施した共通試験に基づいていたものであるが，実施した実験の範囲内では，コンクリートのタイプ別で施工方法の条件に明確な違いが生じない結果となった．実験結果の詳細は，［指針（案）: 資料編］V 編を参照するとよい．

［指針（案）: 施工標準］で対象とする 2 つのタイプの施工上の効果は，タイプ 1 は，一般的な配筋・鋼材配置を有する RC 構造物や PC 構造物に対して打込みおよび締固めの作業の軽減が期待できること，タイプ 2 は，バイブレータによる締固めが可能である条件の下，例えば，柱とはりの接合部，高さのあるはりの底部の配筋で 2 段以上の多段配筋部等の高密度の配筋を有する構造物や複雑な形状を有する構造物に対して，充塡性の確保および打込みや締固め作業の軽減が期待できることである．なお，締固めを必要とする高流動コンクリートは，締固め作業を軽減できることから，締固め作業高さが高い場合のように，作業性が悪く締固めが不確実になりやすい場合にも有効である．その目的で締固めを必要とする高流動コンクリートを適用する場合には，**解説 表 1.1.3** に示す構造条件（鋼材の最小あき）を勘案して，タイプ 1，タイプ 2 のいずれか適切な方を選定すればよい．

解説 表 1.1.3　構造条件およびフレッシュコンクリートの品質に基づいた施工方法の対象

	項　目	タイプ 1	タイプ 2
構造条件および フレッシュコンクリートの品質	鋼材の最小あきの目安 間隙通過性	125 mm 程度以上 —	60～100 mm 程度 所定の品質
	流動性（スランプフロー）	450 mm	550 mm
	材料分離抵抗性	所定の品質	所定の品質
施工方法	自由落下高さ	1.5 m 以内	1.5 m 以内
	打込みに伴う 流動距離	5 m 以下	5 m 以下
	締固め時間	5 秒程度	5 秒程度

2章　締固めを必要とする高流動コンクリートの品質

2.1　一　　般

（1）締固めを必要とする高流動コンクリートのフレッシュコンクリートの品質の目標値は，構造条件および施工方法との組合せから定まるタイプに応じて，流動性，材料分離抵抗性および間隙通過性から適切な項目を選定して設定する．

（2）締固めを必要とする高流動コンクリートの硬化コンクリートの品質の目標値は，設計図書に示されるコンクリートの特性値を満足するように設定する．

【解　説】　（1）について　締固めを必要とする高流動コンクリートは，構造条件および施工方法との組合せから定まるタイプに応じて，所定の流動性，材料分離抵抗性および間隙通過性を満足することで，設計図書に示されている要求性能を満足するコンクリート構造物を造ることができる．

タイプ1のコンクリートにおいては，打込みに伴う流動によって生じる材料分離，および高い流動性を有するコンクリートに対して振動締固めを行うことにより生じる材料分離が懸念される．このため，［指針（案）：施工標準］では，粗骨材の分離に主眼を置き，沈下量試験およびボックス試験によりフレッシュコンクリートの品質の評価を行うこととし，沈下量試験による粗骨材量比率とボックス試験による間隙通過速度の目標値を**解説 表**2.1.1に示した．また，タイプ2のコンクリートにおいては，高密度配筋部への充塡性を確保する必要があることから，間隙通過性についても考慮する必要があり，ボックス試験による評価で材料分離抵抗性のみを考慮しているタイプ1とは異なる間隙通過速度の目標値を示している．

［指針（案）：施工標準］では，打込み箇所におけるスランプフローについて，タイプ1は450 mmを，タイプ2は550 mmを標準的な目標値として位置づけて記述している．なお，所定の材料分離抵抗性および間隙通過性を確保することを前提に，構造物の条件，施工計画，側方への流動距離等に応じてスランプフローを別の数値としてもよいが，この場合は，この指針（案）の内容を参考として，設定したスランプフローに対して適切な粗骨材量比率の目標値，間隙通過速度の目標値を別途定める必要がある．

解説　表2.1.1　フレッシュコンクリートの各評価試験方法および評価値の目標値

	フレッシュコンクリートの品質	
	流動性	材料分離抵抗性
タイプ1	スランプフロー450 mm	粗骨材量比率40 %以上 間隙通過速度15 mm/s以上
	流動性	材料分離抵抗性および間隙通過性
タイプ2	スランプフロー550 mm	粗骨材量比率40 %以上 間隙通過速度40 mm/s以上

スランプフロー：スランプフロー試験（JIS A 1150）
粗骨材量比率：加振を行ったコンクリート中の粗骨材量試験方法（案）（JSCE-F 702-2022）
間隙通過速度：ボックス形容器を用いた加振時のコンクリートの間隙通過性試験方法（案）（JSCE-F 701-2022）附属書1（規定）容器の仕切りゲートを開くと同時にバイブレータを始動させる場合の試験方法

タイプ1のコンクリートの配合設計においては，流動性と材料分離抵抗性を考慮して各種の配合要因を定めるのに対して，タイプ2ではこれらに加えて間隙通過性も考慮する必要があることから配合設計の手順も異なる．そのため，［指針（案）：施工標準］ではタイプ毎に配合設計の章を設け，タイプ1については「**4章 タイプ1のコンクリートの配合設計**」に，タイプ2については「**5章 タイプ2のコンクリートの配合設計**」に記述している．また，**解説 表2.1.1**に示す目標値は，打込み箇所におけるものを表している．

［指針（案）：検査標準］では，フレッシュコンクリートが所定の品質を満足していることを，コンクリートの納入伝票および製造時の計量印字記録に基づいて検査することを標準としている．さらに，製造や運搬の影響によりフレッシュコンクリートの品質は変動するため，この品質変動に対する検査指標としてスランプフローを用いることを標準としている．そのため，スランプフローには，流動性の指標とフレッシュコンクリートの品質変動に対する指標の2つの役割があることに注意されたい．

（2）について　締固めを必要とする高流動コンクリートは，［施工編：施工標準］に示されるコンクリートと同様に，所定の強度，劣化に対する抵抗性，物質の透過に対する抵抗性，水密性，ひび割れ抵抗性，耐摩耗性等を有している必要がある．したがって，最新の［設計編］および［施工編］を参照して配合条件や使用材料，単位量等を定める必要がある．

3章 材 料

3.1 一 般

締固めを必要とする高流動コンクリートに用いる材料は，品質が確かめられたものを選定する.

【解 説】 締固めを必要とする高流動コンクリートは，フレッシュコンクリートの品質および施工方法が［施工編：施工標準］で想定しているものとは異なる．この章では，締固めを必要とする高流動コンクリートの使用材料に関して特に考慮すべき事項について示している．

3.2 練混ぜ水

練混ぜ水は，JSCE-B 101 または JIS A 5308 附属書 C に適合したものを用いることを標準とする.

【解 説】 締固めを必要とする高流動コンクリートは，高性能AE減水剤を比較的多く使用することから，不純物が含まれている水を練混ぜ水として用いると，フレッシュコンクリートの品質に悪影響を及ぼすことがある．このため，練混ぜ水としては，JSCE-B 101「コンクリート用練混ぜ水の品質規格」，または，JIS A 5308附属書C（規定）「レディーミクストコンクリートの練混ぜに用いる水」に適合したものを用いることを標準とした．ただし，締固めを必要とする高流動コンクリートにおいては，JIS A 5308附属書Cに適合する回収水の使用実績が少ないため，回収水を使用する場合には信頼できる資料や試験に基づいてコンクリートのフレッシュおよび硬化後の性状に影響がないことを確認する必要がある．

3.3 セメント，混和材および骨材

セメント，混和材および骨材は，信頼できる資料や試験によって，材料としての品質が確認され，所定の品質を有するコンクリートが得られるものを使用する.

【解 説】 締固めを必要とする高流動コンクリートに使用するセメント，混和材および骨材においては，材料としての品質を確かめるだけでなく，既往の文献ならびに適用実績等により，その材料の適切な使用方法やその材料を用いたコンクリートの品質について調査することや，その材料を用いたコンクリートの試験を行うことにより，所定の品質を満足するコンクリートが得られることが確認されたものを用いる必要がある．

セメントの主なものとしては，普通ポルトランドセメント（JIS R 5210），高炉セメントＢ種（JIS R 5211），低熱ポルトランドセメント（JIS R 5210），中庸熱ポルトランドセメント（JIS R 5210），早強ポルトランドセメント（JIS R 5210），フライアッシュセメントＢ種（JIS R 5213）などがあり，混和材の主なものとしてはフライアッシュ（JIS A 6201），石灰石微粉末（参考：JCI-SLP「コンクリート用石灰石微粉末品質規格（案）」等），高炉スラグ微粉末（JIS A 6206）などがある．粉体の構成については，セメント単一とする場合，および

セメントと混和材を組み合わせる場合がある．粉体の構成がセメント単一となるのは，混和剤として増粘剤あるいは増粘剤含有高性能 AE 減水剤を使用した場合に多い．また，セメントと混和材の主な組合せとしては，普通ポルトランドセメントとフライアッシュとの組合せ，普通ポルトランドセメントと石灰石微粉末との組合せ，高炉セメントB種と石灰石微粉末との組合せ等がある．粉体の種類および構成比率は，フレッシュコンクリートの品質のほか，凝結特性，水和発熱特性，強度発現性および劣化に対する抵抗性等の硬化コンクリートの特性値に影響を及ぼすため，コンクリートに要求される品質や特性に応じて，信頼できる資料または試験に基づいて選定する必要がある．

骨材としては，一般に砂・砂利（JIS A 5308 附属書 A），砕砂・砕石（JIS A 5005）が使用される．骨材の粒形および粒度は，締固めを必要とする高流動コンクリートの流動性，材料分離抵抗性，間隙通過性に大きな影響を及ぼす場合があるため，事前に骨材の品質の変動幅を確認しておくのがよい．なお，密度の大きなスラグ骨材，ならびに再生骨材や軽量骨材のように使用事例の少ない骨材を用いる場合には，材料分離抵抗性や圧送性が低下する可能性があるため，適用性を十分に検証して使用する必要がある．

3.4　混 和 剤

（1）高性能 AE 減水剤もしくは高性能減水剤は，JIS A 6204「コンクリート用化学混和剤」に適合したものを用いることを標準とする．

（2）（1）以外の混和剤を用いる場合には，それらを用いたコンクリートが所定の品質を満足することを，信頼できる資料や試験によって確認する．

【解　説】　（1）について　締固めを必要とする高流動コンクリートには，JIS A 6204「コンクリート用化学混和剤」に適合する高性能AE減水剤を使用することを標準とした．なお，地域の骨材事情等により所定のフレッシュコンクリートの品質が得られる場合にはAE減水剤を用いてもよい．また，最近ではあらかじめ増粘剤成分がポリカルボン酸系の高性能AE減水剤に配合された増粘剤含有高性能AE減水剤も使用されている（品質規格はJIS A 6204の「高性能AE減水剤」に則っている）．高性能AE減水剤に増粘剤を含有することで，増粘剤の別計量・添加等の工程または製造設備を追加することなく，比較的単位セメント量の少ない配合においても締固めを必要とする高流動コンクリートの製造が可能となる．一方で，プレキャストコンクリート製品等のように，練混ぜ後速やかに打ち込むことができ，特に流動性の保持が必要とされない場合には高性能減水剤を使用することもできる．

（2）について　JISにおいて品質規格の定められていない材料のうち，締固めを必要とする高流動コンクリートにおいて使用実績のある混和剤の例として，各種の増粘剤がある．増粘剤は，フレッシュコンクリートの粘性を高め，材料分離を抑制する作用を有する混和剤である．成分の主なものとしては，セルロース系，アクリル系，多糖類ポリマー等の粉末状の増粘剤およびグリコール系，界面活性作用を有する多糖類ポリマー系の増粘剤等がある．増粘剤と減水剤の組合せについては，現在，主流となっているポリカルボン酸系の高性能AE減水剤はほとんどの増粘剤に適用することができるが，増粘剤および減水剤の使用量については，製造者／販売者の技術資料等を参照し，試し練りを行い確認する必要がある．

4章　タイプ1のコンクリートの配合設計

4.1　一　　般

この章では，タイプ1の締固めを必要とする高流動コンクリートの配合設計について示す．

【解　説】　タイプ1では，一般的な配筋の鉄筋コンクリート構造物を対象とし，コンクリートの打込みに伴う流動によって生じる材料分離，および高い流動性を有するコンクリートに対して振動締固めを行うことにより生じる材料分離に留意して配合設計を行う必要がある．

4.2　配合設計の手順

（1）配合設計にあたっては，2章に示されたフレッシュコンクリートおよび硬化コンクリートの品質の目標値を確認する．

（2）目標値および3章に基づいて，配合条件の設定と使用材料の選定を行う．

（3）試し練りを実施する．試し練りでは，（2）に基づいて配合要因の設定を行い，配合を算定して練混ぜを行う．

（4）練り混ぜたコンクリートが所定の品質を有していることを試験により確認する．所定の品質を満たしていない場合は，各配合要因の修正や使用材料の変更を行い，所定の品質が得られる配合を決定する．

【解　説】　（1）および（2）について　タイプ1の締固めを必要とする高流動コンクリートにおける配合設計の一般的な手順のフローを解説 図4.2.1に示す．「2章 締固めを必要とする高流動コンクリートの品質」で設定しているフレッシュコンクリートおよび硬化コンクリートの品質の目標値に基づいて，配合条件として，粗骨材の最大寸法，スランプフロー，粗骨材量比率，間隙通過速度，配合強度，水結合材比，空気量を設定する．また，「3章 材料」に基づいて，セメント，骨材，混和材および混和剤の種類を選定する．

（3）について　試し練りでは，単位水量，単位粉体量，細骨材率，混和剤の使用量を設定して配合を算定し，練混ぜを行う．これらの値は，配合条件を満足するための配合要因として設定されるものであり，タイプ1については，流動性と材料分離抵抗性を考慮して配合要因を定める必要がある．例えば，単位水量および高性能 AE 減水剤の使用量はコンクリートに所定の流動性を付与するために設定されるものであり，単位粉体量，細骨材率，あるいは増粘剤の使用量は材料分離抵抗性を付与するために設定されることが一般的である．

（4）について　品質試験の結果，所定の品質を満足しない場合には，まず配合要因の設定を修正し，再度練混ぜを行う必要がある．配合要因の再設定だけでは所定の品質を満足できない場合には，使用材料の変更も検討し，所定の品質が得られるまで練混ぜと試験を繰り返す．

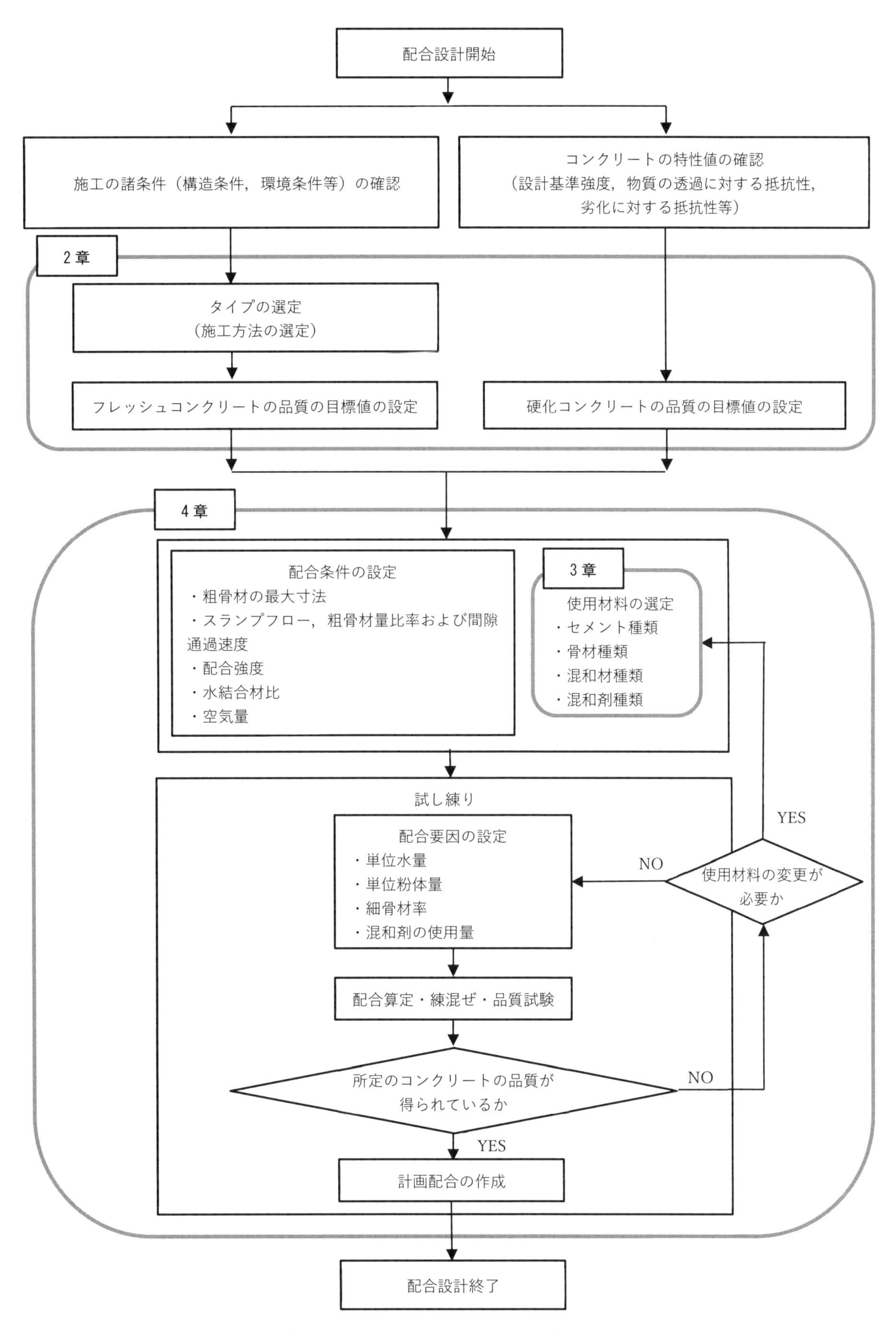

解説 図 4.2.1　タイプ 1 の配合設計のフロー

4.3 配合条件の設定

4.3.1 粗骨材の最大寸法

粗骨材の最大寸法は，20 mm または 25 mm を標準とする．

【解 説】 単位水量や単位セメント量を小さくして経済的なコンクリートとするには，一般に粗骨材の最大寸法を大きくする方が有利である．しかし，使用する粗骨材の最大寸法を大きくすると充填性は一般に悪くなることから，打込みおよび締固めの作業の軽減等が目的であるタイプ 1 の締固めを必要とする高流動コンクリートでは，粗骨材の最大寸法を大きくする利点は認められない．このため，粗骨材の最大寸法の標準値を上記のように定めた．

4.3.2 スランプフロー，粗骨材量比率および間隙通過速度

（1）流動性の指標であるスランプフローの配合設計における目標値は，2.1 で定めた値を基に，施工時の変化を考慮して定める．

（2）材料分離抵抗性の指標である粗骨材量比率および間隙通過速度の配合設計における目標値は，2.1 で定めた値とする．

【解 説】 （1）について 流動性の指標であるスランプフローは，コンクリートの運搬時間や圧送に伴う変化を考慮して設定する必要がある．基本的な考え方としては，「2.1 一般」で定めた打込み箇所におけるスランプフローを基に，コンクリートの圧送による変化を見込んで荷卸しの目標スランプフローと，荷卸しの目標スランプフローにコンクリートの場外運搬時間における変化を見込んで練上がりの目標スランプフローを定める．

締固めを必要とする高流動コンクリートの使用実績は多くはないため，圧送によるスランプフローの変化量の標準的な値を示すことは難しいが，締固めを必要とする高流動コンクリートは流動性が高く圧送性に優れることから，「1.1 一般」で示した標準的な施工方法においては，圧送によるスランプフローの変化はほとんどないか，僅か（20～30 mm 程度）であるものと考えられる．一方，室内試験で用いるミキサとプラントのミキサにおける練混ぜ効率の差やコンクリート温度の違い等により，コンクリートの練上がりから現場までの運搬に伴うスランプフローの変化は比較的大きいものと考えられるが，それを配合設計段階で把握することは難しい．そのため，練上がりの目標スランプフローの設定とその調整方法については，配合設計で計画配合を定めたのち，別途「6.6 プラントのミキサによる試し練り」に示すプラントのミキサによる試し練りを行い，コンクリートの運搬時間に伴うスランプフローの変化量を確認して定める必要がある．

以上のことから，配合設計における目標スランプフローは，荷卸しの目標スランプフローを想定して設定してよい．

（2）について 粗骨材量比率および間隙通過速度については，すでに「2.1 一般」において構造条件および施工方法との組合せから定まる締固めを必要とする高流動コンクリートのタイプに応じた設定がなされている．したがって，配合設計において目標とする粗骨材量比率および間隙通過速度は，「2.1 一般」におい

て定めた値としてよい．

4.3.3　配合強度

（1）コンクリートの配合強度は，設計基準強度およびコンクリートの品質のばらつきを考慮して定める．

（2）コンクリートの配合強度 f'_{cr} は，一般の場合，現場におけるコンクリートの圧縮強度の試験値が，設計基準強度 f'_{ck} を下回る確率が 5 %以下となるように定める．

【解　説】　（1）および（2）について　配合強度の定め方は，締固めを必要とする高流動コンクリートにおいても，一般のコンクリートと同様である．詳細は，[施工編：施工標準]を参照するとよい．なお，締固めを必要とする高流動コンクリートにおいては，所定のフレッシュコンクリートの品質を満足するように配合設計を行うと，材料分離抵抗性の確保の観点から粉体量を多くする必要がある場合が多い．結果として，強度を確保するために必要な水セメント比よりも，材料分離抵抗性を確保するための水セメント比が小さくなり，実際のコンクリートの圧縮強度は，設計基準強度から定まる配合強度以上となることが多い．

4.3.4　水結合材比（水セメント比）

水結合材比は，コンクリートに要求される強度，コンクリートの劣化に対する抵抗性ならびに物質の透過に対する抵抗性等を考慮して定める．

【解　説】　水結合材比（水セメント比）の定め方は，締固めを必要とする高流動コンクリートにおいても，一般のコンクリートと同様に，コンクリートに要求される強度とコンクリートの劣化に対する抵抗性ならびに物質の透過に対する抵抗性等から定まる水結合材比を比較して最も小さい値を選択する．

なお，フレッシュコンクリートの材料分離抵抗性を確保する観点から石灰石微粉末を使用する場合には，石灰石微粉末自体は圧縮強度の増進に大きく寄与しないため，石灰石微粉末は結合材には含めない．

4.3.5　空 気 量

コンクリートの空気量は，練上がり時においてコンクリート容積の 4～7 %を標準とする．

【解　説】　締固めを必要とする高流動コンクリートの標準的な空気量は，強度，劣化に対する抵抗性ならびに物質の透過に対する抵抗性に悪影響を及ぼさない範囲で，所定のフレッシュコンクリートの品質や耐凍害性が得られるように，練上がり時においてコンクリート容積の 4～7 %とする．

4.4　試し練り

4.4.1　配合要因の設定

単位水量，単位粉体量，細骨材率および混和剤の使用量は，締固めを必要とする高流動コンクリートが所定のフレッシュコンクリートの品質を確保できるように，試し練りによって定める．

【解　説】　締固めを必要とする高流動コンクリートは，流動性を高く設定しているため，これまでの実績によれば，タイプ1のコンクリートにおける単位水量を165～175 kg/m^{3}としているものが多い．なお，［施工編：施工標準］に示される単位水量の上限の標準は175 kg/m^{3}であるが，これは，単位水量が185 kg/m^{3}を超えると収縮が過大となる等，コンクリートのひび割れ抵抗性を大きく左右するため，使用材料や配合条件のばらつきも考慮して175 kg/m^{3}としているものである．一方，締固めを必要とする高流動コンクリートにおいては，使用する骨材によっては単位水量を175 kg/m^{3}以下とすることが難しい場合もある．このような場合は，過度に混和剤の使用量を増やすよりも単位水量を175 kg/m^{3}以上とする方が所定のフレッシュコンクリートの品質を得やすいこともある．この場合は，上記の［施工編：施工標準］の記述を勘案し，硬化コンクリートの品質に問題がないことを確認する必要がある．

粉体とは，セメントはもとより，高炉スラグ微粉末等，フライアッシュ，シリカフュームあるいは石灰石微粉末等，セメントと同等ないしはそれ以上の粉末度を持つ材料の総称である．これらの各種粉体の単位量の総和が単位粉体量であり，単位粉体量はコンクリートの材料分離抵抗性を左右する主要な配合要因である．なお，混合セメントも含めてセメントのみを用いる場合には，単位粉体量と単位セメント量は同じになる．これまでの実績によれば，タイプ1のコンクリートにおける単位粉体量は350～450 kg/m^{3}程度としているものが多い．

細骨材率は，タイプ1のコンクリートを用いる場合の施工条件および配筋に応じた所定のフレッシュコンクリートの品質が得られるように定める必要がある．これまでの実績によれば，タイプ1のコンクリートの細骨材率の標準的な範囲は，おおよそ45～55％程度である．これを参考に細骨材率を設定し，試し練りにより所定のフレッシュコンクリートの品質が得られることを確認して定めるのがよい．

締固めを必要とする高流動コンクリートに用いる混和剤には，「3.4　混和剤」で示したように高性能AE減水剤，高性能減水剤，増粘剤含有高性能AE減水剤，また，単独で用いる増粘剤等がある．これらの混和剤の使用量は，単位水量，単位粉体量，粉体の構成，細・粗骨材の微粒分量，目標とするフレッシュコンクリートの品質および空気量等の配合条件や，コンクリート製造，運搬，打込みの各時点の環境温度，コンクリート製造時の練混ぜ量，製造に使用するミキサのタイプ等により変化する．したがって，机上における配合設計の段階では，混和剤の使用量は過去の使用実績を参考とするか，または混和剤の製造元の推奨値を参考に仮に決めておき，上記の諸影響要因を考慮しながら試し練りによってこれを定める必要がある．なお，混和剤がコンクリートに付与する高い減水性能や流動性保持性能は，適切な使用量の範囲内にあるときに得られるため，所定の品質が確保されるように使用量の設定には十分に注意する必要がある．

4.4.2　配合の算定および練混ぜ

（1）配合条件および配合要因の設定に基づいて，締固めを必要とする高流動コンクリートの配合を算定する．

（2）所定の品質のコンクリートが得られるように，実際にコンクリートを練り混ぜて確認し，コンクリートの配合を定める．

（3）コンクリートの練混ぜによる確認は，室内試験によることを標準とする．

【解　説】　（1）について　「4.3 配合条件の設定」で設定した配合条件と「4.4.1 配合要因の設定」で設定した単位水量等の配合要因の数値を基に，各使用材料の単位量を求め，締固めを必要とする高流動コンクリートの配合を算定する．特に，単位セメント量については，配合強度，水結合材比および単位粉体量の3つをすべて満足するように求める必要があり注意を要する．

（2）について　配合設計によって設定した配合が所定の品質を満足することを，実際にコンクリートを練り混ぜて確認を行う．ただし，十分な実績があれば練混ぜによる確認を省略してもよい．

（3）について　コンクリートの配合を決定するには，品質が確かめられた各種材料を用いて，これらを正確に計量し，十分に練り混ぜる必要があるため，配合設計における練混ぜによる確認は，室内試験によることを標準とした．なお，コンクリートの練上がりから現場までの運搬に伴うコンクリートの品質の変化は室内試験により確認することが難しいため，配合設計で計画配合を定めたのち，「6.6 プラントのミキサによる試し練り」に示すプラントのミキサによる試し練りを行って確認する必要がある．

4.4.3　品質試験

（1）練り混ぜたコンクリートの品質試験として，一般のコンクリートの試験項目に加え，材料分離抵抗性を評価する試験を実施する．

（2）品質試験では，フレッシュコンクリートの品質のばらつきを考慮し，所定の材料分離抵抗性を満足するスランプフローの許容範囲を定める．

【解　説】　（1）について　練り混ぜたコンクリートの品質試験は，［施工編：施工標準］に示される方法に従うが，スランプフロー（JIS A 1150），空気量（JIS A 1128），圧縮強度（JIS A 1108）に加えて，タイプ1の締固めを必要とする高流動コンクリートでは，材料分離抵抗性の指標となる粗骨材量比率および間隙通過速度の確認が必要である．粗骨材量比率は沈下量試験（JSCE-F 702）によって，間隙通過速度はボックス試験（JSCE-F 701）によって確認する．

（2）について　実際の施工においては，主に骨材の表面水率の変動に起因して，締固めを必要とする高流動コンクリートのスランプフローにばらつきが生じる．特に，スランプフローが目標値よりも大きくなった場合，材料分離抵抗性は低下する方向に向かうこととなるため，品質試験では，所定の材料分離抵抗性を満足するスランプフローの許容範囲を定める必要がある．具体的には，スランプフローが目標値よりも大きくなった場合にも，所定の粗骨材量比率および間隙通過速度を満足することを確認して，スランプフローの許容差の上限を定める．例えば，所定のフレッシュコンクリートの品質の目標値を満足する配合を確認した後，その配合に細骨材表面水率の 1.0％に相当する水を外割で加えてスランプフローを増大させ，粗骨材量比率および間隙通過速度が所定の目標値を満足することができるスランプフローの限界値を確認し，これを参考にスランプフローの品質管理上の許容差の上限を定める．ただし，粗骨材量比率および間隙通過速度が所定の目標値を満足することが確認できても，スランプフローの許容差は目標値+100 mm 以内とする．また，許容差を+50 mm よりも小さく設定しなければ，粗骨材量比率および間隙通過速度が所定の目標値を満足することができない場合には，品質管理が困難になることが考えられるため，「4.4.1 配合要因の設定」に立ち返って材料分離抵抗性を高めるように配合の修正を行う必要がある．なお，締固めを必要とする高流動コンクリートにあっては元々の流動性が高く，スランプフローが小さくなることに対する施工上のリスクは小さいと考えられることから，一般に品質変動の指標としてのスランプフローの下限については，上限と同じ許容差を設定してよい．

なお，［指針（案）：検査標準］では，製造や運搬の影響によるフレッシュコンクリートの品質変動に対する検査指標としてスランプフローを用いるため，検査の許容値の設定にあたっては品質試験の結果を参考にするとよい．

4.5　配合の表し方

配合の表し方は，一般に**表 4.5.1** によるものとし，スランプフローは荷卸しの目標スランプフローを表示する．

表 4.5.1　配合の表し方

粗骨材の最大寸法 (mm)	タイプ[1]	スランプフロー (mm)	粗骨材量比率 (%)	間隙通過速度 (mm/s)	空気量 (%)	水セメント比[2] W/C (%)	細骨材率 s/a (%)

単位量(kg/m³)					
水 W	セメント C	混和材[3] F	細骨材 S	粗骨材 G	混和剤[4] A

注 1) 必要に応じて記述する．
2) ポゾラン反応性や潜在水硬性を有する混和材を使用する場合は，水セメント比は水結合材比（$W/(C+F)$）となる．反応性のない，あるいは極めて小さい石灰石微粉末のような混和材を用いる場合には，水セメント比とする．
3) 複数の混和材を用いる場合は，必要に応じて，それぞれの種類ごとに分けて別欄に記述する．
4) 混和剤の単位量は，ml/m³，g/m³ または粉体材料に対する質量百分率で表し，薄めたり溶かしたりしない原液の量を記述する．また，混和剤として高性能 AE 減水剤と増粘剤を別々に用いる場合は，それぞれに欄を設けて記載する．

【解　説】　配合は質量で表すことを原則とし，コンクリートの練上がり 1 m³ 当りに用いる各材料の単位量を**表 4.5.1**のような配合表で示す．配合表には，構造物の種類，設計基準強度，配合強度，セメントの種類，細骨材の粗粒率，粗骨材の種類，粗骨材の実積率，混和剤の種類，運搬時間，施工時期等についても記載しておくのが望ましい．また，配合表に記載するスランプフローは荷卸しの目標スランプフローを標準とする．

5章　タイプ2のコンクリートの配合設計

5.1　一　　般

この章では，タイプ2の締固めを必要とする高流動コンクリートの配合設計について示す．

【解　説】　タイプ2のコンクリートは，高密度に配筋された鉄筋コンクリート構造物を対象とするため，コンクリートの打込みに伴う流動によって生じる材料分離，および高い流動性を有するコンクリートに対して振動締固めを行うことにより生じる材料分離に加え，コンクリートが鋼材等の間隙を通過する際の閉塞や材料分離，およびそれらに伴う未充塡部の発生に留意して配合設計を行う必要がある．

5.2　配合設計の手順

（1）配合設計にあたっては，**2章**に示されたフレッシュコンクリートおよび硬化コンクリートの品質の目標値を確認する．

（2）目標値および**3章**に基づいて，配合条件の設定と使用材料の選定を行う．

（3）試し練りを実施する．試し練りでは，（2）に基づいて配合要因の設定を行い，配合を算定して練混ぜを行う．

（4）練り混ぜたコンクリートが所定の品質を有していることを試験により確認する．所定の品質を満たしていない場合は，各配合要因の修正や使用材料の変更を行い，所定の品質が得られる配合を決定する．

【解　説】　（1）および（2）について　タイプ2の締固めを必要とする高流動コンクリートにおける配合設計の一般的な手順のフローを**解説 図5.2.1**に示す．「**2章** 締固めを必要とする高流動コンクリートの品質」で設定しているフレッシュコンクリートおよび硬化コンクリートの品質の目標値に基づいて，配合条件として，粗骨材の最大寸法，スランプフロー，粗骨材量比率，間隙通過速度，配合強度，水結合材比，空気量を設定する．また，「**3章** 材料」に基づいて，セメント，骨材，混和材および混和剤の種類を選定する．

（3）について　試し練りでは，単位粗骨材絶対容積，単位水量，単位粉体量，および混和剤の使用量を設定して配合を算定し，練混ぜを行う．これらの値は，配合条件を満足するための配合要因として設定されるものであり，タイプ2については，流動性と材料分離抵抗性および間隙通過性を考慮して配合要因を定める必要がある．単位水量および高性能AE減水剤の使用量はコンクリートに所定の流動性を付与するために設定されるものであり，単位粉体量，あるいは増粘剤の使用量は材料分離抵抗性を付与するため，単位粗骨材絶対容積は間隙通過性を付与するために設定されることが一般的である．

（4）について　品質試験の結果，所定の品質を満足しない場合には，まず配合要因の設定を修正し，再度練混ぜを行う．配合要因の再設定だけでは所定の品質を満足できない場合には，使用材料の変更も検討し，所定の品質が得られるまで練混ぜと試験を繰り返す．

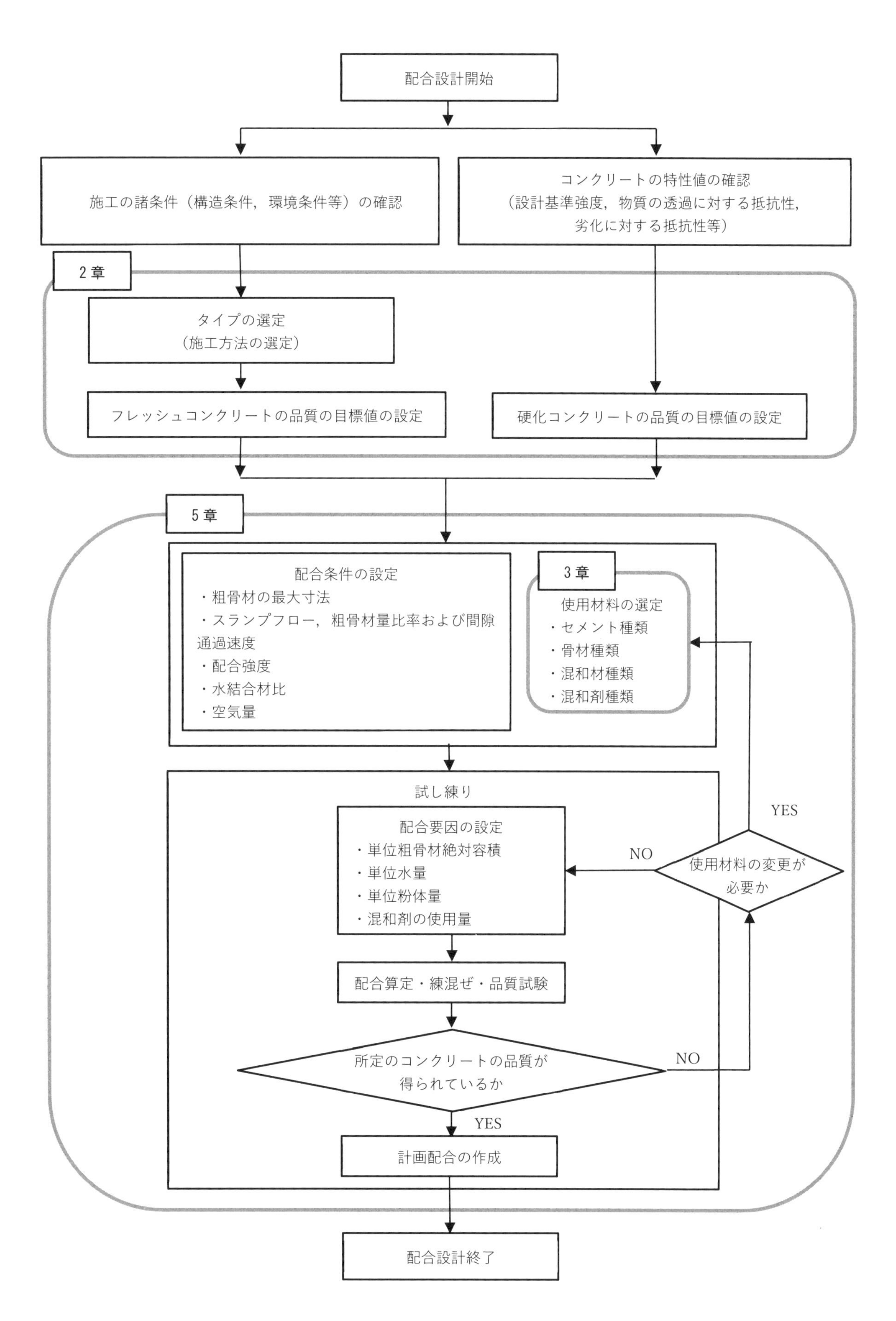

解説 図 5.2.1　タイプ 2 の配合設計のフロー

5.3　配合条件の設定

5.3.1　粗骨材の最大寸法

粗骨材の最大寸法は，20 mm または 25 mm を標準とする．

【解　説】　単位水量や単位セメント量を小さくして経済的なコンクリートとするには，一般に粗骨材の最大寸法を大きくする方が有利である．しかし，使用する粗骨材の最大寸法を大きくすると充塡性は一般に悪くなることから，打込みおよび締固めの作業の軽減等が目的であり，高密度配筋部に対する充塡性確保の観点から間隙通過性が重要視されるタイプ 2 の締固めを必要とする高流動コンクリートにおいては，粗骨材の最大寸法を大きくする利点は認められない．このため，粗骨材の最大寸法の標準値を上記のように定めた．

5.3.2　スランプフロー，粗骨材量比率および間隙通過速度

（1）流動性の指標であるスランプフローの配合設計における目標値は，2.1 で定めた値を基に，施工時の変化を考慮して定める．

（2）材料分離抵抗性の指標である粗骨材量比率および間隙通過速度の配合設計における目標値は，2.1 で定めた値とする．

【解　説】　<u>（1）について</u>　流動性の指標であるスランプフローは，コンクリートの運搬時間や圧送に伴う変化を考慮して設定する必要がある．基本的な考え方としては，「2.1　一般」で定めた打込み箇所におけるスランプフローを基に，コンクリートの圧送による変化を見込んで荷卸しの目標スランプフローと，荷卸しの目標スランプフローにコンクリートの場外運搬時間における変化を見込んで練上がりの目標スランプフローを定める．

締固めを必要とする高流動コンクリートの使用実績は多くはないため，圧送によるスランプフローの変化量の標準的な値を示すことは難しいが，締固めを必要とする高流動コンクリートは流動性が高く圧送性に優れることから，「1.1　一般」で示した標準的な施工方法においては，圧送によるスランプフローの変化はほとんどないか，僅か（20～30 mm 程度）であるものと考えられる．一方，室内試験で用いるミキサとプラントのミキサにおける練混ぜ効率の差やコンクリート温度の違い等により，コンクリートの練上がりから現場までの運搬に伴うスランプフローの変化は比較的大きいものと考えられるが，それを配合設計段階で把握することは難しい．そのため，練上がりの目標スランプフローの設定とその調整方法については，配合設計で計画配合を定めたのち，別途「6.6　プラントのミキサによる試し練り」に示すプラントのミキサによる試し練りを行い，コンクリートの運搬時間に伴うスランプフローの変化量を確認して定める必要がある．

以上のことから，配合設計における目標スランプフローは，荷卸しの目標スランプフローを想定して設定してよい．

<u>（2）について</u>　粗骨材量比率および間隙通過速度については，すでに「2.1　一般」において構造条件および施工方法との組合せから定まる締固めを必要とする高流動コンクリートのタイプに応じた設定がなされている．特に，高密度に配筋された鉄筋コンクリート構造物を対象とするタイプ 2 の締固めを必要とする高

流動コンクリートにおいては，材料分離抵抗性に加えて間隙通過性も考慮し，タイプ 1 のコンクリートとは異なる間隙通過速度の目標値が設定されている．したがって，配合設計において目標とする粗骨材量比率および間隙通過速度は，「2.1 一般」において定めた値としてよい．

5.3.3　配合強度

（1）コンクリートの配合強度は，設計基準強度およびコンクリートの品質のばらつきを考慮して定める．

（2）コンクリートの配合強度 f'_{cr} は，一般の場合，現場におけるコンクリートの圧縮強度の試験値が，設計基準強度 f'_{ck} を下回る確率が 5 %以下となるように定める．

【解　説】　（1）および（2）について　配合強度の定め方は，締固めを必要とする高流動コンクリートにおいても，一般のコンクリートと同様である．詳細は，［施工編：施工標準］を参照のこと．なお，締固めを必要とする高流動コンクリートにおいては，所定のフレッシュコンクリートの品質を満足するように配合設計を行うと，材料分離抵抗性の確保の観点から粉体量を多くする必要がある場合が多い．結果として，強度を確保するために必要な水セメント比よりも，材料分離抵抗性を確保するための水セメント比が小さくなり，実際のコンクリートの圧縮強度は，設計基準強度から定まる配合強度以上となることが多い．

5.3.4　水結合材比（水セメント比）

水結合材比は，コンクリートに要求される強度，コンクリートの劣化に対する抵抗性ならびに物質の透過に対する抵抗性等を考慮して定める．

【解　説】　水結合材比（水セメント比）の定め方は，締固めを必要とする高流動コンクリートにおいても，一般のコンクリートと同様に，コンクリートに要求される強度とコンクリートの劣化に対する抵抗性ならびに物質の透過に対する抵抗性等から定まる水結合材比を比較して最も小さい値を選択する．

なお，フレッシュコンクリートの材料分離抵抗性を確保する観点から石灰石微粉末を使用する場合には，石灰石微粉末自体は圧縮強度の増進に大きく寄与しないため，石灰石微粉末は結合材には含めない．

5.3.5　空 気 量

コンクリートの空気量は，練上がり時においてコンクリート容積の 4～7 %を標準とする．

【解　説】　締固めを必要とする高流動コンクリートの標準的な空気量は，強度，劣化に対する抵抗性ならびに物質の透過に対する抵抗性に悪影響を及ぼさない範囲で，所定のフレッシュコンクリートの品質や耐凍害性が得られるように，練上がり時においてコンクリート容積の 4～7 %とする．

5.4　試し練り

5.4.1　配合要因の設定

単位粗骨材絶対容積，単位水量，単位粉体量および混和剤の使用量は，締固めを必要とする高流動コンクリートが所定のフレッシュコンクリートの品質を確保できるように，試し練りによって定める．

【解　説】　タイプ2の締固めを必要とする高流動コンクリートには，良好な間隙通過性，すなわち粗骨材が鉄筋や型枠の狭あい部で閉塞しないことが要求されるため，一般のコンクリートやタイプ1の締固めを必要とする高流動コンクリートよりも単位粗骨材量を低減する必要がある．これまでの実績によれば，タイプ2のコンクリートにおける単位粗骨材絶対容積の標準値は，0.30～0.33 m^3/m^3 程度である．

タイプ2の締固めを必要とする高流動コンクリートにおいては，一般的な配筋を有する構造物に使用するコンクリート配合に対して流動性を高く設定しているため，増粘剤の使用の有無にかかわらず単位水量を175 kg/m^3 としているものが多い．なお，［施工編：施工標準］に示される単位水量の上限の標準は175 kg/m^3 であるが，これは，単位水量が185 kg/m^3 を超えると収縮が過大となる等，コンクリートのひび割れ抵抗性を大きく左右するため，使用材料や配合条件のばらつきも考慮して175 kg/m^3 としているものである．一方，締固めを必要とする高流動コンクリートにおいては，使用する骨材によっては単位水量を175 kg/m^3 以下とすることが難しい場合もある．このような場合は，過度に混和剤の使用量を増やすよりも単位水量を175 kg/m^3 以上とする方が所定のフレッシュコンクリートの品質を得やすいこともある．この場合は，上記の［施工編：施工標準］の記述を勘案し，硬化コンクリートの特性に問題がないことを確認する必要がある．

粉体とは，セメントはもとより，高炉スラグ微粉末等，フライアッシュ，シリカフュームあるいは石灰石微粉末等，セメントと同等ないしはそれ以上の粉末度を持つ材料の総称である．これらの各種粉体の単位量の総和が単位粉体量であり，単位粉体量はコンクリートの材料分離抵抗性を左右する主要な配合要因である．なお，混合セメントも含めてセメントのみを用いる場合には，単位粉体量と単位セメント量は同じになる．これまでの実績によれば，タイプ2のコンクリートにおける増粘剤を使用しない場合の単位粉体量は400～450 kg/m^3 程度，増粘剤を使用する場合の単位粉体量は350～400 kg/m^3 程度としているものが多い．

締固めを必要とする高流動コンクリートに用いる混和剤には，「3.4 混和剤」で示したように高性能AE減水剤，高性能減水剤，増粘剤含有高性能AE減水剤，また，単独で用いる増粘剤等がある．これらの混和剤の使用量は，単位水量，単位粉体量，粉体の構成，細・粗骨材の微粒分量，目標とするフレッシュコンクリートの品質および空気量等の配合条件や，コンクリート製造，運搬，打込み時の環境温度，コンクリート製造時の練混ぜ量，製造に使用するミキサのタイプ等により変化する．したがって，机上における配合設計の段階では，混和剤の使用量は過去の使用実績を参考とするか，または混和剤の製造元の推奨値を参考に仮に決めておき，上記の諸影響要因を考慮しながら試し練りによってこれを定める必要がある．なお，混和剤がコンクリートに付与する高い減水性能や流動性保持性能は，適切な使用量の範囲内にあるときに得られるため，所定の品質が確保されるように使用量の設定には十分注意する必要がある．

5.4.2　配合の算定および練混ぜ

（1）配合条件および配合要因の設定に基づいて，締固めを必要とする高流動コンクリートの配合を算定する.

（2）所定の品質のコンクリートが得られるように，実際にコンクリートを練り混ぜて確認し，コンクリートの配合を定める.

（3）コンクリートの練混ぜによる確認は，室内試験によることを標準とする.

【解　説】　（1）について　「5.3 配合条件の設定」で設定した配合条件と「5.4.1 配合要因の設定」で設定した単位粗骨材絶対容積等の配合要因の数値を基に，各使用材料の単位量を求め，締固めを必要とする高流動コンクリートの配合を算定する．特に，単位セメント量については，配合強度，水結合材比および単位粉体量の3つをすべて満足するように求める必要があり注意を要する.

（2）について　配合設計によって設定した配合が所定の品質を満足することを確認するために，実際にコンクリートを練り混ぜて確認を行う．ただし，十分な実績があれば練混ぜによる確認を省略してもよい.

（3）について　コンクリートの配合を決定するには，品質が確かめられた各種材料を用いて，これらを正確に計量し，十分に練り混ぜる必要があるため，配合設計における練混ぜによる確認は，室内試験によることを標準とした．なお，コンクリートの練上がりから現場までの運搬に伴うコンクリートの品質の変化は室内試験により確認することが難しいため，配合設計で計画配合を定めたのち，「6.6 プラントのミキサによる試し練り」に示すプラントのミキサによる試し練りを行って確認する必要がある.

5.4.3　品質試験

（1）練り混ぜたコンクリートの品質試験として，一般のコンクリートの試験項目に加え，材料分離抵抗性を評価する試験を実施する.

（2）品質試験では，フレッシュコンクリートの品質のばらつきを考慮し，所定の材料分離抵抗性を満足するスランプフローの許容範囲を定める.

【解　説】　（1）について　練り混ぜたコンクリートの品質試験は，［施工編：施工標準］に示される方法に従うが，スランプフロー（JIS A 1150），空気量（JIS A 1128），圧縮強度（JIS A 1108）に加えて，タイプ2の締固めを必要とする高流動コンクリートでは，材料分離抵抗性および間隙通過性を示す粗骨材量比率と間隙通過速度の確認が必要である．粗骨材量比率は沈下量試験（JSCE-F 702）によって，間隙通過速度はボックス試験（JSCE-F 701）によって確認する.

（2）について　実際の施工においては，主に骨材の表面水率の変動に起因して，締固めを必要とする高流動コンクリートのスランプフローにばらつきが生じる．特に，スランプフローが目標値よりも大きくなった場合，材料分離抵抗性は低下する方向に向かうこととなるため，品質試験では，所定の材料分離抵抗性を満足するスランプフローの許容範囲を定める必要がある．具体的には，スランプフローが目標値よりも大きくなった場合にも，所定の粗骨材量比率および間隙通過速度を満足することを確認して，スランプフローの許容差の上限を定める．例えば，所定のフレッシュコンクリートの品質の目標値を満足する配合を確認した後，その配合に細骨材表面水率の1.0％に相当する水を外割で加えてスランプフローを増大させ，粗骨材量比率および間隙通過速度が所定の目標値を満足することができるスランプフローの限界値を確認し，これを参考にスランプフローの品質管理上の許容差の上限を定める．ただし，粗骨材量比率および間隙通過速度が所定の目標値を満足することが確認できても，スランプフローの許容差は目標値+100 mm 以内とする．また，許容差を+50 mm よりも小さく設定しなければ，粗骨材量比率および間隙通過速度が所定の目標値を満足することができない場合には，品質管理が困難になることが考えられるため，「5.4.1 配合要因の設定」に立ち返って材料分離抵抗性を高めるように配合の修正を行う必要がある．なお，締固めを必要とする高流動コンクリートにあっては元々の流動性が高く，スランプフローが小さくなることに対する施工上のリスクは小さいと考えられることから，一般に品質変動の指標としてのスランプフローの下限については，上限と同じ許容差を設定してよい．

なお，［指針（案）：検査標準］では，製造や運搬の影響によるフレッシュコンクリートの品質変動に対する検査指標としてスランプフローを用いるため，検査の許容値の設定にあたっては品質試験の結果を参考にするとよい．

5.5 配合の表し方

配合の表し方は，一般に**表 5.5.1** によるものとし，スランプフローは荷卸しの目標スランプフローを表示する．

表 5.5.1 配合の表し方

粗骨材の最大寸法 (mm)	タイプ[1]	スランプフロー (mm)	粗骨材量比率 (%)	間隙通過速度 (mm/s)	空気量 (%)	水セメント比[2] W/C (%)	単位粗骨材絶対容積 (m^3/m^3)

単位量(kg/m^3)					
水 W	セメント C	混和材[3] F	細骨材 S	粗骨材 G	混和剤[4] A

注 1) 必要に応じて記述する．
2) ポゾラン反応性や潜在水硬性を有する混和材を使用する場合は，水セメント比は水結合材比（$W/(C+F)$）となる．反応性のない，あるいは極めて小さい石灰石微粉末のような混和材を用いる場合には，水セメント比とする．
3) 複数の混和材を用いる場合は，必要に応じて，それぞれの種類ごとに分けて別欄に記述する．
4) 混和剤の単位量は，ml/m³，g/m³ または粉体材料に対する質量百分率で表し，薄めたり溶かしたりしない原液の量を記述する．また，混和剤として高性能 AE 減水剤と増粘剤を別々に用いる場合は，それぞれに欄を設けて記載する．

【解　説】　配合は質量で表すことを原則とし，コンクリートの練上がり 1 m³ 当りに用いる各材料の単位量を**表 5.5.1** のような配合表で示す．配合表には，構造物の種類，設計基準強度，配合強度，セメントの種類，細骨材の粗粒率，粗骨材の種類，粗骨材の実積率，混和剤の種類，運搬時間，施工時期等についても記載しておくのが望ましい．また，配合表に記載するスランプフローは荷卸しの目標スランプフローを標準とする．

6章 製 造

6.1 一 般

（1）締固めを必要とする高流動コンクリートの製造は，所定の品質のフレッシュコンクリートが得られるよう製造計画を立案し，設備，材料等が適切に管理され，安定した品質のフレッシュコンクリートを製造・供給できる製造設備により行う．

（2）製造管理は，締固めを必要とする高流動コンクリートの特性を理解し，製造に対する知識と経験を有する技術者が行うことを原則とする．

【解 説】 締固めを必要とする高流動コンクリートをレディーミクストコンクリート工場で製造する場合は，「6.2 工場の選定」に従って適切に工場を選定し，「6.3 計量」以降を満足すれば，安定した品質のフレッシュコンクリートが得られる製造設備および製造管理体制を満足することができる．施工者自らが締固めを必要とする高流動コンクリートを製造する場合，またはプレキャストコンクリート製品を製造する場合は，「6.3 計量」以降に従って製造設備および製造管理体制が確立され，維持されている必要がある．

（1）について 締固めを必要とする高流動コンクリートは，一般のコンクリートと比較して，特に流動性と材料分離抵抗性，タイプ2ではこれらに加えて間隙通過性の確保が重要であり，施工条件に応じた所定の品質のフレッシュコンクリートが得られるよう品質管理を行うことが重要である．このため，これらを加味した製造計画の作成と，これに従った製造を行うことが重要であり，かつ製造設備や使用材料等の管理が重要となる．製造設備には，材料の貯蔵設備，計量設備，練混ぜ設備等があるが，これらの定期的な点検と不具合箇所への対処が確立されている必要がある．

（2）について 製造管理は，締固めを必要とする高流動コンクリートの特性を理解し，安定した品質のコンクリートを得るための専門的な知識と経験を有する技術者によって実施されることが重要である．たとえば，土木学会認定土木技術者，コンクリート主任技士，コンクリート技士，コンクリートを専門とする技術士，あるいは，これらと同等以上の知識経験を有する技術者が常駐して行うことが原則である．なお，製造の一般的事項は，［施工編：施工標準］による．

6.2 工場の選定

締固めを必要とする高流動コンクリートを製造する工場の選定は，特に，コンクリートの製造能力，出荷能力または供給能力，品質管理能力等を考慮して行う．

【解 説】 締固めを必要とする高流動コンクリートの製造を円滑に行うためには，整備されたコンクリート製造設備をもつことが重要であり，かつ，施工の規模や打込み速度に応じて製造能力や供給能力，品質管理能力等のある工場を選定することが重要である．このような工場としては，JIS A 5308の認証品を製造する工場で，かつ，㊜マーク使用承認工場等がある．したがって，締固めを必要とする高流動コンクリートを製造する工場は，［施工編：施工標準］によるとともに，以下のような事項を調査して選定する．

(i) コンクリートの製造・供給能力（設備）

コンクリートの製造・供給能力が，施工上の要求を満足できることを確認する．工場の規模によっては，施工規模や打込み速度に対して必要な材料を貯蔵・計量する十分な設備がない場合があるので，工場の選定に際して留意する必要がある．特に，締固めを必要とする高流動コンクリートの製造には高性能AE減水剤，増粘剤，増粘剤含有高性能 AE 減水剤等を使用するので，これらを適切に貯蔵し，計量して練り混ぜることができる工場を選定する．1つの工場で所定の製造・出荷能力を満たすことができない場合は，複数の工場から同時に供給するような体制も検討する．その場合，同一種類で同等の性能を持つセメントおよび混和剤を使用することが望ましい．汎用的なセメントについては，メーカ間の品質差は小さいが，フレッシュ性状の差や初期の強度発現性の差，硬化コンクリートの色調等に留意するとよい．混和剤については，使用実績，製品の安全性，使用材料との適合性等を含め，それぞれの種類の特質を十分把握するとともに，締固めが必要な高流動コンクリートの品質に悪影響を及ぼさないことをあらかじめ確認し，最適と思われる混和剤の種類を選定することが肝要である．

(ii) コンクリートの品質管理能力（設備）

施工条件に応じた所定の品質の締固めを必要とする高流動コンクリートを，継続的，かつ安定的に製造するためには，骨材の粒度および表面水率を適切に管理することが重要である．骨材の粒度および表面水率の変動を適切に管理するためには，工場が施工の規模に応じた骨材の貯蔵能力を有していることに加え，粗骨材を分級して貯蔵することや粒度の異なる細骨材を別々に貯蔵し，それぞれを個別に計量すること等，粒度の管理ができるような設備であることも必要である．また，骨材を保管するストックヤードには，上屋を設置することや土間には勾配を設ける等，表面水率を安定させるために効果的に水抜きをして使用するよう貯蔵や引き出しの方法を工夫すること，表面水率測定用のセンサを用いた連続測定試験装置により測定頻度を高める等，表面水率の管理ができるような設備であることが必要である．

また，コンクリート練混ぜ中のミキサ負荷値をモニタリングできる計器や，各種補正機能を備えた計量・練混ぜの制御装置を有している工場を選定するのがよい．

6.3　計　　量

（1）計量値の許容差は，[施工編：施工標準] による．

（2）計量器の秤量やミキサの練混ぜ能力により練混ぜ量に制約を受ける場合があるので，事前に確認する．

【解　説】　（1）および（2）について　材料の計量値の許容差は，[施工編：施工標準] に準拠する．ただし，フレッシュコンクリートの品質変動幅を極力小さく管理する必要がある場合や，単位量のわずかな誤差が品質に大きく影響を及ぼすような材料を使用する場合等には，計量値の変動が小さくなるような設備を用い，管理を行う必要がある．特に，高性能AE減水剤，増粘剤，増粘剤含有高性能AE減水剤については，締固めを必要とする高流動コンクリートの品質に及ぼす影響が大きいことに留意する．なお，増粘剤等の混和剤をミキサあるいは骨材計量器へ人力で投入する場合には，投入管理を確実に行うことができる製造体制を整備する．

また，高性能AE減水剤，増粘剤，増粘剤含有高性能AE減水剤等の混和剤の中には，ミキサへの投入順序や投入方法が決められているものもある．このような混和剤を用いる場合は，投入順序や投入方法を考慮したうえで，計量設備の仕様についても事前に確認しておくとよい．なお，材料の累加計量を余儀なくされるような場合には，材料間の組合せやそれぞれの計量値の許容差および累加計量値の許容差が，許容値以内に収まることを事前に確認しておく必要がある．

6.4 ミキサ

ミキサは，原則として JIS A 8603-1，JIS A 8603-2 に適合するバッチミキサを用いる．

【解 説】 締固めを必要とする高流動コンクリートは，一般のコンクリートと比べて粘性が高い傾向にあるため，原則としてバッチミキサを用いて製造を行う．一般的には，練混ぜ時間を短くでき，かつ，排出時間も短い水平二軸型の強制練りミキサを用いるのがよい．ただし，所定の品質のコンクリートが製造できることが確認できれば，傾胴型ドラムミキサ等の重力式ミキサを用いてもよい．

6.5 練混ぜ

（1）締固めを必要とする高流動コンクリートの練混ぜ方法は，コンクリートのタイプにより既往の実績あるいは試験によって適切に定める．

（2）1 回の練混ぜ量は，配合，計量設備の仕様，ミキサの練混ぜ能力等を考慮して定める．

（3）練混ぜ時間は，材料および配合を考慮し，既往の実績あるいは試験により定める．

（4）一般のコンクリートを練り混ぜた後，ミキサを洗浄しないで，締固めを必要とする高流動コンクリートを練り混ぜる場合は，品質に悪影響を及ぼさないことを既往の実績あるいは試験によりあらかじめ確認しておく．

【解 説】 （1）および（2）について 均質なコンクリートを得るための練混ぜ方法は，ミキサの型式，材料投入順序，練混ぜ時間，骨材の種類や粒度，コンクリートの配合によって相違することから，締固めを必要とする高流動コンクリートのタイプごとに既往の実績または試験によって定める．また，粘性の高いコンクリートの場合，ミキサによっては均質なコンクリートを練り混ぜることができる量が定格容量よりも少なくなる可能性がある．このため，均質なコンクリートを得ることができる練混ぜ量を事前に検討しておく必要がある．

（3）について 使用する混和剤によっては，フレッシュコンクリートの性状が安定するために必要な練混ぜ時間が異なるので，既往の実績またはあらかじめ試験により定める．

（4）について ミキサを洗浄しないで一般のコンクリートに引き続いて締固めを必要とする高流動コンクリートを練り混ぜると，使用する混和剤の違いにより，所定の品質が得られない場合がある．このため，このような練混ぜを行う場合は，事前に品質への影響を確認しておく必要がある．また，逆に締固めを必要とする高流動コンクリートを練り混ぜた後に一般のコンクリートを練り混ぜると，一般のコンクリートのスランプが大きくなる等の影響が想定されるため，コンクリートの種類が切り替わる際にミキサの洗浄が必要となる場合がある．なお，ミキサだけでなくトラックアジテータ車やコンクリートポンプ車等についても同じ配慮が必要となる．

6.6　プラントのミキサによる試し練り

工事開始前には，実工事に用いるプラントのミキサおよび使用する材料を用いて，選定した計画配合が所要の品質を有していることを試し練りにより確認する．

【解　説】　計画配合を試験室の小型ミキサを用いて選定した場合には，実際の工事に用いるプラントのミキサと練混ぜ性能が異なることが多い．また，工事開始時の外気温やコンクリート温度あるいは使用材料のロット等の製造条件が，配合選定時とでは異なる場合が多い．したがって，工事開始前には，工事に使用するロットの材料を用いて，プラントのミキサで試し練りを行い，所定の品質のコンクリートが得られることを確認する必要がある．特に，スランプフローの経時的な変化を室内の配合試験で再現することは難しいため，コンクリートの練上がりから荷卸し箇所に到着するまでの運搬時間におけるスランプフローの変化を確認し，荷卸しの目標スランプフローが得られるように練上がりの目標スランプフローを定め，適切に配合を修正することが重要である．一般には，高性能 AE 減水剤や増粘剤含有高性能 AE 減水剤の使用量の修正だけで所定の品質のコンクリートが得られる場合が多い．

6.7　製造時の骨材の品質管理

（1）締固めを必要とする高流動コンクリートの製造時には，骨材の品質試験を行い，その試験結果に基づいて，骨材の品質変動等に対する配合の補正を行う．

（2）所定の品質のコンクリートを製造するために，骨材の表面水率に基づく補正を適切に実施する．

（3）砕砂を用いる場合は微粒分量の変動が生じていないことを適切に管理する．

【解　説】　（1）および（2）について　締固めを必要とする高流動コンクリートのフレッシュ性状は，骨材の表面水率や粒度の変動の影響を受けやすいため，選定した配合が所定の流動性，材料分離抵抗性と間隙通過性を確保するためには，骨材の表面水率の変動や粒度の変動を極力低減することが重要である．

骨材の表面水率や粒度の変動が大きく，所定のフレッシュコンクリートの品質が確保できないと判断される場合には，骨材の表面水率の測定頻度を高くして高頻度で表面水補正を行う，表面水率を安定させるため1 日以上貯蔵して十分な水切りを行って使用する，粒度の変動が大きい骨材は粒度の変動の少ない貯蔵方法や引出し方法とする等，品質管理の方法を工夫するとともに，適切な管理を実施する必要がある．また，表面水の連続測定器，コンクリート温度測定器や単位水量測定器等の使用も品質管理を適切に行うための製造上の管理方法である．

（3）について　締固めを必要とする高流動コンクリートでは，細骨材中に含まれる微粒分量の変化がフレッシュコンクリートの性状に大きく影響を及ぼす場合があるため，特に砕砂を用いる場合は，骨材の微粒分量試験について必要に応じて頻度を増やす等，適切に管理する．

6.8　製造時のフレッシュコンクリートの品質管理

（1）練混ぜ中は，常にミキサ内の練混ぜの状況を確認するとともに，所定の品質が確保されていることを確認する．

（2）品質管理で得られた試験値は常にフィードバックし，製造時の品質管理に反映させる．

（3）季節変動（外気温，コンクリート温度）や日間変動によってもフレッシュコンクリートの品質変動が生じる場合があるので，あらかじめ対応方法を定めておく．

【解　説】　（1）について　締固めを必要とする高流動コンクリートの品質管理では，製造・出荷時の品質管理の項目と内容をあらかじめ検討し製造計画を作成して，それに従って製造管理を行うこととなる．

練混ぜ中は，常時ミキサの練混ぜ負荷値等により練混ぜの状況を確認する必要がある．計量制御装置の一部としてシステム化されたスランプモニタは，材料投入開始から練混ぜ完了までのミキサの駆動電力（電流）の変化（負荷カーブ）からスランプの推定値を表示できるものである．このスランプモニタでは，所定の品質が得られた時の負荷カーブを記録して表示できるため，それと現在製造しているバッチのコンクリートとリアルタイムで比較することでスランプの推定値を確認することができる．高流動コンクリートや高強度コンクリートの製造には欠くことのできないものになっており，締固めを必要とする高流動コンクリートにも適用できる．ただし，骨材品質の変動等により，負荷カーブが同じでも所定の品質のコンクリートが得られない場合もあるので，ミキサ内部の監視カメラによるオペレータの目視と併せてスランプフロー等のフレッシュ性状を判定する必要がある．

材料分離が生じていないことを判断するには，スランプフロー試験を行い，試験後のコンクリートを目視により確認し，コンクリートの中心部分に粗骨材が偏在していないか，コンクリートの広がりの周辺部分にセメントペーストおよび水が偏在していないかを目安にするのがよい．また，必要に応じて沈下量試験やボックス試験を行って所定の品質が得られていることを確認するとよい．

（2）について　製造開始直後は骨材の表面水率が変動しやすいため，フレッシュコンクリートの品質も変動しやすい．そのため製造者は，品質が安定するまでは品質管理試験の回数を多くして製造管理に反映させることが望ましい．また，実際の施工にあたっては，レディーミクストコンクリートの製造者と施工者のそれぞれの品質管理担当者がフレッシュコンクリートの品質に関して連絡を取り合って，製造管理に適切に反映させることが重要である．

（3）について　締固めを必要とする高流動コンクリートの施工が長期間にわたる場合には，季節変動（外気温，コンクリート温度）や使用材料のロット等の変化により，製造されるコンクリートの品質も変化する．外気温の変化が，高性能 AE 減水剤や増粘剤含有高性能 AE 減水剤の減水性能や流動性の保持性能，材料分離抵抗性や間隙通過性等の所定の品質に及ぼす影響が大きくなる場合があるので，適宜，配合を修正することが重要である．特に最近は気温が 35℃を超える猛暑日が増えており，流動性の保持等が困難になってきている．適切な混和剤の追加使用を発注者と協議する等，その対策をあらかじめ定めておく必要がある．

7章　施　　工

7.1　一　　般

（1）締固めを必要とする高流動コンクリートの特性を考慮し，所定の時間内に打込みが完了するように施工計画を策定する.

（2）締固めを必要とする高流動コンクリートが所定の品質を得られるように，施工計画に基づき管理する.

【解　説】　（1）について　締固めを必要とする高流動コンクリートの特性として，打込みに伴う流動距離を大きくすると材料分離しやすくなることを理解したうえで，コンクリートの打込み位置や打ち込む量を定め，所定の時間内に打込みが完了するように施工計画を策定する必要がある．さらに，流動性が高いために型枠に作用する側圧が大きくなることにも注意が必要である．その他，交通渋滞による運搬時間の遅延，コンクリートポンプ車の故障等，起こり得る不測の事態も念頭においた計画を立案する必要がある.

（2）について　締固めを必要とする高流動コンクリートを施工する際には，所定の品質が得られるように策定した施工計画に基づいて，施工の各段階において必要となる管理を行う．具体的な管理の方法や留意するべき事項等については，以降の各節を参照するとよい.

7.2　運　　搬

7.2.1　現場までの運搬

締固めを必要とする高流動コンクリートが所定の品質を保持できる時間内に打込みを完了するよう，打込みに要する時間を考慮した適切な時間内で現場まで運搬を行う.

【解　説】　締固めを必要とする高流動コンクリートの品質の経時変化は，高性能AE減水剤の種類や使用量，配合，コンクリート温度の違い等によって異なるため，選定した配合で製造されたフレッシュコンクリートの性状を十分に考慮して運搬の計画を立てる必要がある．また，現場での打込み速度や運搬途中の交通渋滞，予期せぬ長時間の待機等の不測のトラブルが生じても時間的な余裕があるように運搬計画を立案することが望ましい.

7.2.2　圧送による現場内での運搬

（1）コンクリートポンプを用いて締固めを必要とする高流動コンクリートを圧送する場合，コンクリートの品質，圧送条件，作業性，安全性を考慮して，コンクリートポンプの機種および台数の選定等の圧送計画，輸送管の径，配管の経路，配管距離等の配管計画を立案する.

（2）コンクリートポンプや配管内でモルタル分が失われるおそれがある場合には，圧送前に締固めを必要とする高流動コンクリートから粗骨材を取り除いたモルタルを先送りし，配管内全体にモルタルを付着させる．

【解 説】 （1）について 圧送が締固めを必要とする高流動コンクリートの品質に与える影響については，基本的には，一般のコンクリートの圧送計画や配管計画の考え方と同様であり，土木学会コンクリートライブラリー「コンクリートのポンプ施工指針」に準拠して計画を行う必要がある．

圧送による締固めを必要とする高流動コンクリートの品質への影響については，一般のコンクリートと同様に圧送によって流動性が低下し，スランプフローが低下する場合が多いが，配合や環境条件によっては逆にスランプフローが増大する場合もある．したがって，圧送後の品質変動の傾向を事前に把握し，必要な対策を講じておく必要がある．

締固めを必要とする高流動コンクリートは，一般のコンクリートに比べて降伏値が小さく，自己充塡性を有する高流動コンクリートよりも塑性粘度が小さい傾向にある．また，細骨材率も50 %前後であることが多い．そのため，この［指針（案）：施工標準］で対象とする水平換算圧送距離が300 m未満のコンクリートポンプによる圧送という施工条件においては，一般に管内閉塞が生じにくく，良好な圧送性が得られる場合が多い．ただし，所定の材料分離抵抗性は確保されているものの，使用材料によっては一般のコンクリートよりも単位水量が多く，また高性能AE減水剤を比較的多く使用していることから，圧送に伴う加圧脱水により管内閉塞を生じる可能性がある．特に，単位粉体量や増粘剤量の少ないタイプ1の締固めを必要とする高流動コンクリートにおいては留意が必要である．これを防ぐには，配合選定時に加圧ブリーディング試験を実施して，圧送に適切な加圧ブリーディング量の範囲にあることを確認しておくとよい．一方，特にタイプ2の締固めを必要とする高流動コンクリートにおいては，材料分離抵抗性の確保の観点から単位粉体量や増粘剤量が多くなる場合がある．このような場合，材料分離による管内閉塞の可能性は低いが，コンンクリートポンプに生じる圧送負荷が大きくなり，計画していた吐出量を確保できないことがある．これを防ぐためには，無理のない圧送計画を立案するとともに，理論吐出圧力の大きなコンクリートポンプの選定と，輸送管の径や肉厚を通常よりも大きくし，所要の耐圧力を有する継手を用いる等の配管計画を行うことが必要となる．なお，圧送負荷が大きくなると予想される場合には，「コンクリートのポンプ施工指針」の「特殊コンクリートの圧送」に高強度コンクリートと自己充塡性を有する高流動コンクリートの圧送に関する留意事項が記載されているので，これを参考にするとよい．

（2）について 締固めを必要とする高流動コンクリートのモルタル分が，圧送の際にコンクリートポンプや圧送配管内に付着して拘束されると，吐出するコンクリートの流動性が低下してしまう．このような現象が生じる場合は，コンクリートの打込み開始前に締固めを必要とする高流動コンクリートのモルタル分と同等の品質を持つモルタルを先送りし，コンクリートポンプや配管内にあらかじめモルタルを付着させる必要がある．先送り材として圧送されたモルタルには，ポンプのシリンダ内の汚れ水やグリス，配管内の残渣等が混入している可能性が大きいため，構造物の性能に悪影響が及ばないよう，先送り材は型枠内に打ち込まないこととする．ただし，筒先におけるモルタルの回収処理が困難，あるいは著しく不合理な場合，汚損や分離等の影響がない部分のモルタルで，硬化後の構造物の性能に問題がないことを確認している場合には，型枠内に打ち込むことも可能である．

7.2.3　その他の現場内での運搬

（1）現場内での運搬方法は，打込み量，打込み速度等の施工条件やコンクリートの品質等を考慮して選定する．

（2）運搬中に過度の振動を与えてはならない．

（3）シュートを用いる場合には，縦シュートを標準とする．

（4）ベルトコンベアを用いてはならない．

【解　説】　（1）について　現場内での締固めを必要とする高流動コンクリートの運搬方法には，コンクリートポンプのほかに，バケット，シュートおよび手押し車等によるものがある．これらを単独あるいは組み合わせて，施工条件やコンクリートの性状に適した方法を選定する．

（2）について　締固めを必要とする高流動コンクリートは，一輪車や台車等を用いて運搬する際に微振動が作用すると，徐々に粗骨材が沈降する等の材料分離を生じやすい傾向にある．したがって，やむを得ず一輪車や台車等による運搬を行う場合には，コンクリートに過度な振動が作用しないように運搬経路に配慮するとともに，運搬距離をできるだけ短くすることが望ましい．また，必要に応じて練直しや再撹拌等の対策が必要である．

（3）について　締固めを必要とする高流動コンクリートは，斜めシュートを長くして過剰に流動させると，一般のコンクリートと同様に材料分離を生じやすい．したがって，シュートを使用する場合は，縦シュートを用いるのがよい．

（4）について　ベルトコンベアは，一般に，平面状のベルトの上にコンクリートを載せて運搬するため，流動性の高いコンクリートの運搬には不適切である．なお，ループコンベア等もあるが，排出時にベルトにモルタル分が付着しやすくコンクリートの流動性が低下するので，特別な対策を設けない限りベルトコンベアは用いてはならない．

7.3　打込み

（1）打込み前には，鉄筋や型枠が計画どおりに配置されていることを確認する．

（2）打込み前には，打込みのための設備および人員配置が施工計画に合致していることを確認する．

（3）練混ぜから打ち終わるまでの時間は，コンクリートが所定の品質を確保できる時間内とする．

（4）打込み間隔は，材料分離が生じない距離とする．

（5）1層当りの打込み高さは，一般のコンクリートと同じとすることを標準とする．

（6）2層以上に分けて打ち込む場合，上層と下層が一体となるように施工を実施する．また，コールドジョイントが発生しないよう，施工区画の面積，コンクリートの供給能力，打重ね時間間隔等を定める．

（7）自由落下高さは，一般のコンクリートと同じとすることを標準とする．

【解　説】　（1）について　締固めを必要とする高流動コンクリートは，流動性が高いこと，凝結時間が長いこと，締固めを行うことから，型枠に作用するコンクリートの側圧が大きくなることが想定されるため，鉄筋や型枠が所定の位置にあり，堅固に組み立てられていることを確認することが重要である．

(2) について　打込み位置の人員や打込み設備の不備等で打込みが中断すると，締固めを必要とする高流動コンクリートの流動が一時停止し，打込みを再開したときに時間が経ちすぎてコンクリートの流動性が低下している恐れがある．したがって，コンクリートの打込みに要する人員や設備が施工計画書に沿って適切に配置されていることを確認するとともに，施工計画の周知徹底を図ることが重要である．

(3) について　締固めを必要とする高流動コンクリートは，一般のコンクリートに比べてフレッシュコンクリートの品質の保持時間が長くなる場合もある．そのため，あらかじめ，コンクリートが所定の品質を確保できる時間を確認し，練混ぜから打終わりまでの時間として施工計画に反映することで，施工面や品質確保の面でこのコンクリートの利点を活かすことができる．練混ぜから打終わりまでの時間の限度を確認しない場合には，一般のコンクリートと同様に，外気温が25℃以下のときで2時間以内，25℃を超えるときで1.5時間以内とする．

(4) について　締固めを必要とする高流動コンクリートは，一般のコンクリートに比べて，流動性が高いため，打込み間隔を大きくすることができる．ただし，コンクリートの打込みに伴う流動距離によっては材料分離が生じ，豆板等の不具合を生じる可能性がある．この［指針（案）：施工標準］の「**4章**　タイプ1のコンクリートの配合設計」および「**5章**　タイプ2のコンクリートの配合設計」に従って適切に配合設計され，粗骨材量比率や間隙通過速度が目標値を満足する配合が選定されている場合，打込みに伴う流動距離，すなわちコンクリートの打込み箇所から振動締固め等の外的なエネルギーを与えることなく，コンクリートが自然に流動する距離が5m以下であれば，コンクリート構造物の性能を損なうような材料分離は生じないことが確認されている．したがって，打込み間隔は，打込みに伴う流動距離が5m以下となるように適切に定める必要がある．なお，流動中の締固めを必要とする高流動コンクリートに棒状バイブレータ等で振動を加えると材料分離を助長し，コンクリート構造物の品質を低下させることになるので，如何なる場合であってもコンクリートの流動を促進する目的で棒状バイブレータ等を使用してはならない．

一般のコンクリートの打込み間隔は，［施工編：施工標準］に示されるとおり2〜3m以下であるが，締固めを必要とする高流動コンクリートにおいては，**解説　図7.3.1**に打込み間隔の設定例（打込み間隔を6mとした例）を示すように打込み間隔を大きく設定することができる．部材の形状や鋼材の配置状況によっては，打込みに伴う流動距離の制限を遵守することを前提にさらに打込み間隔を大きくとることも可能であるが，コンクリートの流動先端は材料分離が生じやすいので，**解説　図7.3.1**のように隣り合う打込み箇所のコンクリートの流動先端が十分に重なり合うように打込み間隔を計画するのがよい．また，特殊な形状の部材の場合など，打込み間隔を大きくすることによる材料分離が懸念される場合は，事前に実構造物を模擬した試験体等を用いて施工性やコンクリートの品質を確認しておくことが望ましい．

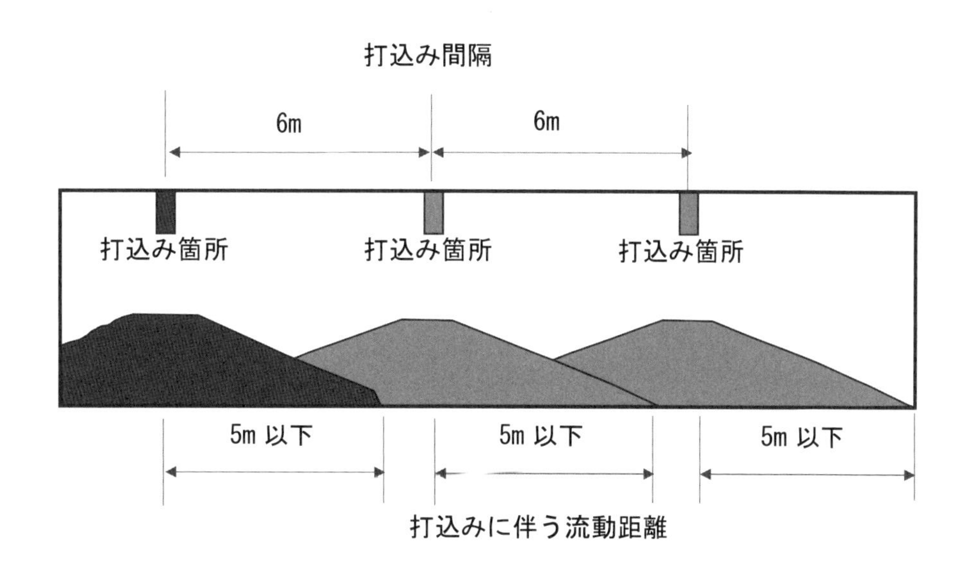

解説 図 7.3.1　打込み間隔の設定例

部材の形状や鋼材の配置状況から，打込みに伴う流動距離の制限を遵守することが難しいと考えられる場合には，打止め型枠を設置する，分岐管による同時多点打込みを行う等の対策を講じて打込みに伴う流動距離を小さく制御することが必要な場合もある．

（5）について　締固めを必要とする高流動コンクリートの 1 層当りの打込み高さは，一般のコンクリートと同様に 40～50 cm 以下を目安にするとよい．ただし，締固めを必要とする高流動コンクリートは，流動性が高いため，打込み箇所でのコンクリートの層の厚さを大きくできない場合があり，1 層当りの打込み高さが 40～50 cm よりも小さくなることがある．このような場合には，打込みに伴う流動距離の制限の遵守を優先し，1 層当りの打込み高さが小さくなってもよいことを前提とした計画を施工計画に反映する必要がある．

（6）について　締固めを必要とする高流動コンクリートは，一般のコンクリートに比べて流動性の保持時間が長くなる傾向にある．そのため，あらかじめ適切な試験により許容打重ね時間間隔を確認し，施工計画に反映することで，施工面や品質確保の面でこのコンクリートの利点を生かすことができる．許容打重ね時間間隔を確認しない場合には，一般のコンクリートと同様に，外気温が 25 ℃以下のときで 2.5 時間以内，25 ℃を超えるときで 2.0 時間以内とする．

（7）について　締固めを必要とする高流動コンクリートを自由落下させた場合の材料分離の程度は，一般のコンクリートと同程度であることが確認されている．したがって，締固めを必要とする高流動コンクリートの自由落下高さは，一般のコンクリートと同様に 1.5 m 以内とし，できるだけ小さくなるように計画するとよい．

7.4　締 固 め

（1）場所打ちコンクリートとして締固めを必要とする高流動コンクリートを使用する際の締固めは，棒状バイブレータを用いることを標準とする．

（2）プレキャストコンクリート製品の製造に締固めを必要とする高流動コンクリートを使用する際の締固めは，所定の品質のプレキャストコンクリートが得られるように適切な機器を選定して締固めを行う．

（3）締固めを必要とする高流動コンクリートの締固めは，コンクリートが十分に締め固められ，かつ材料分離が生じない振動時間および挿入間隔にて実施する．
（4）締固めを必要とする高流動コンクリートを打ち重ねる場合，上層と下層が一体となるように締め固める．

【解　説】　（1）について　場所打ちコンクリートとして締固めを必要とする高流動コンクリートを使用する場合の締固めは，［施工編：施工標準］に準拠し，棒状バイブレータを用いることを標準とした．ただし，鉄筋のかぶり部分等の棒状バイブレータの使用が困難で型枠に近い場所に対しては，型枠バイブレータを適切に使用することでコンクリートを密実に充填することが可能である．型枠バイブレータを用いる場合には，十分な締固め能力のものを選ぶこと，型枠に堅固に取り付けること，その取付け位置およびこれを移動する方法を適切に定めることが大切である．

（2）について　プレキャストコンクリート工場における成形で一般に用いられている締固め方法には，振動締固め，遠心力締固め，振動・加圧締固め，真空締固め，およびこれらを併用した方法があるが，通常のプレキャストコンクリート製品に用いるコンクリートは硬練りであり，締固め方法も加振力が大きい等，締固めのエネルギーの大きなものが多い．そのため，それらをそのまま締固めを必要とする高流動コンクリートの締固めに用いると，過振動により材料分離を生じる可能性が高い．したがって，締固めを必要とする高流動コンクリートのフレッシュコンクリートの品質に適した方法，機器を選定して締固めを行う必要がある．また，形状等が特殊な箇所や，埋込み金具類の周囲等において，突き棒等の人力による締固めで密実に充填できる場合には，機械によらない締固め方法で行ってもよい．

（3）について　締固めを必要とする高流動コンクリートは，一般のコンクリートに比べて，比較的短い振動時間でコンクリートを締め固めることができるが，締固め時間が過剰になると材料分離が懸念される．締固め時においては，コンクリートとせき板との接触面にセメントペーストの線が現れ，表面が水平となり，光沢が現れた時点で締固めを終了するとよい．振動時間は 5 秒程度を目安とするが，適切な振動時間は，配合，部材の形状寸法，配筋状態等によって相違するので，実際の締固め状況を詳細に観察して，その施工現場に適した最適な振動時間を設定するのがよい．

締固めを必要とする高流動コンクリートは，一般のコンクリートに比べて振動締固めの影響範囲が大きくなるため，棒状バイブレータの挿入間隔を大きくすることができる．棒状バイブレータの挿入間隔は，打ち込んだコンクリートに一様な振動が与えられるように，棒状バイブレータの棒径，振動数等による締固め能力，コンクリートのスランプフローおよび粘性，あるいは対象構造物の部材寸法や配筋等を勘案して計画し，施工する必要があるが，挿入間隔の目安は 50～100 cm とするとよい．ただし，高密度配筋箇所においては振動締固めの影響範囲が小さくなることが懸念されるため，挿入間隔を小さくするとよい．

（4）について　締固めを必要とする高流動コンクリートを打ち重ねる場合，許容打重ね時間間隔を守るとともに，下層コンクリートの上部にも振動を与えて，上層と下層のコンクリートを一体にすることが重要である．そのために，棒状バイブレータは，下層のコンクリート中に 10 cm 程度挿入するとよい．また，すでに打ち込まれて時間が経過した下層コンクリートは，許容打重ね時間間隔内であっても上層コンクリートよりも固くなっている場合が多い．そのため，棒状バイブレータを挿入した下層コンクリートが締固め不足になったり，上層コンクリートの締固めが過剰になって材料分離を生じたりすることがないよう，上層コンクリートを打ち込む前に下層コンクリートの状態を棒状バイブレータ等で確認したり，上層コンクリートの打込み高さ等を調整したりするとよい．

7.5　表面仕上げ

締固めを必要とする高流動コンクリートの打込み面の仕上げは，ほぼ所定の形状および寸法にならした後，表面がこわばる前の適切な時期に実施する．

【解　説】　締固めを必要とする高流動コンクリートにおいて，特に，タイプ 2 のコンクリートでは単位粉体量が多くなるため，一般のコンクリートに比べて粘性が高く，表面仕上げがしにくくなる．また，ブリーディングが少なくなるために，表面の急激な乾燥に伴うプラスティック収縮ひび割れが発生しやすい傾向にある．そのため，表面仕上げまでの間，乾燥させない対策を講じるとともに，表面仕上げの時期を逸しないように注意する必要がある．

7.6　養　　生

（1）締固めを必要とする高流動コンクリートは，配合によってブリーディング量が少なく，表面が乾燥しやすい傾向にあるため，打込み直後から表面の乾燥を防ぐ初期養生を行うのがよい．

（2）初期養生後の締固めを必要とする高流動コンクリートの養生期間は，一般のコンクリートと同様と考えてよい．

【解　説】　（1）について　締固めを必要とする高流動コンクリートにおいて，タイプ2のコンクリートのように単位粉体量が多くなる場合は，一般のコンクリートに比べてブリーディング量が少なく，表面が乾燥しやすい傾向にある．そのため，日射や風によって表面が乾燥しないよう，シートや養生マット等で覆うことや，養生剤を噴霧することで養生することが重要である．また，ブリーディング量が少ない配合において，打込み中に高温となる場合には，打込み中に乾燥し，その後に十分な養生を行ってもプラスティック収縮ひび割れ等が生じる場合がある．そのような場合には，ブリーディング水がある程度生じる配合への変更も検討するとよい．

（2）について　ブリーディング量が少ない配合における初期養生期間を除けば，養生は，一般のコンクリートと同様に考えてよい．

7.7　型枠および支保工

7.7.1　コンクリートの側圧

締固めを必要とする高流動コンクリートの側圧は，構造条件，フレッシュコンクリートの品質および施工条件によって変化するため，これらの要因の影響を考慮して側圧の値を定める．

【解　説】　型枠に作用するコンクリートの側圧は，部材の断面寸法や鉄筋量等の構造条件，コンクリートの流動性とその保持時間や凝結時間等のフレッシュコンクリートの品質，打込み速度，打込み速さ等の施工条件によって異なる．

締固めを必要とする高流動コンクリートは一般のコンクリートよりも流動性に優れているが，目標とする流動性は締固めを必要とする高流動コンクリートのタイプによって異なる．自己充塡性を有する高流動コンクリートあるいは流動性の高い高強度コンクリートの側圧は，液圧が作用することを前提に設計している．このため，締固めを必要とする高流動コンクリートの側圧においても，特に，流動性の高いタイプ2については，液圧が作用することを前提として設計すれば，安全側に考慮することが可能である．ここで，セパレータへの力は，均一に作用するものとして設計するが，セパレータの締付け力が一定でない場合，作用する力が不均一となり危険側になる．また，締固めを必要とする高流動コンクリートでは，振動締固めにより部分的に側圧が上昇することも想定されるので，これらを勘案して設計時の安全率を一般のコンクリートの場合より大きくすることが望ましい．

ただし，締固めを必要とする高流動コンクリートの流動性は様々であり，流動性やその保持時間によっては液圧より小さな側圧となる場合もある．また，側圧の大きさは部材厚が薄い壁や鉄筋量が多い場合，また打込み速度や打上がり高さを小さくした場合には，液圧よりも小さな側圧となり，液圧として設計すると不経済になる場合がある．このため，信頼できる資料や測定結果に基づいて十分検討し，側圧を設定するのがよい．

7.7.2　型枠および支保工の設計

（1）傾斜した部分に締固めを必要とする高流動コンクリートを打ち込む場合は，上型枠を設置する必要がある．その場合，上向きの圧力に対して，浮き上がり防止のための支保工を設置する．

（2）閉塞された空間の充塡用に締固めを必要とする高流動コンクリートを打ち込む場合には，棒状バイブレータの挿入および閉塞空間内の空気を排出させる目的で，あらかじめ上型枠の適切な位置にバイブレータの挿入孔，空気抜き孔を設置する．

【解　説】　（1）について　締固めを必要とする高流動コンクリートは，流動性が大きいため，傾斜した部分に打ち込む場合には，上型枠を設置する必要がある．この場合，上型枠には，水平ならびに鉛直上向きの力が作用するので，これらの荷重に対して十分な強度を有する構造とする．

（2）について　締固めを必要とする高流動コンクリートは閉塞空間への施工にも適用できる．このような場合，確実に充塡するための棒状バイブレータの挿入，また閉塞空間内の空気を排出する孔を適切に設置する必要がある．

7.7.3　型枠および支保工の施工

型枠は，コンクリートの漏れが生じないよう，精度よく，かつ堅固に組み立てる．

【解　説】　締固めを必要とする高流動コンクリートは，流動性が高いため，せき板に骨材が抜け出す程度の隙間があると，そこからペーストやコンクリートが流出しやすい．コンクリートが漏れ出すと計画した振動締固めが実施できないこと等が想定されるため，型枠は，一般のコンクリートの場合よりも十分に強固となるように慎重に施工を行う必要がある．特に，打込み速度が速い，打上がり高さが高いなど側圧が大きくなる場合には，打ち上がるとともに型枠の隙間が大きくなることがあるので，型枠組立時におけるせき板の継目は精度よく組み立てる必要がある．また，妻型枠や打止め型枠となる部分は，支保工による補強が不十分となる場合が多いので，特に慎重に施工する必要がある．

7.8　施工管理

7.8.1　コンクリートの品質管理

（1）締固めを必要とする高流動コンクリートの品質管理試験は，所定の品質のコンクリートであることを確認できる目標値を設定し，適切な方法によって荷卸し時に行うことを標準とする．

（2）品質管理のための試験の頻度は，締固めを必要とする高流動コンクリートの用途，性状，工事の規模あるいは施工の難易度に応じて定める．

【解　説】　（1）について　締固めを必要とする高流動コンクリートの施工時におけるフレッシュコンクリートの品質管理は，一般のコンクリートと同様，荷卸し時に行うことを標準とする．

施工時のフレッシュコンクリートの品質管理では，所定の品質のコンクリートが安定的に供給されていることを確認する．特に締固めを必要とする高流動コンクリートにおいては，流動性，材料分離抵抗性および間隙通過性について，所定の品質を有していることを確認する必要がある．**解説 表 7.8.1** に品質管理試験の例を示すが，このような試験の中から必要なものを選択して実施し，品質の管理を行う．一般的には，タイプ 1 の場合，スランプフロー，空気量，コンクリート温度に加え，技術者による目視を施工時の品質管理として実施すればよい．タイプ 2 の場合は，スランプフロー，空気量，コンクリート温度および技術者による目視に加えて，特に施工の初期段階においては間隙通過性の確認として，ボックス試験を必要に応じて実施するのがよい．また，品質が安定していることが確認された後は，適宜ボックス試験の実施を省略してもよい．タイプ 1 およびタイプ 2 のいずれにおいても品質の安定が確認できない場合は，上記の試験に加えてフレッシュコンクリートの単位水量の試験や沈下量試験を実施し，所定の品質を有していることを確認するとよい．なお，**解説 表 7.8.1** は品質管理試験の例を示したものであって，流動性，材料分離抵抗性および間隙通過性を適切に確認することができるこれら以外の試験方法の採用を妨げるものではない．特に，近年開発が進んでいる ICT を利用した方法等は，有効に機能する可能性があり，施工の合理化にもつながるものと考えられるため，採用を検討するとよい．

品質管理においては，事前に管理基準値を設定しておくことが重要であり，管理基準値を外れた場合には，コンクリートの製造管理に速やかに反映させる必要がある．管理基準値は，検査において設定される許容差を踏まえるとともに，コンクリートに要求される品質や構造物，施工の条件を勘案して適切な値を設定することになるが，例えば JIS A 5308 ではスランプフローは 45 cm，50 cm および 55 cm の場合において許容差が ±7.5 cm とされていることから，管理基準値はその内数である±5.0 cm で管理すること等が考えられる．

解説 表 7.8.1　フレッシュコンクリートの品質管理試験の例

試験方法	試験値
JIS A 1150 コンクリートのスランプフロー試験方法	スランプフロー（cm または mm）
JIS A 1128 フレッシュコンクリートの空気量の圧力による試験方法	空気量（%）
JIS A 1156 フレッシュコンクリートの温度測定方法	コンクリート温度（℃）
技術者による目視	スランプフロー試験後のコンクリートを観察し，粗骨材の分布状況等により材料分離を判定
	トラックアジテータのシュートを流下するコンクリートを観察し，粗骨材の分布状況等により材料分離を判定
フレッシュコンクリートの単位水量	単位水量の推定値（kg/m^3）
JSCE-F 702 加振を行ったコンクリート中の粗骨材量試験方法（案）	粗骨材量比率（%）
JSCE-F 701 附属書 1（規定）容器の仕切りゲートを開くと同時にバイブレータを始動させる場合の試験方法	間隙通過速度試験（mm/s）

（2）について　品質管理の頻度は，構造条件，施工条件およびコンクリートの品質等に応じて定める必要がある．製造開始後の数台のトラックアジテータでは，使用材料の品質変動に伴いフレッシュコンクリートの品質も変動しやすいため，品質が安定するまでは品質管理試験の回数を多くする必要がある．したがって，荷卸し時におけるフレッシュコンクリートの品質管理の回数は，トラックアジテータの 3～5 台目までは連続して行い，それ以降は，JIS A 5308 を参考にするなどして，20～150 m^3 に 1 回の範囲で適切な頻度を設定するのがよい．一般に，スランプフローの抜取り検査対象にならないトラックアジテータあるいはバッチのコンクリートについても，打込み作業中において常にコンクリートの状態を目視で観察し，異常が認められた場合には速やかに試験を行い，スランプフローの状態を確認するとよい．

7.8.2　打込みおよび締固めの管理

締固めを必要とする高流動コンクリートの打込みおよび締固めは，必要とされる管理項目を選定し，適切な方法によって管理を行う．

【解　説】　打込みおよび締固めでは，打込み箇所，打込み順序，打込み速度，打込み高さ，打重ね時間間隔，打継目の処理，締固め作業高さ，締固め方法等が施工計画どおりであることを確認するのが基本である．施工計画で定めた施工の方法，打込み箇所，打込み高さ，バイブレータの挿入位置や深さ，振動時間等を記したチェックシートを用いて施工時の状況を確認すると有効である．ただし，打込みおよび締固め中には，流動状況や充塡状況についても目視にて観察し，コンクリートの状態や配筋の条件等によって棒状バイブレータの挿入間隔や振動時間を適宜変更することも重要である．また，タイプ 1 のコンクリートで打込み間隔や締固め間隔を大きくする場合や，タイプ 2 のコンクリートを使用する場合には，充塡確認を行うことが重要となる．充塡確認として，必要に応じて透明型枠やファイバースコープ等により目視で確認しながら管理するとよい．施工中，フレッシュコンクリートの性状に異常が認められた場合には打込みを中断し，必要に応じて，品質試験の実施等により原因を追求するとともに適切な処置を行う．

8章　寒中コンクリート

8.1　一　　般

日平均気温が4℃以下になることが予想されるときは，寒中コンクリートとしての施工を実施する．

【解　説】　寒中コンクリートの定義は，締固めを必要とする高流動コンクリートにおいても，一般のコンクリートと同様であるが，このコンクリート特有の留意点については，以降の各節を参照するとよい．

8.2　材料および配合

（1）セメントは，強度の発現性等を考慮して適切に選定する．

（2）混和剤は，低温で使用した場合にも安定した品質のコンクリートが得られるものを選定する．

（3）単位水量は，初期凍害を防止するため，所定のフレッシュコンクリートの品質が保てる範囲内で，できるだけ少なくする．

（4）気温の低下によりフレッシュコンクリートの品質が変化する場合があるので，あらかじめ対応方法を定めておく．

【解　説】　（1）について　締固めを必要とする高流動コンクリートにおいて，温度ひび割れの抑制等の理由により低発熱型のセメントを使用する場合には，低温下でのコンクリートの初期材齢における強度発現の遅延や劣化に対する抵抗性等への影響に留意して，養生等の対策を適切に講じる．

（2）について　締固めを必要とする高流動コンクリートで使用される高性能AE減水剤および増粘剤含有高性能AE減水剤は，低温下における減水性能，フレッシュコンクリートの品質の変化等に注意して使用することが重要である．

（3）について　単位水量を減少させることは凍結水量を減らすだけでなく，特に低温下において過大になる傾向にあるブリーディング量を抑制し，また，コンクリート温度の低下を防止する効果も期待できる．このため，所定のフレッシュコンクリートの品質が得られる範囲内で，できるだけ単位水量を小さくするとよい．

（4）について　寒中時には，時間経過に伴うスランプフローの増大，粘性の増加，凝結の遅延等が生じる場合があるので，適宜，適切な配合に修正することが重要である．特に，締固めを必要とする高流動コンクリートにおいて増粘剤含有高性能AE減水剤を使用する場合，その添加量を調整すると，増粘剤と高性能AE減水剤の両方が増減するため，流動性と材料分離抵抗性のバランスをよく確認する必要がある．

8.3　型　　枠

型枠に作用する側圧は，コンクリート温度を考慮して設定する．

【解　説】 コンクリート温度が低いほど，型枠に作用するコンクリートの側圧は大きく，かつ長時間に亘って作用する傾向にあるため，締固めを必要とする高流動コンクリートでは，液圧として型枠の計画を行うことが望ましい.

9章　暑中コンクリート

9.1　一　　般

日平均気温が25℃を超える時期に施工することが想定される場合には，暑中コンクリートとしての施工を実施する．

【解　説】　暑中コンクリートの定義は，締固めを必要とする高流動コンクリートにおいても，一般のコンクリートと同様であるが，このコンクリート特有の留意点については，以降の各節を参照するとよい．

9.2　材料および配合

（1）暑中コンクリートとして締固めを必要とする高流動コンクリートを用いる場合は，コンクリートの可使時間を考慮して混和剤を適切に選定する．

（2）気温の上昇によりフレッシュコンクリートの品質変動が生じる場合があるので，あらかじめ対応方法を定めておく．

【解　説】　（1）について　締固めを必要とする高流動コンクリートでは，コンクリートの可使時間を考慮して必要に応じて遅延形の混和剤を使用するとよい．また，遅延剤等を使用する場合は，その使用方法について十分に検討し，特にその添加量についてはこれを適切に定めることが必要である．一方，高性能AE減水剤は，種類によっては高温下ではフレッシュコンクリートの品質の経時に伴う低下が大きいものがある．したがって，いずれの混和剤を使用する場合にも，高温時の条件で計画した打込み終了の時間まで所定のフレッシュコンクリートの品質を確保できるものを選定することが重要である．

（2）について　暑中時には時間の経過に伴うスランプフローの低下が大きくなる場合があるので，適宜，適切な配合に修正することが重要である．特に最近は気温が35℃を超える猛暑日が増えており，発注者と協議して，その対策を講じておく必要がある．例えば，検査合格後に運搬の待ち時間等で許容値以上にスランプフローが低下した場合，適切な混和剤を添加してスランプフローを許容値以内に回復する対策が考えられる．このような場合においては，運搬時間の許容値，あるいは，スランプフロー回復後の空気量の許容値等が満足していることを事前に確認したうえで使用する必要がある．

10章 マスコンクリート

10.1 一　　般

セメントの水和熱に起因した温度応力が問題となる場合は，マスコンクリートとして取り扱い，その対策を十分に検討する．

【解　説】 マスコンクリートの定義は，締固めを必要とする高流動コンクリートにおいても，一般のコンクリートと同様である．締固めを必要とする高流動コンクリートのように，富配合のコンクリートが用いられる場合には，より薄い部材であっても拘束条件によってはマスコンクリートに準じた扱いが必要になる．

温度ひび割れの防止あるいはひび割れ幅の抑制のためには，所定のフレッシュコンクリートの品質やひび割れ抵抗性を確保したうえで，単位セメント量をできるだけ小さくするのがよい．なお，締固めを必要とする高流動コンクリートの場合，増粘剤含有高性能 AE 減水剤や増粘剤を用いたコンクリートの場合は，単位セメント量を減少させられる傾向にある．

マスコンクリートの場合は，大量のコンクリートを連続的に施工することになるため，コンクリートの所定の品質を得るためには，その製造，供給，運搬，締固め等の施工全般に亘って，十分に製造・施工管理を行うことが重要である．数か所の異なる工場からコンクリートを供給する場合は，セメントおよび混和剤は同一種類とし，細骨材，粗骨材も可能であれば同一産地のものを用いることが望ましい．しかし，実際にはレディーミクストコンクリート工場の立地状況から，セメントは同一種類であっても混和剤や細骨材，粗骨材が同一種類の材料を使用する工場を選択できない場合も多い．使用する材料が異なるコンクリートを複数用いる場合には，圧送時等に混合されることを想定して，あらかじめこの影響を検討しておく必要がある．特に，セメントと混和剤，混合する混和剤どうしの相性等を十分に確認しておかなければならない．また骨材が異なる場合には，コンクリート表面の色違い等が生じることもある．これらの影響については，既往の研究や同様な事例等を確認するとともに，必要に応じて試し練りを行うことで，異なるコンクリートを混合することがコンクリートの品質に悪影響を及ぼさないことを確認しておくとよい．

検査標準

1章　総　　則

1.1　一　　般

（1）［指針（案）：検査標準］は，締固めを必要とする高流動コンクリートが所定の品質を満足していることを検査する方法についての標準を示す．

（2）締固めを必要とする高流動コンクリートが所定の品質を有していることを適切な時期に適切な方法で検査する．

（3）（2）に示したもの以外のコンクリートの品質に関する検査は，［施工編：検査標準］による．

【解　説】　（1）について　この［指針（案）：検査標準］は，［指針（案）：施工標準］に従って配合設計，製造および施工される締固めを必要とする高流動コンクリートが，所定の品質を満足していることを検査する際の標準的な方法を示している．

（2）について　配合設計の段階で締固めを必要とする高流動コンクリートが設定された品質を満足していても，一般に，材料の品質のばらつきや製造時のばらつき，運搬時の品質の変化などにより，施工時のコンクリートの品質は変化する．したがって，コンクリートが所定の品質を満足していることを適切な時期に適切な方法で検査する必要がある．

タイプ1のコンクリートの品質の検査は，流動性と材料分離抵抗性に，タイプ2のコンクリートの品質の検査は流動性，材料分離抵抗性および間隙通過性に基づいて実施するものとする．

（3）について　この［指針（案）：検査標準］では，締固めを必要とする高流動コンクリートの品質の検査方法についてのみ規定するものとし，ここで規定した以外の品質に関する検査は，［施工編：検査標準］によるものとした．

2章　フレッシュコンクリートの品質の検査

（1）フレッシュコンクリートの品質は，荷卸し時に検査することを標準とする．

（2）フレッシュコンクリートの品質の検査は，コンクリートの納入伝票，製造時の計量印字記録，スランプフローによることを標準とする．

（3）検査の結果，不合格となったコンクリートは，これを打ち込んではならない．また，適切な処置を施すとともに，その原因を明らかにし，以後の製造を改善する．

【解　説】　（1）について　検査は，目標の品質が設定されている時点を対象に試験を行い判定することが原則である．すなわち，フレッシュコンクリートの品質の目標値は，打込み箇所における数値であるため，打込み直前に実施することが原則となるが，コンクリートの受入れ検査の場合，製造，運搬後の荷卸し地点で行われることが一般的である．この場合，荷卸し後のポンプ圧送等の現場内の運搬による流動性，材料分離抵抗性および間隙通過性の変化が十分に小さいことを確認しておく必要がある．さらに，製造後の運搬によるこれらの品質の変化も小さいことが確認できる場合には，検査の時期として製造直後の出荷前を設定することもできる．

（2）について　フレッシュコンクリートの品質は，コンクリートに使用する材料や配合によって決まる．材料によるフレッシュコンクリートの品質が変動する影響のうち，骨材の表面水率の変動や減水剤の温度依存性に起因した分散効果の変化等の影響による品質変動について適切に検査で確認することが重要となる．［指針（案）：検査標準］では，この品質変動に対する検査指標としてスランプフローを用いることを標準とした．スランプフローについては，打込み箇所におけるスランプフローの目標値を基に配合条件として荷卸しの目標スランプフローを設定している．さらに，試し練りの品質試験では，繰返しの製造によってスランプフローが変動しても，流動性，材料分離抵抗性および間隙通過性が所定の品質を満足する許容差を設定している．そのため，品質変動に対する検査では，この許容差を参考として，荷卸しの目標スランプフローと許容値を設定することとなる．このことから，施工段階では製造時の計量に誤りがなければ所定の品質を確保できるものと考えてよいため，コンクリートの納入伝票および製造時の計量印字記録に基づいて検査することが基本となる．なお，プレキャストコンクリート製品の検査においては，所定のコンクリートであることが証明・確認できる手段であれば，納入伝票以外の方法であってもよい．

検査の頻度は，**解説 表** 2.1.1 に示すように，コンクリートの納入伝票は，場所打ちコンクリートの場合はトラックアジテータ毎，プレキャストコンクリート製品の製造の場合はコンクリートの製造バッチ毎，あるいは適切な製造ロット毎に確認を行い，製造時の計量印字記録については製造バッチ全数に対して確認を行う．JIS A 5308 において，運搬時に運搬車 1 台ごとの納入書を提出すること，購入者からの要求があれば納入後にバッチごとの計量記録およびこれから算出した単位量あるいは運搬車 1 台分の各バッチの計量値を平均して算出した単位量を提出するとされている．そのため，コンクリートの納入伝票および計量印字記録を入手することは可能であり，検査としても比較的容易であることから，トラックアジテータ毎あるいは製造バッチ毎の全数行うこととした．品質変動に対する検査指標であるスランプフローについては，一般のコンクリートの検査頻度と同様に工事の規模に応じて 20〜150 m^3 に 1 回の範囲で適切に定めてよいこととした．

なお，計量印字記録の確認において，単位量が納入書に印字される方法の場合には，その値と配合計画書に記載の値との差をもって計量誤差の判定を行うのではなく，“計量器への設定値をコンクリート 1 m^3 当りに直した設定値の単位量”と“計量記録値を運搬車 1 台分合計し，それを平均して単位量に直した値”の差をもって判定することが正しい方法である．このことから，計量印字記録には，各バッチの記録のほか，計量した運搬車 1 台分の記録値の合計と平均値，容積割増し係数，粗骨材と細骨材に含まれる表面水率，骨材の過大粒・過小粒率，骨材の混合比率，および各材料の密度についても示しておく必要がある．

解説 表 2.1.1　フレッシュコンクリートの品質の標準的な検査方法と頻度

検査対象	試験方法	時期・頻度	判定基準
フレッシュコンクリートの品質	納入伝票の確認	・荷卸し時（コンクリートの受入れ時） ・場所打ち：トラックアジテータ毎 ・プレキャスト：製造バッチ毎	所定の配合であること
	計量印字記録の確認	・荷卸し時もしくは施工後 ・製造バッチ全数	計量値が所定の許容差内であること
	コンクリートのスランプフロー試験方法（JIS A 1150）	・荷卸し時 ・工事の規模に応じて 20～150 m^3 に 1 回	荷卸しの目標スランプフロー±設定した許容差（mm）

（3）について　検査の結果，不合格となった場合，これを打ち込んではならない．不合格となった原因を明らかにし，速やかに以後の製造を改善するよう適切な処置を施す必要がある．

土木学会規準

ボックス形容器を用いた加振時のコンクリートの間隙通過性試験方法（案）（JSCE-F 701-2022）

Test method for passability of concrete
through obstacle in box-shaped container with vibration

1．適用範囲　この規準は，ボックス形の充填装置およびバイブレータを用いて，粗骨材の最大寸法が 20 mm，または 25 mm のコンクリートが鋼材間を流動する際の間隙通過性を試験する方法について規定する．

注記　この規準は，コンクリートライブラリー145 号の発刊に伴い制定され，コンクリートライブラリー161 号の発刊に伴い容器の仕切りゲートを引き上げると同時にバイブレータを始動させる方法が附属書 1（規定）として追加された．

2．引用規格　次に掲げる規格は，この規準に引用されることによって，この規準の一部を構成する．これらの引用規格は，その最新版を適用する．

JSCE-F 511　高流動コンクリートの充填試験方法
JIS A 1112　フレッシュコンクリートの洗い分析試験方法
JIS A 1115　フレッシュコンクリートの試料採取方法
JIS A 1138　試験室におけるコンクリートの作り方
JIS A 1156　コンクリートの温度測定方法
JIS A 8610　建設用機械及び装置－コンクリート内部振動機
JIS K 6386　防振ゴム－ゴム材料

3．試験用器具　試験用器具は，次による．

a）**ボックス型容器**　ボックス形容器は，JSCE-F 511 の３．a）に規定する充填装置とし，**図１**に示すように B 室正面は内部のコンクリートが視認できる透明な材質でできているものとする．B 室における試料高さが 190 mm と 300 mm に達するまでの時間を測定するので，B 室における試料高さ 190 mm と 300 mm の位置が判別できるように，B 室正面の透明型枠に印を付けておく．流動障害には，JSCE-F 511 の３．b）に規定されるもののうち障害 R2 を用いる．

b）**バイブレータ**　バイブレータは，JIS A 8610 に規定されている電動機外部駆動式の手持形振動機で，振動体の呼び径は 28 mm，長さは 580 mm 以上を標準とし，振動数は 200～270 Hz のものとする．コンクリートに挿入する際に所定の挿入深さが確保できるように振動体の先端から 580 mm(1) の位置に印を付けておく．

c）**防振用マット**　防振用マットの材質は，JIS K 6386 に適合する一般の加硫ゴムで，硬さ A60 相当，厚さ 15 mm 以上，ボックス形容器の底面より大きなものとする(2)．

d）**ストップウォッチ**　時間の測定には，ストップウォッチ等 0.1 秒まで測定できるものを使用する．

注(1)　ボックス形容器の深さは 680 mm であり，バイブレータの先端と底面との間隔を 100 mm 確保すると，バイブレータをコンクリートに挿入する深さは 580 mm となる．
注(2)　防振用マットは，直行した溝や特殊な突起等が両面に施された防振性に優れたものが望ましい．

4．試料

4.1　試料の準備　試料は，JIS A 1115 の規定によって採取するか，または JIS A 1138 の規定によって

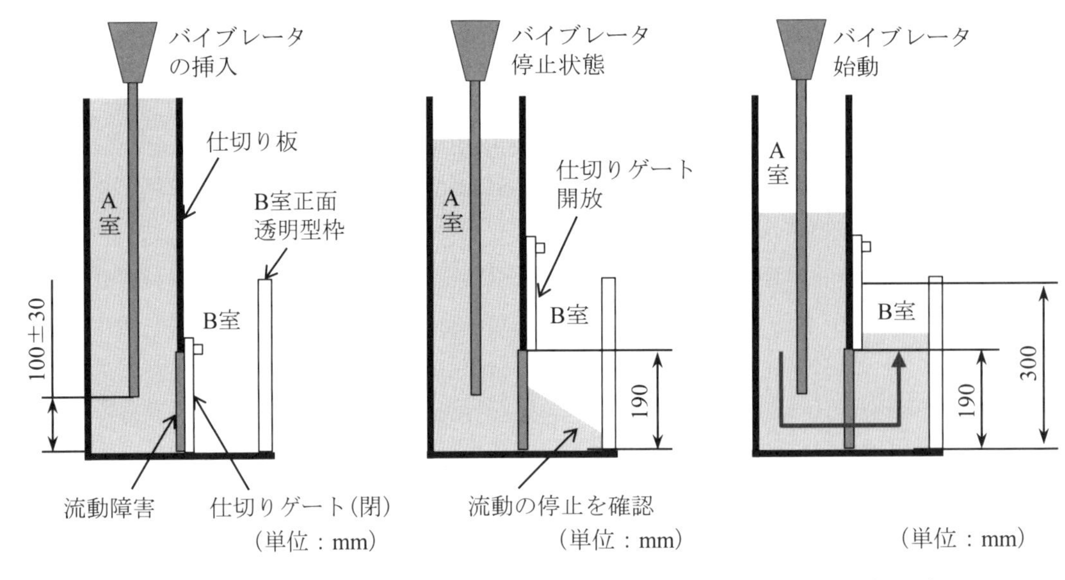

図１　試料の充塡　　**図２　仕切りゲートの開放**　　**図３　試料の流動中**

作る.

4.2　コンクリートの温度　コンクリートの温度はJIS A 1156の規定によって測定する.

5. 試験　試験は，次による．試験の概要を**図１～４**に示す.

a）ボックス形容器を防振用マットの上に鉛直に設置し，上面が水平となるようにする.

b）ボックス形容器に仕切りゲートおよび流動障害を取り付けた仕切り板を差し込み，容器内面，仕切りゲート，仕切り板および流動障害を湿布で拭く.

c）仕切りゲートを閉じた状態で，ハンドスコップ等を用いて A 室に試料を 3 層に分けて詰める．投入した試料の上面が水平となるよう各層を詰める度に仕切り板の板面方向と平行な方向へ容器をゆっくり 3 回揺らす.

d）**図１**に示すように，A 室の上端まで試料を詰めた後，上面を軽くならし，バイブレータを A 室中央に静かに挿入する．バイブレータの先端と容器の底面との間隔が 100±30 mm となるようにする.

e）**図２**に示すように，バイブレータが停止している状態で仕切りゲートを開いて試験する場合は，試料の流動を観察し，流動が停止したことを確認する．このときに B 室正面における試料高さが 190 mm を超えている場合は，その試料高さを 1 mm の単位で測定する.

f）試料の流動が停止したことを確認して，バイブレータを始動する．なお，試験中は，試料の流動に伴い，バイブレータの位置が移動しないように保持し，振動が容器に直接伝わらないようにしなければならない.

g）**図３**に示すように，バイブレータ始動時から B 室正面において試料の高さが 190 mm および 300 mm に達するまでの時間をストップウォッチ等を用いて 0.1 秒単位で計り，それぞれ 190 mm 到達時間 t_{190} (s)，300 mm 到達時間 t_{300} (s) とする．ただし，仕切りゲートを開いたときに B 室正面における試料高さが 190 mm を超えた場合，190 mm 到達時間は「測定不能」と記録する．なお，仕切りゲートを開いたときに B 室正面における試料高さが 190 mm を超えるコンクリートに対して，粗骨材量比率および間隙通過速度を求める必要がある場合の試験方法は，**附属書 1**（容器の仕切りゲートを開くと同時にバイブレータを始動させる場合の試験方法）の試験方法による(3).

注 (3)　B 室正面における試料高さが 190 mm を超えている場合，**附属書 1**（容器の仕切りゲートを開くと同時にバイブレータを始動させる場合の試験方法）に従って試験を行うと 190 mm 到達時間が測定不能となることを避けることができる．

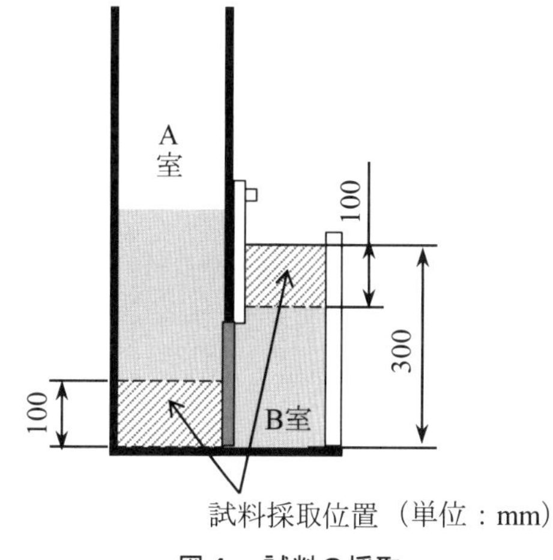

図４　試料の採取

h）B 室正面の試料高さが 300 mm に達した時点でバイブレータを停止し，静かに引き抜く．ただし，試料高さが 300 mm 未満であっても，加振時間が 4 分に達した場合は，その時点でバイブレータを停止し，B 室正面における試料高さを 1 mm の単位で測定する．この場合，300 mm 到達時間は「測定不能」と記録する．なお，試料高さが 190 mm 未満のときは，190 mm 到達時間も「測定不能」と記録する．

i）**図４**に示すように，A 室底面から 100 mm，および B 室の試料上面から 100 mm の範囲から試料をそれぞれ約 5 kg 採取し (4)，JIS A 1112 の６．a）～c）に従って試料中の表面乾燥飽水状態の粗骨材量を求め，同箇条７．によって，それぞれの採取位置における単位粗骨材量を求める．なお，材料分離が生じていても容器内で試料を撹拌せずに採取する．ただし，B 室正面における試料高さが 300 mm に到達せずに試験を終えた場合は，B 室上部から試料は採取しない．

注 (4)　まず B 室上部の試料を採取し，B 室に残ったコンクリートを全て取り除いた後，A 室上部から余分な試料を取り除き，A 室下部の試料を採取するとよい．

６．結果の計算

6.1　粗骨材量比率　A 室および B 室から採取した試料の粗骨材量比率は，次式により計算し整数に丸める．ただし，B 室上部から試料採取を行わなかった場合，B 室から採取した試料の粗骨材量比率は計算しない．

$$\delta_A = \frac{G_A}{G_0} \times 100$$

$$\delta_B = \frac{G_B}{G_0} \times 100$$

ここに，δ_A：A 室から採取した試料の粗骨材量比率（%）

G_A：A 室から採取した試料の単位粗骨材量（kg/m³）

G_0：配合における単位粗骨材量（kg/m³）

δ_B：B 室から採取した試料の粗骨材量比率（%）

G_B：B 室から採取した試料の単位粗骨材量（kg/m³）

6.2　間隙通過速度　間隙通過速度は，次式により計算し有効数字 2 桁に丸める．ただし，190 mm 到達時間，300 mm 到達時間の一方または両方が「測定不能」であった場合，間隙通過速度は計算しない．

$$V_{pass} = \frac{110}{t_{300} - t_{190}}$$

ここに，V_{pass}：間隙通過速度（mm/s）

t_{300}：300 mm 到達時間（s）

t_{190}：190 mm 到達時間（s）

注記 式中の 110 は，試料の高さ 300 mm と 190 mm の差を表している．

7．報告 報告は，次の事項について行う．

7.1 必ず報告する事項 必ず報告する事項は，次による．ただし，結果の計算を行わなかった事項は，「記録なし」とする．

a）バイブレータの振動体の直径，長さおよび振動数

b）コンクリートの配合

c）コンクリートの温度

d）190 mm 到達時間及び 300 mm 到達時間

e）A 室および B 室から採取した試料の粗骨材量比率

f）間隙通過速度

g）試験日，気温

7.2 必要に応じて報告する事項 必要に応じて報告する事項は，次による．

a）コンクリートのスランプもしくはスランプフロー

b）コンクリートの空気量

c）仕切りゲートを開いた後，流動が停止したときに B 室正面における試料高さが，190 mm を超えていた場合の試料高さ (5)

d）B 室正面における試料高さが 300 mm 未満で，加振時間が 4 分に達し，バイブレータを停止した場合の試料高さ (6)

e）相対湿度

f）バイブレータを始動させた時期 (7)

注 (5) 5．e）を参照．

注 (6) 5．h）を参照．

注 (7) **附属書 1**（容器の仕切りゲートを開くと同時にバイブレータを始動させる場合の試験方法）に従って試験を実施した場合．

附属書 1（規定）容器の仕切りゲートを開くと同時にバイブレータを始動させる場合の試験方法

1．適用範囲　この附属書は，JSCE-F 701「ボックス形容器を用いた加振時のコンクリートの間隙通過性試験方法（案）」の試験手順に従い，仕切りゲートを開いたときに B 室正面における試料高さが 190 mm を超えるコンクリートに対して，粗骨材量比率および間隙通過速度を求める必要がある場合の試験方法について規定する．

注記　この附属書は，コンクリートライブラリー161 号の発刊に伴い制定された．

2．試験用器具　試験用器具は，JSCE-F 701 の 3．による．

3．試料　試料は，JSCE-F 701 の 4．による．

4．試験　試験は，次による．

a）ボックス形容器の設置，試料の詰め方，バイブレータの設置は，JSCE-F 701 の 5．a）～d）による．

b）**附図 1－1** に示すように，仕切りゲートを開くと同時にバイブレータを始動する(1)．なお，試験中は，試料の流動に伴い，バイブレータの位置が移動しないように保持し，振動が容器に直接伝わらないようにする．また，仕切りゲートを開く際に，途中でひっかかり一気に開放することができなかった場合は，再試験とする．

注(1)　仕切りゲートの開放とバイブレータの始動のタイミングにずれがあると正確な試験値が得られない．試料を詰めたことにより仕切りゲートに圧力がかかり，一気に開放することができない場合があるので，試験実施前にボックス形容器に設けられた溝のごみや付着物等は除去し，グリースなどを塗布しておくとよい．

c）バイブレータ始動時から B 室正面において試料の高さが 190 mm および 300 mm に達するまでの時間をストップウォッチ等を用いて 0.1 秒単位で計り，それぞれ 190 mm 到達時間 t_{190}（s），300 mm 到達時間 t_{300} (s)とする．

d）バイブレータの停止は，JSCE-F 701 の 5．h）による．

e）単位粗骨材量を求めるための試料の採取は，JSCE-F 701 の 5．i）による．

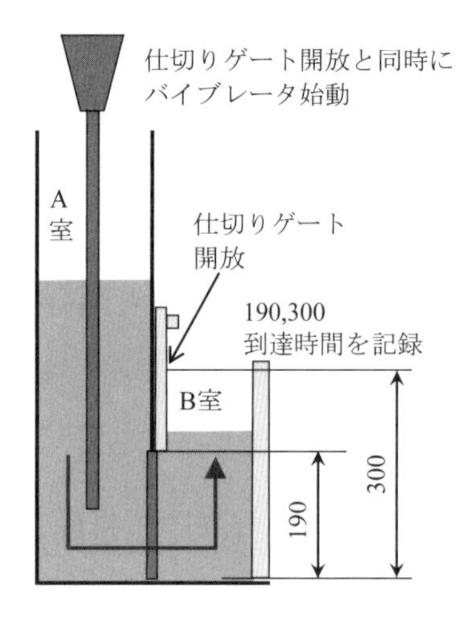

（単位：mm）

附図１－１　仕切りゲートの開放とバイブレータの始動

加振を行ったコンクリート中の粗骨材量試験方法（案）（JSCE-F 702-2022）

Test method for measuring coarse aggregate content of fresh concrete subjected to vibration

1．適用範囲　この規準は，容器およびバイブレータを用いて，粗骨材の最大寸法が 20 mm または 25 mm の締固めを必要とする高流動コンクリートに加振を行った際の粗骨材の沈降を粗骨材量比率によって把握する方法について規定する．

注記　この規準は，コンクリートライブラリー161 号の発刊に伴い制定された．

2．引用規格　次に掲げる規格は，この規準に引用されることによって，この規準の一部を構成する．これらの引用規格は，その最新版を適用する．

JIS A 1112　フレッシュコンクリートの洗い分析試験方法
JIS A 1115　フレッシュコンクリートの試料採取方法
JIS A 1138　試験室におけるコンクリートの作り方
JIS A 1156　フレッシュコンクリートの温度測定方法
JIS A 8610　建設用機械及び装置－コンクリート内部振動機
JIS Z 1620　鋼製ペール

3．定義　この規準で用いる主な用語の定義は，次による．

a）**締固めを必要とする高流動コンクリート**　スランプフローで管理されるコンクリートのうち，締固めを必要とするコンクリート．

4．試験用器具　試験用器具は，次による．

a）**容器**　容器は，JIS Z 1620 の 20 L の 2 号に適合するものを標準とするが，同寸法のプラスチック製のものでもよい．

b）**バイブレータ**　バイブレータは，JIS A 8610 に規定されている電動機外部駆動式の手持形振動機で，振動体の呼び径は 28 mm，長さは 400 mm 以上を標準とし，振動数は 200～270 Hz のものとする．バイブレータの挿入深さが**図 1** のようになることが判別できるように，試料の表面の位置と一致する振動体の位置に印を付けておく．

5．試料

5.1　試料の準備　試料は，JIS A 1115 の規定によって採取するか，または JIS A 1138 の規定によって作る．

5.2　試料の温度　試料の温度は JIS A 1156 の規定によって測定する．

6．試験手順　試験手順は，次による．試験の概要を**図 1** および**図 2** に示す．

a）水平な床に容器を設置する．試料は容器のふちから 30±5 mm 低くなる高さまで，ハンドスコップ等を用いて材料分離が生じないように静かに詰める．試料の表面に凹凸が発生した場合は，試料の表面を最少の作業で所定の高さの範囲に収まるようにこてでならす．

b）**図 1** に示すように，バイブレータの先端と容器の底面との間隔が 50±15 mm となるように，バイブレータを試料表面の中心から，あらかじめ **4．b）**で規定した印の位置まで静かに挿入する．

c）速やかにバイブレータを始動し，試料を加振する．加振時間は 10 秒間(1)を標準とするが，試験を行う目的に応じて加振時間を設定してよい．加振中は，バイブレータの位置が変わらないようにバイブレータを保持する．

注(1) 加振時間は，バイブレータのスイッチを入れてから切るまでの時間である．

d）バイブレータの停止後，試料からバイブレータを静かに引き抜く．バイブレータを引き抜いた後，直ちに上面から均一の深さで試料を約 5 kg 採取し（**図２**参照），**JIS A 1112 の６．a）～c）**に従って試料中の表面乾燥飽水状態の粗骨材量を求め，同箇条７．によって採取した試料の単位粗骨材量 G（kg/m^3）を算出する．なお，材料分離が生じていても容器内で試料を撹拌せずに採取する．

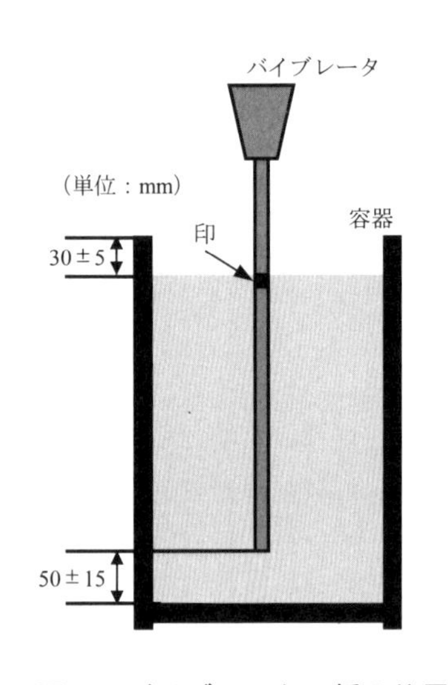

図１ バイブレータの挿入位置

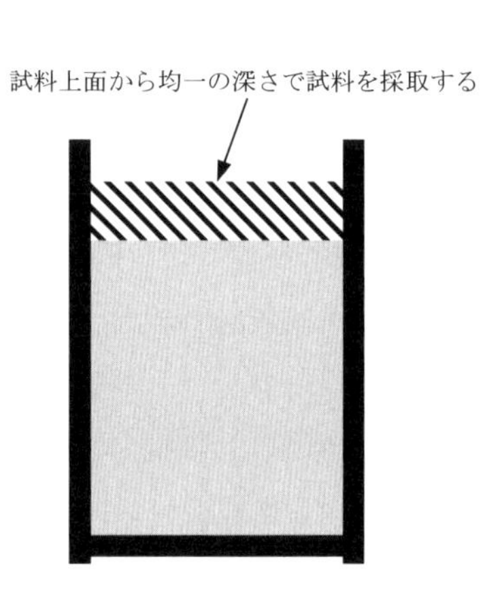

図２ 試料の採取

７．結果の計算

7.1 粗骨材量比率 次式によって粗骨材量比率を計算し整数に丸める．

$$\delta = \frac{G}{G_0} \times 100$$

ここに，δ：加振後に採取した試料の粗骨材量比率（%）

G：加振後に採取した試料の単位粗骨材量（kg/m^3）

G_0：配合における単位粗骨材量（kg/m^3）

８．報告 報告は，次の事項について行う．

8.1 必ず報告する事項 必ず報告する事項は，次による．

a）バイブレータの振動体の直径，長さおよび振動数

b）配合

c）試料の温度

d）加振後に採取した試料の粗骨材量比率

e）試験日，気温

f）加振時間

8.2　必要に応じて報告する事項　必要に応じて報告する事項は，次による．

a）フレッシュコンクリートのスランプフロー

b）フレッシュコンクリートの空気量

c）相対湿度

資料編

I編 性能規定に基づいた施工に関する照査の考え方

1章 はじめに

1.1 資料編 I 編の位置づけと活用方法

［指針（案）：本編］では，構造物の性能規定に基づいた締固めを必要とする高流動コンクリートの施工計画の考え方として，充塡されたフレッシュコンクリートの均質度を指標とした構造物中の硬化コンクリートの均質性の確保に関する照査概念が示されている．これは，構造物に要求される性能の確保に必要な充塡されたフレッシュコンクリートの均質度が満足される限り，施工の方法やコンクリートの品質を施工者の自由裁量により選択し，構造物の構築が可能であることを意味する．このような考え方の基本は 2017 年制定コンクリート標準示方書［施工編：本編］（3 章 施工計画）においても記述が見られる．締固めを必要とする高流動コンクリートは高い流動性を有することから作業性の向上を図ることが可能である一方で，このコンクリートのフレッシュコンクリートの品質に見合った施工方法を用いないと，逆に構造物中の硬化コンクリートの均質性が損なわれるリスクもある．これらを踏まえ，性能規定に基づいた施工計画の考え方をより具体的に提示すべきとの問題意識から本小委員会の性能規定 WG にて議論を重ねた．このような流れから，構造体中の硬化コンクリートの均質性の確保にとって重要となる充塡されたフレッシュコンクリートの均質度に関する照査の必要性が提起され，その概念が上述のとおりこの指針（案）に示されているが，照査の具体的な方法を取りまとめるまでには至らなかった．

この理由は様々あるが，概して言えば，充塡されたフレッシュコンクリートの均質度を左右する施工方法やコンクリート品質などの因子項目はある程度抽出できるものの，それらの影響を定量的に把握するために必要となる知見や実験データが現状では乏しいことが挙げられる．特に，様々な施工プロセスにおける各種の作用が，フレッシュコンクリートの均質度を変化させると考えられるが，それら作用の影響を適確に評価し得る指標は定まっていない．また，フレッシュコンクリートが有する均質度の変化に対する抵抗性の評価試験方法についても，幾つかの手法が提案されているものの汎用的な方法は確立されておらず，客観的かつ定量的な知見や実験データが蓄積されていないのが現状である．資料編 I 編は，このような状況に鑑み，性能規定に基づいた施工に関する照査技術の発展と将来的な実装を見据えつつ，充塡されたフレッシュコンクリートの均質度の照査を軸とした施工計画の要点と流れを概説し，実装に向けた検討課題を抽出したものである．ただし，資料編 I 編の内容は，本小委員会における検討範囲での成果をまとめたものであり，検討の方向性や方法論を限定するものではなく，むしろこれをたたき台として例示することにより，今後の多角的かつ幅広い検討を促すものとして位置付けている．労働人口の減少といった社会的背景ならびに生産性向上等の社会的要請から今後様々な調査研究が実施されることが期待されるが，その参考資料として活用頂ければ幸いである．

1.2 性能規定に基づいた施工計画の要点

コンクリート構造物の設計では，**図 1.1** に示すように，それぞれの性能について各種項目の設計・照査が行われ，硬化コンクリートに対する様々な要求品質（特性値）が提示される．2017 年制定コンクリート標準示方書［設計編］において明確な記載はないが，設計ではこれらの品質が構造物中のあらゆる部位のコンクリートで担保されることを前提としている（一部，耐久性等の設計・照査においては構造体中の硬化コンクリートの均質性が損なわれることを考慮しているものもある）．すなわち，構造物の施工においては，要求される硬化コンクリートの品質（特性値）とともに，構造体中の硬化コンクリートの均質性も担保する必要がある．

2017 年制定コンクリート標準示方書［施工編：本編］の「**3 章** 施工計画」や［施工編：施工標準］の「**4 章** 配

合設計」でも，配合計画および配合設計は，硬化コンクリートの品質（特性値），ならびに構造体中の硬化コンクリートの均質性を左右するフレッシュコンクリートの品質の双方を満足するように実施すべきものとして明記されている．フレッシュコンクリートの品質は，上記の施工標準において，打込みの最小スランプが 16cm 以下のコンクリートを対象に，一般的な施工方法に応じた適切な範囲を示すことで担保されてきた．その一方で，構造物の性能確保に必要な硬化コンクリートの品質と構造体中の均質性が担保されれば，フレッシュコンクリートの品質や施工方法を限定する理由はなく，時と場合に応じた最適解を施工者自らが検討し選択するといった性能規定の考えに基づいた施工体系も将来的に描くことが可能と考えられる．言い換えれば，構造体中の硬化コンクリートの均質性を担保することにつながる照査技術が整備されれば，性能規定の考え方に基づいた施工者の自由裁量による施工が可能となる．資料編 I 編は，このような視点から，性能規定に基づいた「施工に関する照査」の考え方とその方法例を紹介するとともに，技術的な課題の抽出を行ったものである．

図 1.1 は，設計段階と施工段階のそれぞれで，一般にコンクリート構造物に要求される性能をどのように捉え確保しようとしているかについて概要をまとめたものである．設計では，構造物に要求される各種性能を満足するために，構造物の断面やコンクリート品質などが照査されるが，その際，構造体中の硬化コンクリートは概して均質であることが前提となっている．すなわち，施工においては，設計図書等に記される硬化コンクリートの品質とともに，建設されたコンクリート構造物の均質性も担保することが求められる．

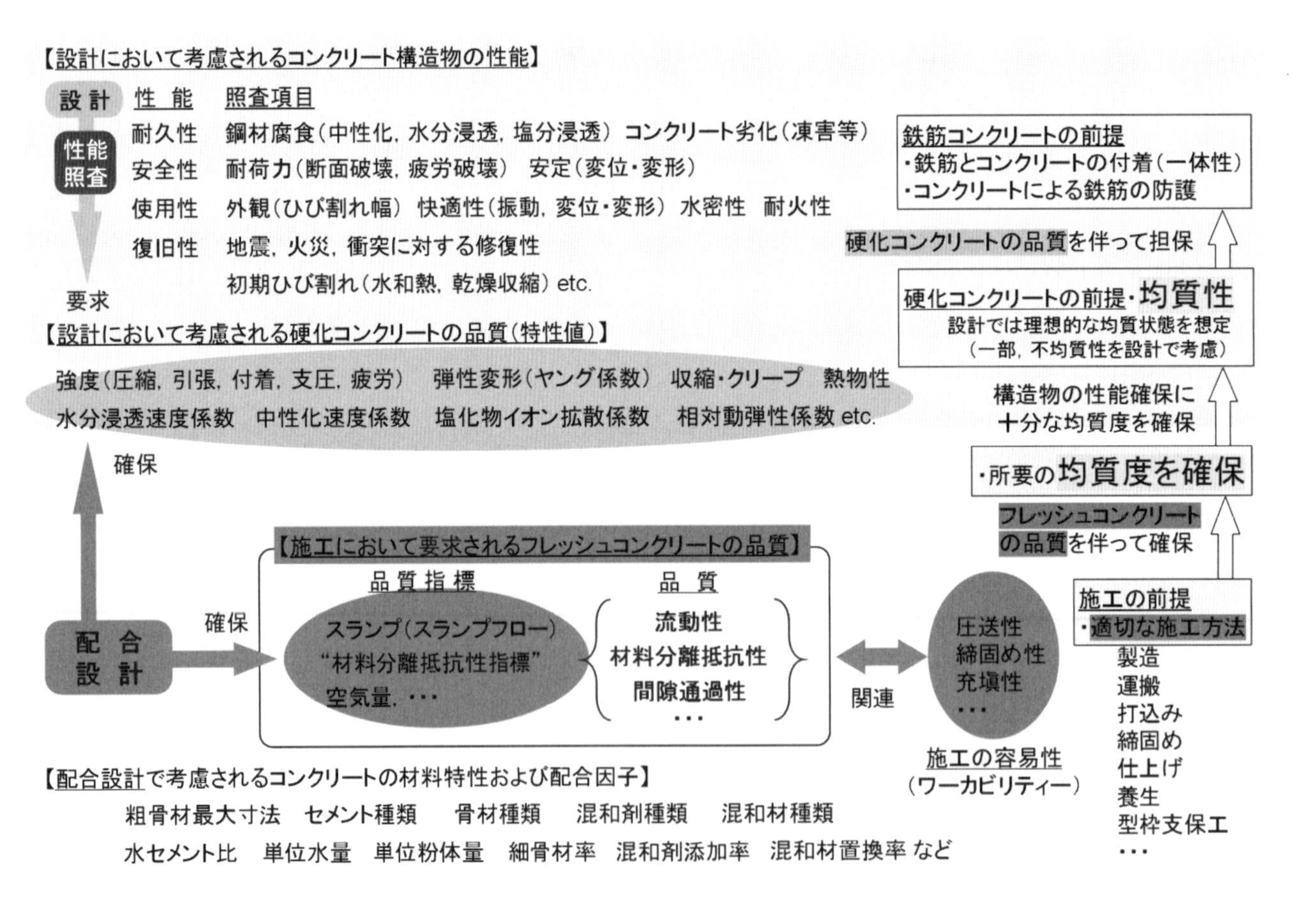

図 1.1　設計および施工において考慮される構造物の性能やコンクリートの品質の関連整理と施工における対応の概要

したがって，[指針（案）：本編] で示した構造物中の硬化コンクリートの均質性の確保に関する照査体系を考える上では，その定量指標として充塡されたフレッシュコンクリートの「均質度」の概念をまず取り入れる必要がある．ただし，コンクリートは水，セメント，骨材等から構成される複合材料であり，後述するように，フレッシュコンクリートの均質度の変化を画一的に捉えることは難しい．また，フレッシュコンクリートの均質度に影響を及ぼす施工作業も様々であり，それらの複合化・多重化も念頭に置いた理解が求められる．さらに，それら施工作業の影響程度は，フレッシュコンクリートの材料分離抵抗性などの品質にも依存することから，以上に挙げた多種多様な因子の影響を総合的に評価可能な体系として照査技術を構築することが重要と考えられる．

他方，構造物の性能確保において必要となる充塡されたフレッシュコンクリートの均質度について，これを汎用・定量的に定義することは現状難しい．構造体中の硬化コンクリートの均質性の大小を表現する上で，どの程度の空間スケール（単位空間サイズ）において充塡されたフレッシュコンクリートの均質度を評価すべきかについては，構造物の性能項目ごとに異なると考えられる．また，均質度を評価可能な空間スケールは，測定や評価の技術的制約から定まる可能性も否定できない．関連して，均質度を指標とした施工の照査における限界値の設定についても，同様の指摘から，厳密には一律に整理するのは難しい．

以上のとおり，多くの技術的課題が指摘されるものの，これら一つ一つを着実に検討し解決することにより，施工の革新的合理化につながる性能規定に基づいた施工の照査体系を具現化し得るものと考え，以降，課題個別について内容の詳細を示すとともに，施工に関する照査における取り扱いの例をそれぞれ示す．

1.3　充塡されたフレッシュコンクリートの均質度に影響を及ぼす各種因子について

締固めを必要とする高流動コンクリートを主な対象として均質度の変化を考えた場合，取りまとめの一例として**図 1.2** に示すように，その原因となる現象は粗骨材の分離，水の分離，空気量の変化などに分類して考えることができる．なお，図示の内容は，あくまで締固めを必要とする高流動コンクリートを対象に抽出した均質度の低下現象とそれに有意な影響を及ぼす施工作業やフレッシュコンクリートの品質項目であり，図中で丸印を付していない箇所では影響が全く無いということではない．

これらの現象は，施工プロセスの各作業におけるそれぞれの特徴的な作用を受けることによって引き起こされるため，その影響は一連の施工作業を通して積み重なり，結果的に充塡されたフレッシュコンクリートの均質度が決定づけられる．対して，従来，コンクリート標準示方書［施工編：施工標準］で対象とする打込みの最小スランプが 16cm 以下のコンクリートは，このような材料の分離現象に対する抵抗性が概して高く，材料分離によるフレッシュコンクリートの均質度の低下を施工計画において表立って考慮することはなかった．その一方で，コンクリートを密実に充塡できるか否かの尺度から，コンクリートの品質や施工方法が検討されてきた経緯があり，締固めを必要とする高流動コンクリートとは対照的である．

粗骨材の沈降による均質度の低下は，打込み時の自由落下による衝撃エネルギーや締固め時の振動エネルギーなどの影響を強く受けるとともに，鉄筋のあきが小さい場合では，間隙通過時に粗骨材の移動が制限され相対的にモルタル分の多いかぶりコンクリートになる可能性も考えられる．また，単位水量が多く，水セメント比の高いコンクリートでは，打込みや締固めにおけるそれぞれ衝撃，振動エネルギーがブリーディングの増大をもたらし，空気量の変化は，製造，運搬，圧送，締固めの各段階で想定される．

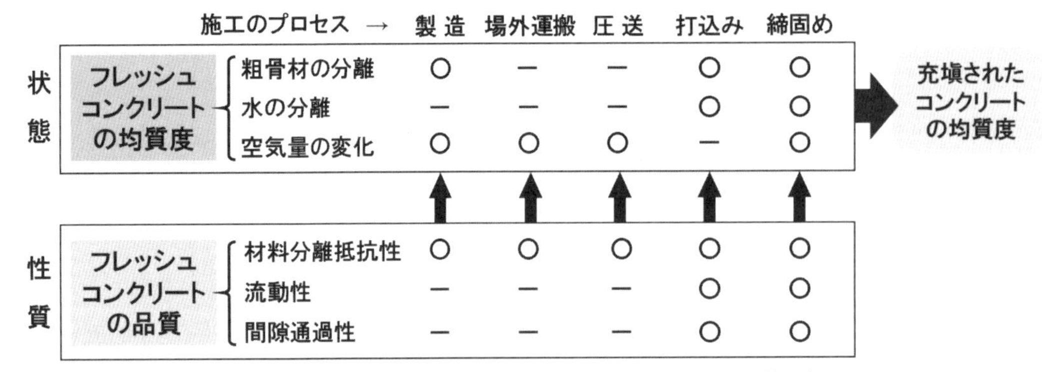

図 1.2 充填されたコンクリートの均質度に影響を及ぼす施工因子と関連するフレッシュコンクリートの品質項目の例

フレッシュコンクリートの状態を示す一指標である均質度が，各施工作業の様々な作用を受けて低下することを概説したが，均質度の変化はそれら作用の程度のみならず，フレッシュコンクリートの材料分離抵抗性，流動性，間隙通過性といった性質にも強く依存する．そのうち材料分離抵抗性は，**図 1.2** に示すように，施工の各プロセスにおける衝撃･振動のエネルギーなどの外的作用に対する抵抗力として，均質度の変化を左右する重要な品質項目である．施工作業の条件に照らし合わせて，粗骨材や水の分離，ならびに空気量の変化のそれぞれに対する十分な材料分離抵抗性を有した品質を確保することがコンクリートの配合計画で重要となる．また，流動性や間隙通過性についても，打込みや間隙通過において均質度の変化に影響を与える可能性があり，考慮すべき品質項目として捉えられる．

本節では，フレッシュコンクリートの均質度変化を引き起こす具体的な現象（各種材料の分離）を取り上げ，施工プロセスにおける各作業の影響（作用）や，フレッシュコンクリートの品質の影響（抵抗）を例示した．次節では，均質度変化の抵抗因子であるコンクリートの材料分離抵抗性に焦点を絞り，締固めを必要とする高流動コンクリートの特徴と配合設計の考え方に触れる．

1.4 施工計画における作業方法の設定と配合設計におけるコンクリート品質の確保の関係について

締固めを必要とする高流動コンクリートを適用する目的として，施工作業の省人化･省力化･時間短縮などが挙げられる．このような活用効果はフレッシュコンクリートの流動性や間隙通過性の増大によって発揮されるが，締固めを必要とする高流動コンクリートでは，そのレベルを比較的広い範囲で任意に設定できる点も大きな利点となる．資料編 I 編では，以降のコンクリート品質の設定･確保の考え方等の解説において，このような活用効果を期待できるフレッシュコンクリートの新たな品質概念として「施工作業の容易性」を導入し説明に用いている．「施工作業の容易性」は，施工の各プロセス作業に対してそれぞれ定義されることから画一的に定義できるものではないが，例えば，締固め作業に対しては，コンクリートの流動性や間隙通過性等が作業の容易性を決定する支配的要因になるものと考えらえる．一方で，充填されたフレッシュコンクリートの均質度を担保するには，流動性や間隙通過性に加えて，材料分離抵抗性の確保がより重要となることは前節のとおりである．

図 1.3 は，施工における締固めを例に取り，要求する作業の容易性レベルと，その際に必要となるコンクリートの材料分離抵抗性の関係を概念として示したものである．従来，土木分野にて多く用いられてきたスランプ管理のコンクリートでは，5〜15 秒程度の振動締固めを行って密実に充填される．コンクリートの作業の容易性を高めるには，流動性を増大させるのが効果的であり，具体的には単位水量の増加や，AE 減水剤あるいは高性能 AE 減水剤の添加等などが行われる．この際，図示するようにそれぞれの方法で流動性を高めたコンクリートの材料分離抵抗性は，大きく異なる点に注意が必要である．単位水量の増加のみによる流動性の増大は材料分離抵抗性の顕著な低下を招くことから，AE 減水剤や高性能 AE 減水剤の開発が進み，その適切な使用により単位水量を増すことなく，かつ十分な材料分離抵抗性と高い流動性を併せ持つコンクリートが製造，施工できるようになっている．近年では，増粘剤成分も含まれた高性能 AE 減水剤も開発され，スランプフローがより大きな範囲においても材料分離抵抗性を付与することが可能となっている．他方，スランプフロー60cm 程度以上の高い流動性を有し，かつ締固め作業を必要としない高流動コンクリートとして自己充填コンクリートが挙げられるが，これは締固めを必要とする高流動コンクリートに対して材料や配合の特殊性を有し比較的高価ながらも，施工作業が容易で，かつ十分な材料分離抵抗性を併せ持つコンクリートとして今後のさらなる活用普及が期待されているものである．

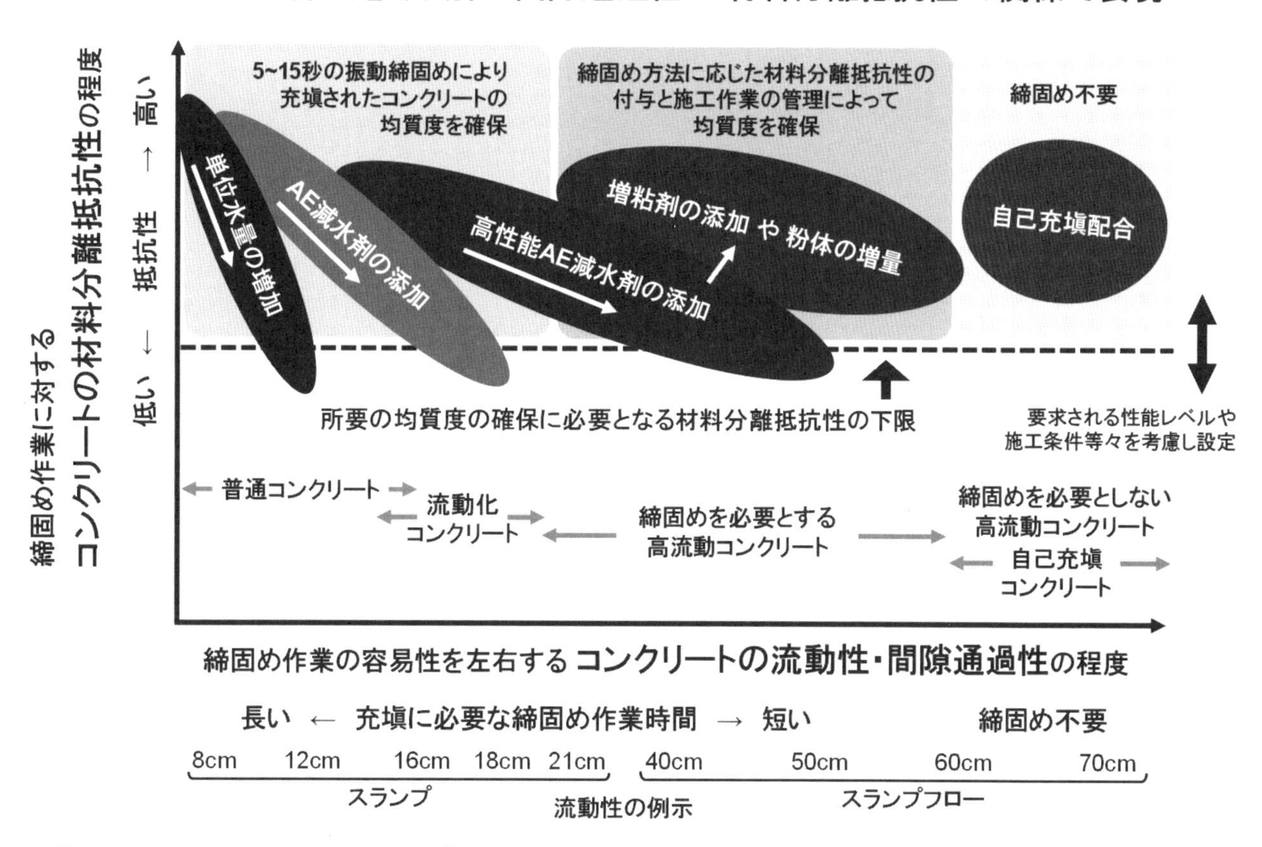

図 1.3　フレッシュコンクリートの施工作業の容易性と材料分離抵抗性を軸とした品質確保の考え方の例
（締固め作業を対象にした場合）

近年，このように品質が大きく異なるフレッシュコンクリートを製造･施工できる技術の整備が進み，構造物の種類や仕様，施工の条件や環境，工期の制約や経済性などに応じて，流動性をより高めた作業性の高い様々なコンクリートを合理的に使い分けることが可能となりつつあり，フレッシュコンクリート品質の多様化と選択自由度がかなり高まっている．このような現況から，**図 1.3** で例示されるような一般的には流動性の増大とともに低下する材料分離抵抗性を，施工作業の方法に応じて適切に設定し管理することが肝要であることを理解できる．

ここまで，締固め作業を例に取り，フレッシュコンクリートの品質確保の考え方について概説したが，圧送や打込み等のその他の施工作業についても同様に整理が可能と考えられる．次章では，本章で取り上げた充填されたフレッシュコンクリートの均質度確保の概念に基づき，施工方法とフレッシュコンクリートの品質の設定の考え方を示し，均質度を指標とした照査の方法例について説明する．

2章　施工に関する照査の考え方

2.1　照査の方法と流れについて

［指針（案）：本編］の「3 章 施工計画」では，前章で概説したような考え方に基づき，施工に関する照査の基本的な考え方と流れが示されている．すなわち，締固めを必要とする高流動コンクリートの大きなメリットである施工方法やコンクリート品質の設定自由度を確保しながら，充填されたフレッシュコンクリートの均質度を満足するための施工計画の必要性が明示されている．本章の内容は，［指針（案）：本編］で示された施工に関する照査の考え方に基づき，施工計画に必要となる各種の技術的課題の提示と，試行的な照査の流れと方法の例示を行い，施工者の自由裁量とコンクリートの品質保証が確保され得る性能規定的な施工計画の将来像を模索したものである．この試みは，本小委員会の限られた活動期間にて行ったものであるので，諸課題を網羅したものとは決してなっていない．したがって，関連する施工の合理化・効率化に寄与する様々な検討を今後多くの方々に取り組んで頂きたく，本章の内容がその参考となれば幸いである．

図 2.1 は，［指針（案）：本編］の「3.2 施工に関する照査」でまとめられている充填されたフレッシュコンクリートの均質度に対する照査とそれを受けた配合計画までの大まかな流れを図示したものである．コンクリート標準示方書［施工編：本編］の「3 章 施工計画」においても同様な内容の解説があるが，［指針（案）：本編］で新たに提示している「充填されたフレッシュコンクリートの均質度に対する照査」の位置づけと，施工計画における施工方法とコンクリート品質の設定（設計）の考え方をより明確化するためのものである．

締固めを必要とする高流動コンクリートの施工計画で考慮すべき基本的な項目は，コンクリート標準示方書［施工編］と同様である．ただし，フレッシュコンクリートの品質（流動性，材料分離抵抗性，間隙通過性等）と各施工段階での作業方法の双方を設定し，充填されたフレッシュコンクリートの均質度が満足することの照査に基づき施工計画を立てるといった枠組みと検討の流れを［指針（案）：本編］で具体的に示したことが新しい．

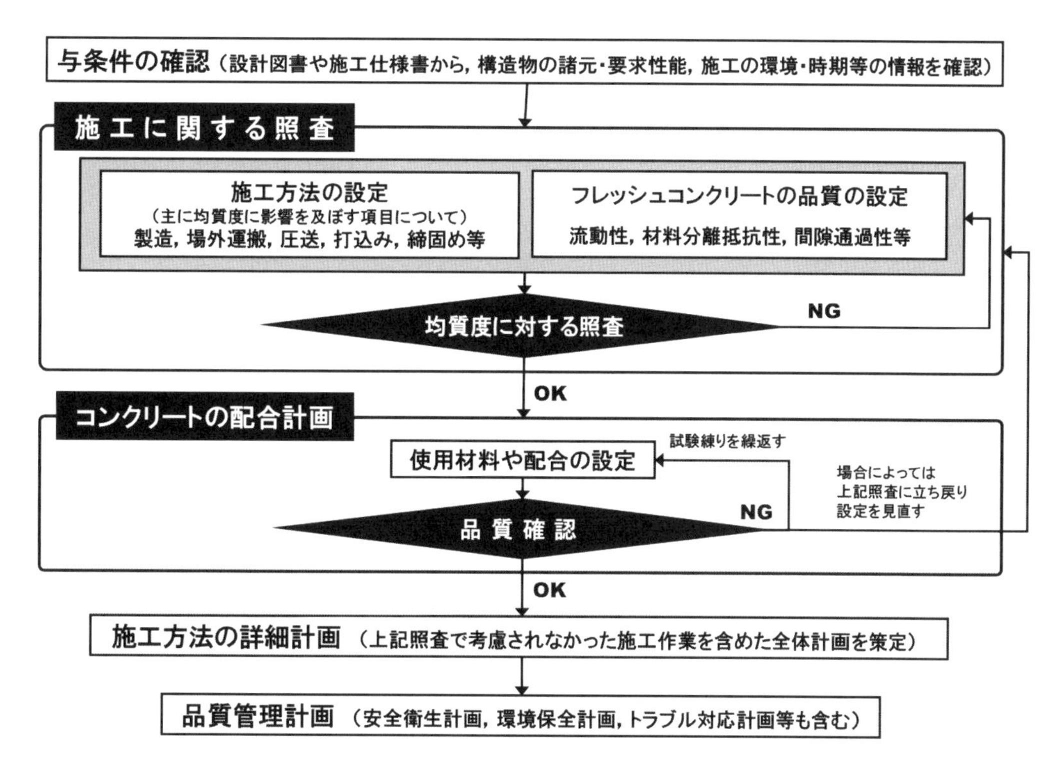

図 2.1　締固めを必要とする高流動コンクリートの施工計画の流れと均質度に対する照査の位置づけ

ただし，このような体系の施工計画を実際に運用するには，様々な課題を解決する必要があり，その詳細はこれ以降の本章の内容を参照されたいが，概して言えば次のような内容に集約される．

① 施工の各作業がフレッシュコンクリートの均質度に与える影響の把握とモデル（関係式）の作成

② フレッシュコンクリートの品質の把握と均質度の変化に対する影響のモデル（関係式）の作成

③ 上記モデルに基づいた充填されたフレッシュコンクリートの均質度に対する照査方法の確立

つまり，①，②は，施工方法，フレッシュコンクリート品質のそれぞれの設定における定量的根拠を与えるものであり，これに関連して③は，双方の設定値を充填されたフレッシュコンクリートの均質度の評価に結びつけるロジックとなるものである．これらについて技術開発が進めば，充填されたフレッシュコンクリートの均質度の確保を前提とした，施工方法とフレッシュコンクリート品質の柔軟な設定を許容･可能とする施工計画の枠組みが成り立ち，施工の革新的合理化につながることが期待される．本章では，上記①～③の課題を中心に記述する．他方，**図 2.1** のとおり，コンクリートの配合計画では，施工に関する照査において設定したフレッシュコンクリートの品質を満足するように配合設計を行うが，使用材料や配合の工夫を行っても所要の品質が得られない場合は，施工に関する照査に立ち戻って，施工方法とフレッシュコンクリートの品質の設定を見直す必要があることが示されている．

図 2.2 は，［指針（案）：本編］の「3.2.4 均質度に対する照査」の内容に基づき，その照査式を再掲したものである．同式で扱うパラメータは，充填されたフレッシュコンクリートの均質度の限界値 H_{lim} と設計値 H_d，ならびに設計値の信頼性（ばらつき）に対する安全係数 γ_p の 3 項目であり，均質度の限界値に応じて設定する設計値を満足するような施工方法とフレッシュコンクリートの品質の組合せを検討することが照査式の本質である．これは，同図で参照比較として示しているとおり，従来の打込みの最小スランプの設計概念と同様な考え方として捉えることができる．ここで，均質度の限界値は，構造物の要求性能（設計から要求されるコンクリートの特性値）に応じて定められるものであるが，骨材や水の分離，空気の量の質の変化などによるフレッシュコンクリートの均質度の低下が，充填されたフレッシュコンクリートの硬化後の品質や構造物の性能に及ぼす影響については十分に明らかにされていないことから，合理的な限界値の規定は難しいのが実状である．この点は，既存構造物の調査，模擬実験等の実態調査および基礎的な実験的検討を駆使するなどして，構造体中の硬化コンクリートの均質性と構造物の性能の関係の理解が望まれる．

一方，充填されたフレッシュコンクリートの均質度の設計値は，構造物や施工の諸条件を勘案し，かつ施工の各作業が均質度に与える影響ならびにフレッシュコンクリートの材料分離抵抗性等の品質の影響を考慮して定める目標値であり，この目標値を満足する施工方法とフレッシュコンクリートの品質を設定することが施工に関する照査設計の骨子である．次節では，この設計値を定めるために必要となる前述①～③の課題詳細と検討例について概説する．

$$\gamma_p \frac{H_{lim}}{H_d} \leq 1$$

※ H: Homogeneity 均質(性)

限界値 H_{lim}: 充塡されたフレッシュコンクリートの均質度の限界値
設計値 H_d: 充塡されたフレッシュコンクリートの均質度の設計値
安全係数 γ_p: H_dのばらつきに対する安全係数

<照査設計の骨子>
均質度の限界値 H_{lim}に応じて設定する設計値 H_dを満足するような，施工作業の方法とフレッシュコンクリートの品質(材料分離抵抗性等)を，上記の照査式を用いて設計する。

【参照比較】 フレッシュコンクリートの最小スランプの設計概念

$$\gamma_p \frac{Sl_{lim}}{Sl_d} \leq 1$$

設計値 Sl_d: フレッシュコンクリートの打込みの最小スランプの設計値
限界値 Sl_{lim}: フレッシュコンクリートの打込みの最小スランプの限界値(下限値)

図 2.2　充塡されたコンクリートの均質度を指標とした施工に関する照査（[指針（案）: 本編]3 章より抜粋）

2.2　施工作業と充塡されたフレッシュコンクリートの均質度との関係

フレッシュコンクリートの均質度は，施工過程の各作業の影響を受け，それぞれの段階で程度に差はあるが変化する可能性がある．施工現場までの運搬では，トラックアジテータによる撹拌を伴っていることから，通常，フレッシュコンクリートの均質度が大きく低下することは考えにくい．同様に，一般的な距離の圧送においては均質度の低下リスクは大きくないと考えられるが，長距離圧送を行った場合の情報は十分ではなく一定のリスクがある．一方，打込み時の自由落下高さによっては，その衝撃エネルギーに応じて均質度の低下リスクは異なることが想定される．さらに，締固め作業においては，棒状バイブレータ等の振動エネルギーが均質度の低下を招く大きなリスク要因となり得る．このように，フレッシュコンクリートの均質度は施工の各作業の影響を受けて変化し，その結果として，型枠内に充塡されたフレッシュコンクリートの均質度が定まる．

図 2.3 は，施工過程におけるフレッシュコンクリートの均質度変化イメージを図化したものである．この図に従えば，充塡されたフレッシュコンクリート（締固め後）の均質度が，均質度の設計値を満足するように，各施工作業の方法とフレッシュコンクリートの品質を，施工計画では定めることになる．また，同図に示すように，フレッシュコンクリートの均質度変化に対して抵抗として働く材料分離抵抗性も，スランプフローの低下や凝結の進行等によって変化する可能性が考えられ，厳密にはこの考慮も必要と考えられる．ここで図示した例は，あくまで数値的根拠のないイメージであり，このような均質度の経時変化を表現し得るモデルの構築が必要であり，そのための知見や実験データの蓄積が望まれる．

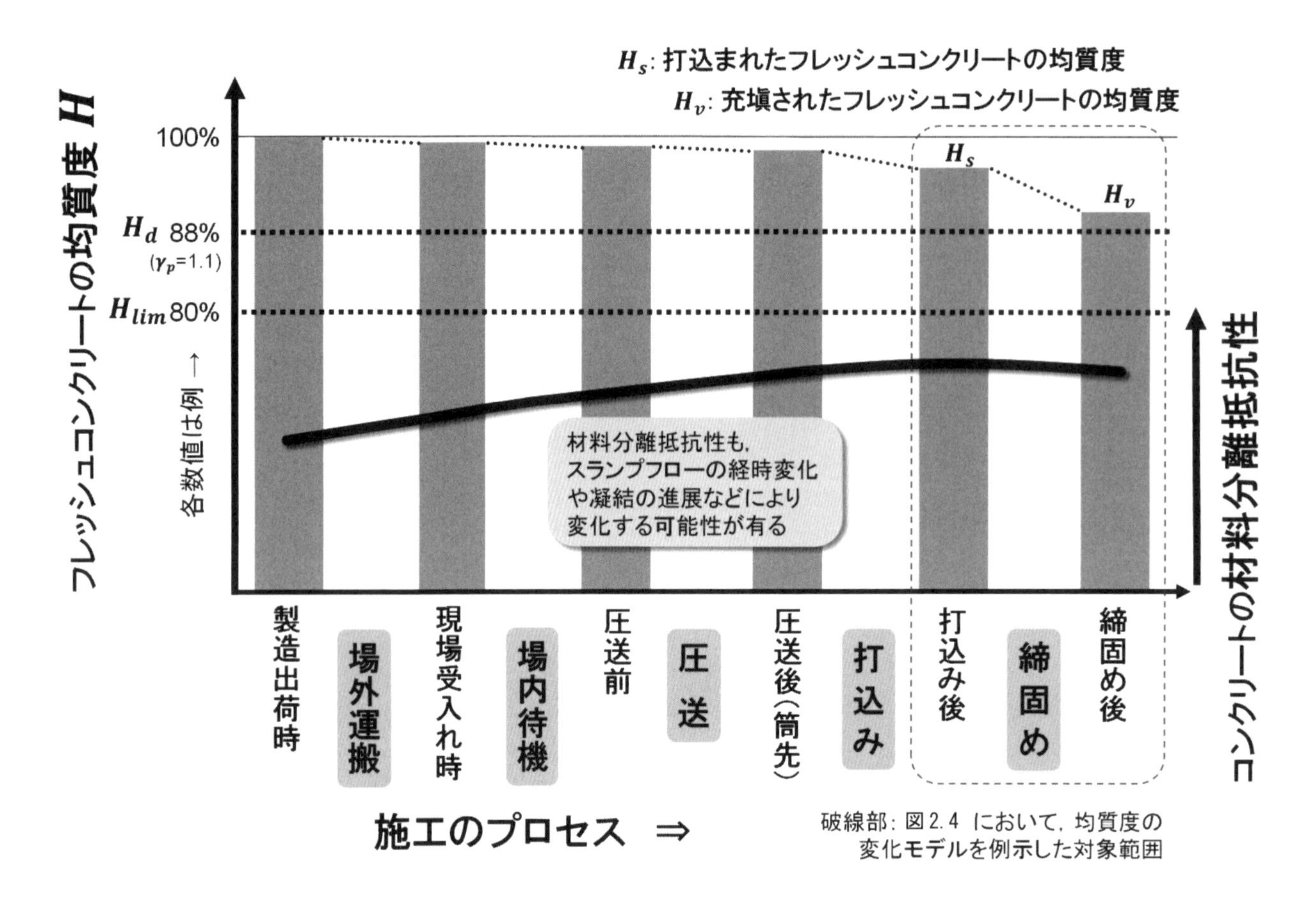

図 2.3 一連の施工作業の影響を受けるフレッシュコンクリートの均質度の変化イメージの例

このような課題について，フレッシュコンクリートの均質度変化に対する影響が最も大きいと考えられる施工作業として締固めに着目し，ごく単純な線形モデルを用いた初歩的検討を行った．**図 2.4** は，縦軸は，打ち込まれたフレッシュコンクリートの均質度を初期値 H_s とした均質度の変化を表す軸であり，対して横軸は，締固め作業における作用の大きさを表す軸であり，例として振動締固め時間 β_v を取っている（加振エネルギーなどの概念も適用できるものと考えられる）．同図では，振動締固めによる均質度の低下に着目した議論とするため，エントラップドエア等の除去といった本来の効果は敢えて取り除いた形で表現している．このような観点で見ると，一般的に両者の関係は，振動締固め時間が長くなるほど均質度の低下傾向が強まることから，これを負の傾きを持つ単純な線形モデルで表現した例をここでは示している．この関係に関しても既往の知見が乏しく，妥当性の高い数理モデルの構築が求められる．図中には，傾きの異なる 3 本の線形式を描いているが，この傾きは振動締固めによる均質度の低下に対するフレッシュコンクリートの抵抗性（材料分離抵抗性）の大小に対応したものであり，材料分離抵抗性の低いコンクリートでは振動締固めによる均質度の低下が顕著であるが，これを高めることで均質度の低下リスクを軽減できることが表現されている．

図中の横軸上の●印は，均質度の設計値 H_d を満足するような振動締固め時間の上限値の例示であり，これより長い時間締固めを行うと均質度が損なわれることを意味する．このような観点から，締固め作業の方法が計画されることになるが，現実的に締固め作業を管理しやすいように材料分離抵抗性をある程度確保しておくといった工夫も検討の一つとなる．他方，締固めの本来の目的はコンクリートの密実な充填を達成するものであることから振動締固め時間の下限値も別途定め，締固めを必要とする高流動コンクリートに対しては特に，振動締固め時間の下限値と上限値を示して適切な締固め作業を行えるよう施工計画で検討しておくことが重要になると考えられる．以上，ここでは締固めについて取り上げたが，次節ではその他の施工作業も対象にしてより詳細な解説を加える．

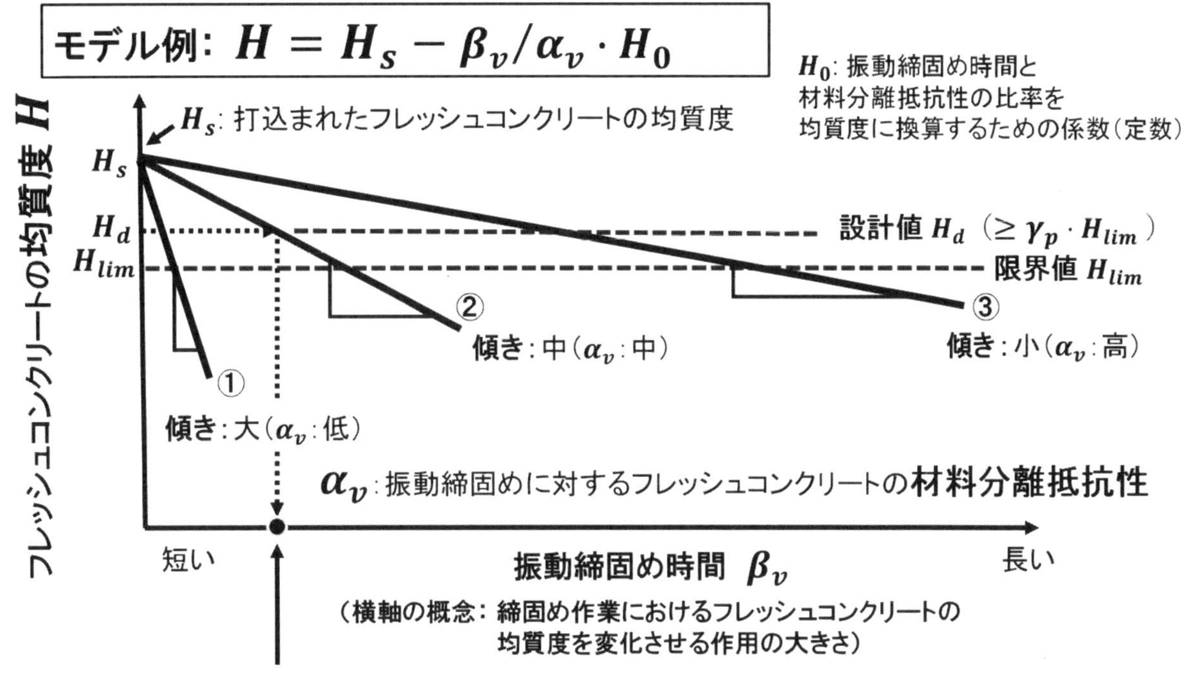

図 2.4　施工の各作業段階で変化する均質度のイメージとモデルの例（締固めの例）

2.3 施工方法の設定における留意事項

2.3.1 はじめに

締固めを必要とする高流動コンクリートは，従来の普通コンクリート（以下，一般のコンクリートという）に比べて流動性が大きく，打込み間隔を広くできるなど作業のしやすさ（容易性）を向上できる利点を有する．ただし，打込み間隔が大きくなりすぎると材料分離が生じ，均質なコンクリート構造物を構築できなくなるおそれがある．このため，施工方法を設定する際には，容易性のみを考慮するのではなく，型枠内に充填されたコンクリートが目標とする均質度を確保できる施工方法を採用する必要がある．この資料編 I 編の 1.3 にも示されるように，最終的に目標とする均質度を確保したコンクリートを型枠内に充填させるには，製造，運搬，打込みおよび締固めといった各施工プロセスにおいて，コンクリートの均質度が損なわれないよう配慮することが極めて重要である．

コンクリートの均質度が低下する主な要因としては，材料分離（骨材や水の分離）と空気の量や質の変化などがある．なお，水の分離については，下記に示す以外にも圧送に伴い脱水し均質度が低下する場合もある．

(1)粗骨材の分離：打込みに伴い粗骨材が飛散したり，締固めにより粗骨材が沈降（ペースト分が上昇）することで均質度が損なわれる現象

(2)水の分離：打込みや締固めなどにより，コンクリート中の水が浮き上がることにより均質度が損なわれる現象

(3)空気量の変化：圧送などにより，コンクリート中に含まれる良質な空気の量が変化（減少）することで均質度が損なわれる現象

施工プロセスにおいて均質度が損なわれやすい作業項目およびその影響因子には**表 2.1** に示すものなどが挙げられる．つまり，最終的に充填されたフレッシュコンクリートの均質度を確保する上では，表中のそれぞれの作業において上述のような均質度の低下が生じないような施工方法を設定する必要がある．なお，表に示す影響因子は代表的なものであり，施工条件を踏まえて，均質度が低下しないように，施工方法を設定する必要がある．

表 2.1　コンクリートの均質度が損なわれやすい施工に関する主な項目と低下要因

施工プロセス（作業項目）	影響因子	均質度を低下させる代表的な現象
製造	練混ぜ時間	(1)粗骨材の分離，(3)空気量の変化
場外運搬	運搬時間	(3)空気量の変化
圧送	圧送距離	(3)空気量の変化（加圧脱水による水量の変化も含む）
打込み	自由落下高さ	(1)粗骨材の分離
	打込み間隔	(1)粗骨材の分離
	一層の打込み高さ	(2)水の分離
締固め	締固め時間	(1)粗骨材の分離，(2)水の分離，(3)空気量の変化

本節では，性能規定の考え方に基づき，締固めを必要とする高流動コンクリートを用いた施工計画を立案する際の参考となるよう，表中に示す項目ごとに，施工作業の容易性と均質度の関係を概念的に図示した．そして，均質度を低下させないために配慮すべき事項を示した．また，締固めを必要とする高流動コンクリートの特性を理解しやすいように，一般のコンクリートや自己充填性を有する高流動コンクリートと比較した記述も加えた．

なお，異なるコンクリートを比較するには，個々のコンクリートの性状をおおよそ定めておく必要がある．ここでは，それぞれのコンクリートの標準的な性状を想定し，流動性の大きさと単位粉体量（単位セメント量）を以下のように仮定した．

・一般のコンクリート：スランプ 12cm 程度，単位粉体量 300kg/m^3 程度
・締固めを必要とする高流動コンクリート：スランプフロー45cm 程度，単位粉体量 350～400kg/m^3 程度
・自己充塡性を有する高流動コンクリート：スランプフロー60～65cm 程度，単位粉体量 500～550kg/m^3 程度

なお，作業のしやすさと均質度との関係は必ずしも直線的でなく，また連続的でないことも想定されるが，ここでは理解を得やすくすることを意図して，あえて連続した直線で表現している．また，図中における「目標レベルの例」とは，それぞれの作業において最低限満足すべき均質度を表すものとして例示しており，現時点では具体的な値は明らかでない．今後，材料分離の程度に関する定量的な評価手法が確立され，その手法により得られる定量的な材料分離の程度と実構造物の性能との関連性が明らかになれば，具体的な目標レベルが設定できることになる．

2.3.2　製造

均質度の高いコンクリートを得るには，各構成材料を均質になるまで練り混ぜる必要がある．練混ぜ時間と均質度の関係の概念図を**図 2.5** および**図 2.6** に示す．一般に，単位粉体量（単位セメント量）が多いほど，水粉体比（水セメント比）が小さいほど，均質な状態となるまでの練混ぜ時間は長くなる．このため，概念的には図に示すように，均等質になるまでの練混ぜ時間は，一般のコンクリート，締固めを必要とする高流動コンクリート，自己充塡性を有する高流動コンクリートの順に長くなる．もちろん，ミキサの形式，練混ぜ量によっても必要な練混ぜ時間は相違することから，過去の実績を参照したり，実際に練混ぜ性能試験を行うなどして練混ぜ時間を定める必要がある．

均質な状態になって以降，さらに長時間練り混ぜても，コンクリートの均質度はほとんど変化しないと考えられる．ただし，配合条件，練混ぜ量およびミキサの形式によっては，空気が巻き込まれる場合もあるため留意が必要である．

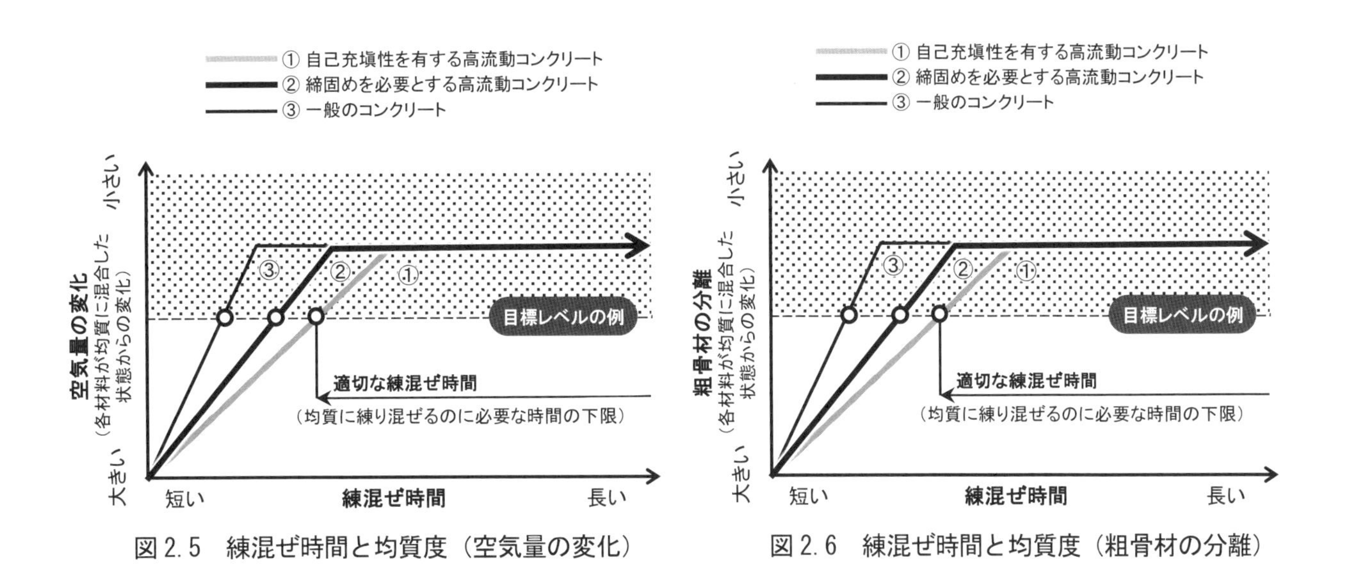

図 2.5　練混ぜ時間と均質度（空気量の変化）　　図 2.6　練混ぜ時間と均質度（粗骨材の分離）

2.3.3　場外運搬

場外運搬の時間と均質度の関係の概念図を**図 2.7** に示す．レディーミクストコンクリート工場から施工現場までコンクリートを運搬する際には，トラックアジテータに積載して，ドラムを低速で回転させるのが一般的である．このような方法の場合，運搬に伴いコンクリートの均質度が損なわれるおそれは小さい．ただし，運搬が長時間となると，セメントの水和反応に伴い，コンクリートの流動性が徐々に低下し，コンクリート中の空気量が変動して均質度が損なわれる場合もある．**図 2.7** はそれを概念的に示したものであり，長時間，ドラムを低速で回転させることにより均質度が損なわれることを意図するものではない．

一方，運搬自体では均質度が損なわれなくとも，流動性が低下したコンクリートを用いると圧送時の閉塞や充塡不良が生じるおそれが高まり，結果としてコンクリート構造物としての均質性が損なわれることになる．このため，運搬はコンクリートが所定の流動性を確保できる間に行う必要がある．

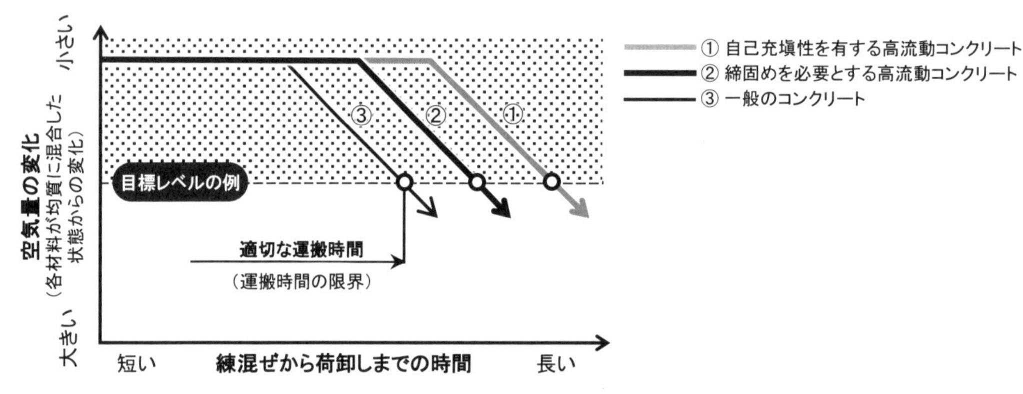

図 2.7　場外運搬の時間と均質度（空気量の変化）

2.3.4　場内運搬（圧送）

圧送距離と均質度の関係の概念図を**図 2.8** に示す．なお，図では縦軸には空気量の変化を用いているが，このほかにも，圧送に伴い脱水が生じたり，ペーストと骨材とが分離して均質度が低下したりすることもある．一般に，圧送距離が長いほど，コンクリートに加わる圧力が大きくなるため，空気量の変化や，水や骨材の分離などが生じる可能性が高くなる．また，コンクリートの性質の観点からは，流動性が大きくなると圧送しやすく，水粉体比（水セメント比）が小さくなると圧送性は低下すると言われている．これは主に，コンクリートの粘性，粗骨材の最大寸法や単位量に起因するものであり，材料分離を生じない範囲であれば粘性が小さく，粗骨材寸法が小さく，粗骨材量が少ないコンクリートほど圧送しやすい（圧送負荷が小さい）と考えられる．

一方，圧送に伴うコンクリートの品質変化に関しては不明な点が多い．ただし，相対的には，圧送負荷が小さい（圧送しやすいコンクリート）ほど，圧送前後の品質変化は小さいと考えられることから，事前に圧送負荷を想定し，それに見合った適切な圧送機械（コンクリートポンプ）や配管（輸送管の径，形状など）を用いることが重要である．

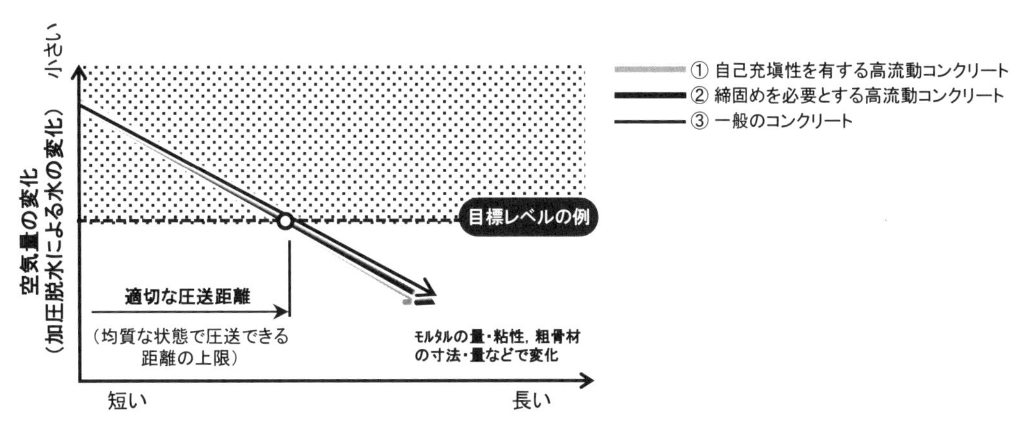

図 2.8　圧送距離と均質度（空気量の変化）

2.3.5　打込み

(1)　自由落下高さ

自由落下高さと均質度の関係の概念図を**図 2.9** に示す．高所から打ち込むほど，粗骨材とモルタルとの分離が生じるおそれが高まり，充填されるコンクリートの均質度は低下する．一般に，自己充塡性を有する高流動コンクリート，締固めを必要とする高流動コンクリート，一般のコンクリートの順に単位粗骨材量は少なく，単位粉体量（単位セメント量）は多いことから，同一の自由落下高さにおける均質度の低下は生じにくくなると考えることができる．ただし，［指針（案）：施工標準］に示される配合条件（単位粉体量，細骨材率）の範囲の締固めを必要とする高流動コンクリートでは，一般のコンクリートと落下に伴う材料分離の程度は同程度である．このため，自由落下高さはできるだけ小さくなるように計画するのが基本である．

また，自由落下に伴う均質度の低下は，打ち込んだ時の下層コンクリートの軟らかさや厚さの影響も受ける．底面の型枠や岩盤，あるいは硬化した先打ちコンクリートの上に直接一層目のコンクリートを打ち込む際には，落下高さが小さくとも粗骨材の飛散が生じやすく，均質度が低下するおそれが高いことに留意が必要である．

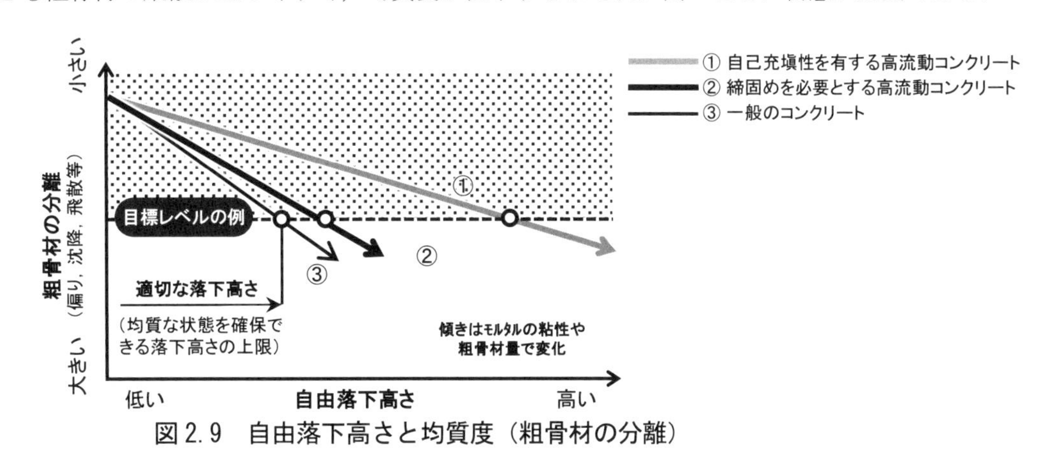

図 2.9　自由落下高さと均質度（粗骨材の分離）

(2)　打込み間隔

打込み間隔と均質度の関係の概念図を**図 2.10** に示す．流動性の大きいコンクリートほど，均質度を損なうことなく流動できるため，打込み間隔を大きくすることが可能となる．このため，締固めを必要とする高流動コンクリートは，一般のコンクリートよりも打込み間隔を大きく設定できる．ただし，流動距離が大きくなりすぎると均質度は低下する．このため，打込み間隔はコンクリートの均質度が損なわれない流動距離に基づいて設定することが重要である．［指針（案）：施工標準］では，流動距離の上限を 5m 以下にするよう記述している．この上限値よりも長い距離を均質に流動させる必要がある場合には，単位粉体量（単位セメント量）や単位粗骨材容積などの配合条件を適切に設定する必要がある．

なお，スラブ部材のような平面的に広い部位では，コンクリートの流動方向が限定されずに，外周全体に流動する．このとき，下層コンクリートの仕上がり面の勾配や配筋条件などによっては，ある特定の方向にのみコンクリートが流動してしまう場合もある．このため，特に，平面的に広い部材に打ち込む際には，流動距離が大きくなりすぎないように，打込み間隔を適切に設定する必要がある．

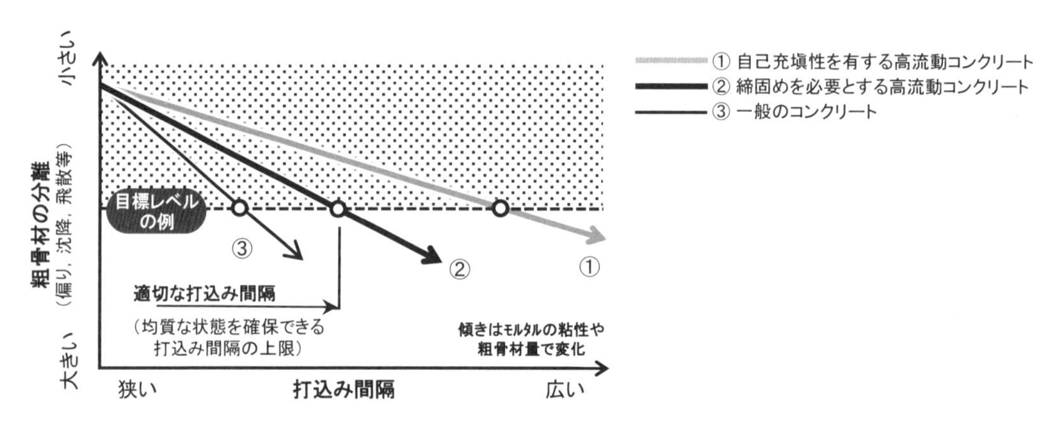

図 2.10　打込み間隔と均質度（粗骨材の分離）

(3)　一層の打込み高さ

一層の打込み高さと均質度の関係の概念図を**図 2.11** に示す．一般に，自己充填性を有する高流動コンクリート，締固めを必要とする高流動コンクリート，普通コンクリートの順に水粉体比（水セメント比）が小さく，ブリーディングは生じにくい．ただし，打込み高さが大きくなると相対的にブリーディングが生じやすくなることから，均質度が低下するリスクが高くなる．

締固めを必要とする高流動コンクリートは，締固めを行う必要があることから，充填不良を防ぐ観点からは，一層当りの打込み高さをバイブレータの振動が届く範囲とする必要がある．また，流動性が大きいと，設定した打込み高さに達するよりも，均質度が確保できる流動距離を超えて流動してしまうことも想定される．このため，締固めを必要とする高流動コンクリートの打込み高さは，均質度が損なわれない流動距離の最大値を踏まえて設定する必要がある．

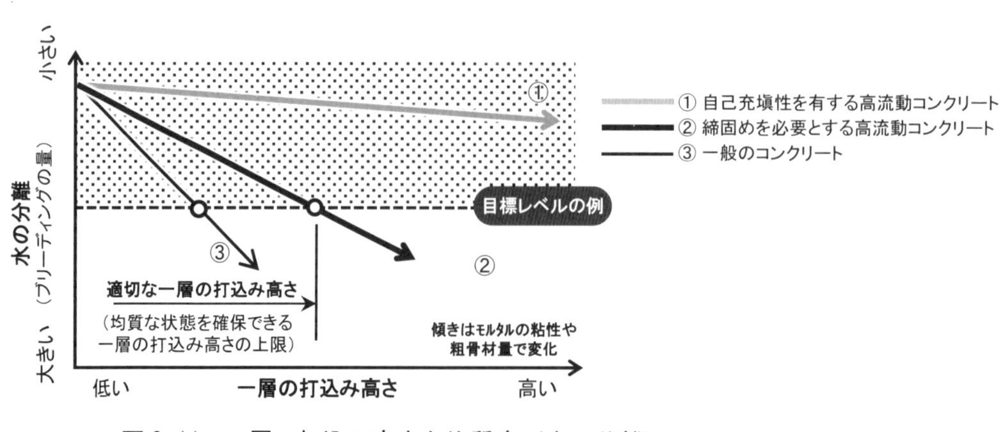

図 2.11　一層の打込み高さと均質度（水の分離）

2.3.6　締固め

締固め時間と均質度の関係の概念図を**図 2.12**～**図 2.14** に示す．**図 2.12** は均質度を低下させる要因として粗骨材の分離，**図 2.13** は水の分離，**図 2.14** は空気の量や質の変化をそれぞれ取り上げたものである．自己充填性を有する高流動コンクリートは，締固めを行わないことから，縦軸と交わる「なし」に位置している．なお，これらの図は，過剰な締固めによりフレッシュコンクリートの均質度が低下することを概念的に示したものであり，一般のコンクリートや締固めを必要とする高流動コンクリートが締固めをせずに充填できることを示すものではない．

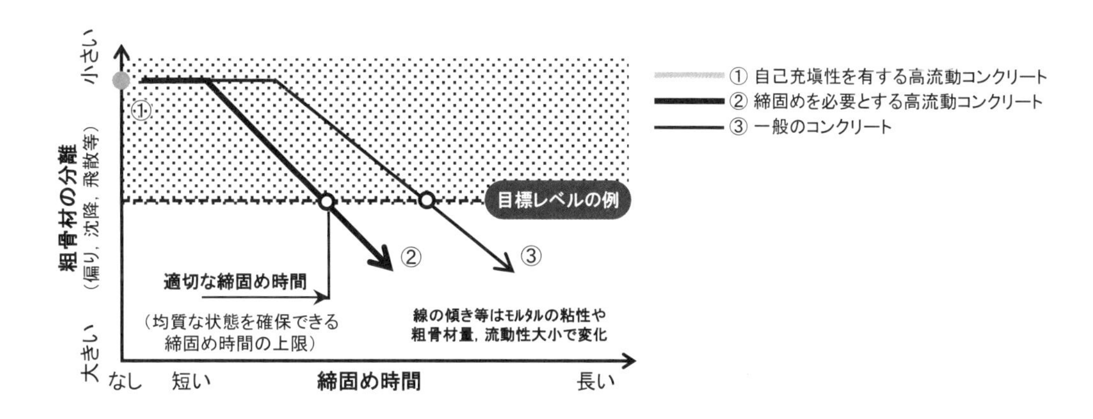

図 2.12　締固め時間と均質度（粗骨材の分離）

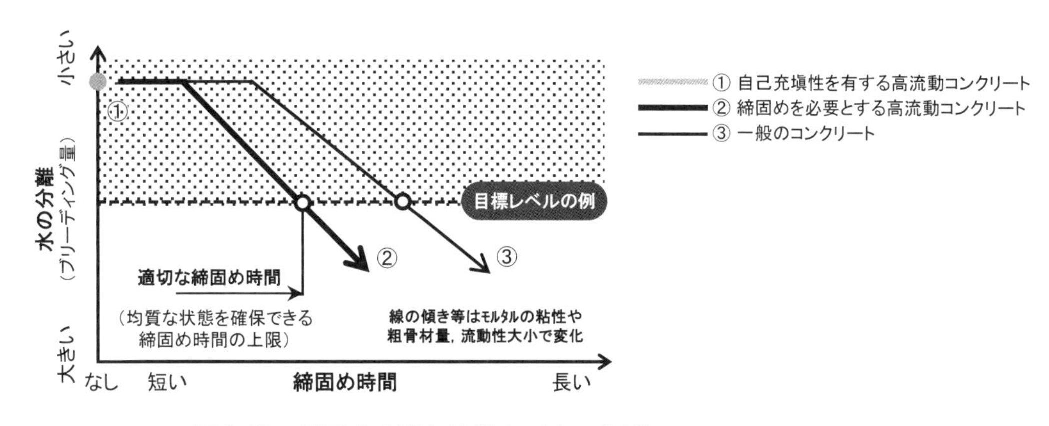

図 2.13　締固め時間と均質度（水の分離）

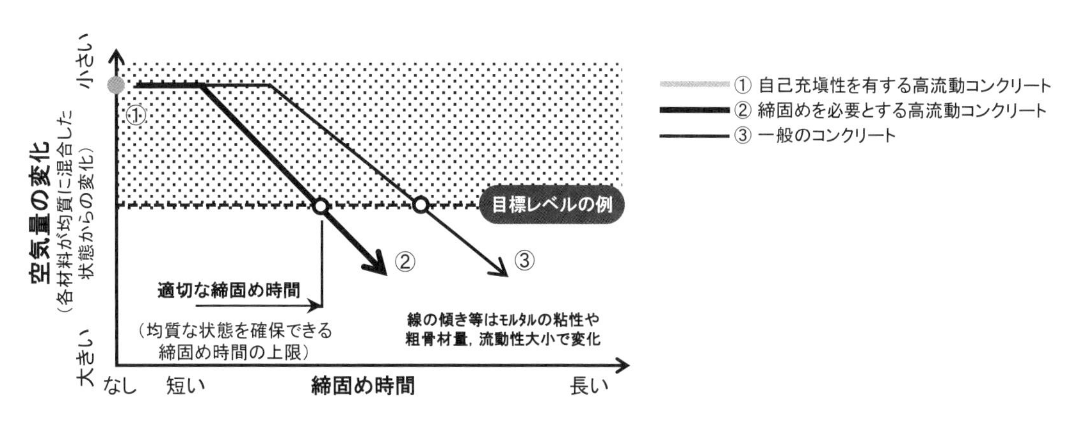

図 2.14　締固め時間と均質度（空気量の変化）

バイブレータによる締固め時間が過度に長くなると材料分離が誘発され，粗骨材が沈降する一方，水や空気が上昇しやすくなるためブリーディング量は多く，空気量は少なくなる．この指針（案）で繰り返し注意喚起されているように，締固めを必要とする高流動コンクリートは，一般のコンクリートに比べて流動性が大きく短時間の締固めで充填できる一方，過度な締固めにより均質度が損なわれやすいことに留意が必要である．このため，締固め時間は，短すぎず，かつ過剰とならないよう締固め方法（バイブレータの種類や本数，締固め間隔等）も併せて設定する必要がある．

図 2.15 に締固め時間と型枠に打ち込まれたコンクリートの充填の程度あるいはコンクリート自体の分離の程度との関係の概念図を示す．自己充填性を有する高流動コンクリート以外の一般のコンクリートや締固めを必要とする高流動コンクリートは，バイブレータによる締固めを行うことが前提である．このため，これらのコンクリートは型枠内に打ち込まれた時点では隅々にまで充填できておらず充填の程度は低い．一方で，適切な方法で型枠内に打ち込まれている場合，コンクリート自体の均質度は確保されている．この後，締固めを行うと徐々に型枠の隅々にまでコンクリートが行き渡り充填の程度は向上していく．しかし，締固め時間が長時間になると，充填されたコンクリートにおいて，粗骨材の沈降，ブリーディング水の上昇，良質な空気泡の減少などの分離が生じ，フレッシュコンクリートの均質度が低下してしまう．このため，締固め時間は，型枠の隅々までコンクリートが行き渡り密実に満たされるのに必要な時間以上で，かつ均質度が損なわれない時間以下の範囲とする必要がある．なお，**図 2.15** は，締固めを必要とする高流動コンクリートは，一般のコンクリートに比べて短時間の締固めで充填することができる一方で，長時間の締固めを行うと分離が生じやすいことを表現した図であり，同一の締固め時間において，一般のコンクリートに比べて必ずしも分離の程度が大きくなることを示すものではない．

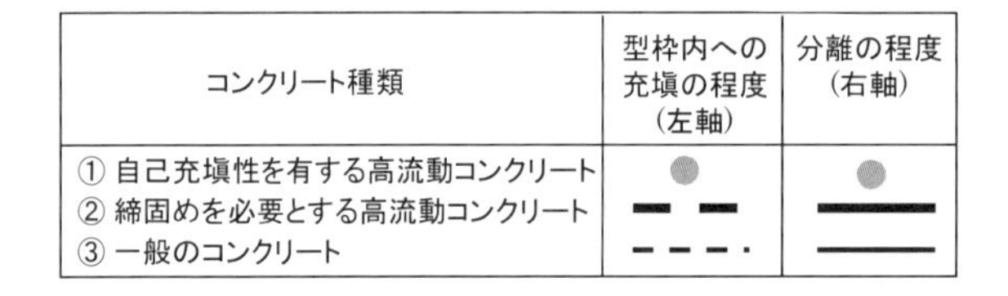

コンクリート種類	型枠内への充填の程度（左軸）	分離の程度（右軸）
① 自己充填性を有する高流動コンクリート	●	●
② 締固めを必要とする高流動コンクリート		
③ 一般のコンクリート		

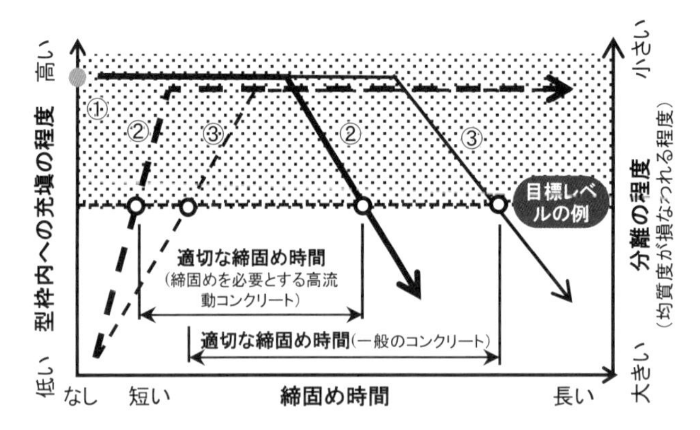

図 2.15　締固め時間と型枠に打ち込まれたコンクリートの充填の程度ならびに均質度

2.4　フレッシュコンクリートの品質の設定における留意事項

締固めを必要とする高流動コンクリートは，高い流動性を有することから打込み・締固め作業を効率化できる一方，施工方法とフレッシュコンクリートの品質の組み合わせが適切でないと，これらの作業に伴い均質度が大きく損なわれる可能性もある．このため，施工方法に応じてフレッシュコンクリートの品質を適切に設定する必要がある．

締固めを必要とする高流動コンクリートの品質としては，流動性のほか，材料分離抵抗性や間隙通過性に関する品質の設定が必要である．［指針（案）：施工標準］では，締固めを必要とする高流動コンクリートの配合を選定する際には，「加振を行ったコンクリート中の粗骨材量試験方法（案）（JSCE-F 702-2022）」および「ボックス形容器を用いた加振時のコンクリートの間隙通過性試験方法（案）（JSCE-F 701-2022）」の附属書 1（規定）「容器の仕切りゲートを開くと同時にバイブレータを始動させる場合の試験方法」を実施し，両者の測定結果のある閾値から配合の良否を判定する手法が示されている．これは，材料分離が，コンクリートが打ち込まれて流動する過程（鉄筋間隙の通過も含む），およびバイブレータで締固めを行う過程の両者において生じるおそれがあるためである．このため，設定した施工方法においてコンクリートの均質度が損なわれる要因を抽出し，その要因に対して均質度の良否判定が行える指標（試験方法）を設定する必要がある．

コンクリートの材料分離抵抗性の評価については，一般のコンクリートでは，単位セメント量（粉体量）を一定以上確保することによって担保してきたため，研究上の評価方法としていくつかの提案はあるものの，規準化には至っていなかった．今回，試験方法の規準化に至ったが，この指針（案）では，限定した施工方法とフレッシュコンクリートの品質の組合せの 2 タイプに対して各試験結果の閾値を設定しているに過ぎず，汎用的な評価方法の提案には至っていない．このため，この指針（案）に示される試験方法のほか，現状提案されている評価試験方法，もしくは新たに考案した試験方法等を積極的に活用して材料分離抵抗性を有しているかの把握に努める必要がある．また，これらの評価試験の結果（閾値による判定）からは，使用するコンクリートが実施工時のすべての材料分離現象に対して抵抗性を有しているか否かは判定できないことも踏まえて，閾値自体を適切に設定するとともに，配合条件（単位粉体量や単位粗骨材容積）をより材料分離が生じない方向に設定するなどの検討も必要である．場合によっては，施工条件を模擬した部材を用いた打設実験を行い，均質度の確保されたコンクリートが充填できることを直接確認することも検討するとよい．

室内試験における評価試験方法のある閾値にてフレッシュコンクリートの品質の合否判定を行う場合，閾値の設定を厳しくしすぎると，均質度が損なわれるおそれは小さくなる一方で，品質管理により除外されるコンクリートが増加する可能性もある．このため，フレッシュコンクリートの品質ばかりを高く（厳しく）設定するのではなく，施工方法とのバランスを考慮して設定するのが肝要である．

2.5　その他の施工計画における留意事項

設定した「施工方法」ならびに「フレッシュコンクリートの品質」を用いることで均質度が確保できることが照査された後，具体的な配合設計の実施，ならびに製造，運搬，打込みおよび締固め以外の作業に関する施工計画を検討する．

配合設計を行う際には，設定したフレッシュコンクリートの品質が満足できることを試し練りで確認するのはもちろんのこと，施工条件（施工時期，地域，コンクリートの運搬時間）によってコンクリートの性状が変化することも考慮した検討も行うとよい．また，地域によっては骨材品質が良好でない場合もあり，設定したフレッシュコンクリートの品質を満足するのが難しい場合も想定される（例えば，材料分離抵抗性を確保するために単位粉体量（単位セメント量）が大幅に増加して，温度ひび割れの発生が懸念されるなど）．このような場合には，組み合わせる施工方法を見直す必要がある．

2.4 で検討を行っていない施工プロセスの主なものには，仕上げ，養生，鉄筋工，型枠および支保工がある．仕上げでは，締固めを必要とする高流動コンクリートが一般のコンクリートに比べて凝結時間が遅くなる場合があることや，単位セメント量が多い配合ではブリーディングが少なくなる場合があることなどに留意が必要である．養生では，一般のコンクリートと同様に，「湿潤状態に保つこと」，「温度を制御すること」および「有害な作用に対して保護すること」の 3 項目に留意して計画する必要がある．

鉄筋工の計画では，設計図書通りに組み立てるのはもちろんのこと，段取り鉄筋の配置や鉄筋径を踏まえたうえでの鋼材のあきを十分に検討し，設定したフレッシュコンクリートの品質で均質度を損なうことなく充填できるかを確認しておく必要がある．

型枠および支保工の計画では，締固めを必要とする高流動コンクリートは流動性が高く，一般のコンクリートに比べて側圧が大きくなる場合もあることに留意する．型枠に作用する側圧は，同一のコンクリートで施工する場合でも，外気温が低いほど，打上がり速度が速いほど大きくなる．このため，施工時期や実際の施工速度等の施工条件を踏まえた計画が必要である．

3章　今後の課題

この資料編Ⅰ編では，性能規定の考え方に基づき締固めを必要とする高流動コンクリートの施工計画を立案する考え方を示した．そして，構造物の均質性を確保するには，施工方法とフレッシュコンクリートの品質を設定し，両者により充填されたフレッシュコンクリートの均質度が確保できることを照査する必要があることを示した．しかしながら，照査の具体的な方法や閾値を提示するには至らなかった．この理由は，1.1 節でも示すように，充填されたフレッシュコンクリートの均質度を左右する施工方法やコンクリート品質の影響因子はある程度抽出できているものの，それらの影響を定量的に評価するための知見や実験データが乏しいことなどが挙げられる．定量的に評価する上での今後の課題を以下に示す．

○各施工プロセスにおける材料分離抵抗性の評価

現状では，配合選定時に目視や評価試験によって材料分離抵抗性の良否を判断しているが，必ずしも全ての施工条件は反映できてはいない．このため，各施工プロセスにおける均質度の変化（低下）についての知見の収集が必要である．また，施工時になんらかの測定手段により材料分離抵抗性を定量的に評価できる手法の確立が望まれる．

○圧送

締固めを必要とする高流動コンクリートの圧送に伴う品質変化については不明な点が多く，実験データや施工実績の蓄積が必要である．

一方で，圧送計画を立案する上では，圧送時の管内圧力損失の標準値が提示されるのが望ましいが，スランプフローや粘性（粉体量）などにより管内圧力損失は異なると想定され，それらをどのように考慮するかが課題となる．また，このコンクリートを広く活用していく上では，配合選定時に把握できる条件（使用材料，材料の単位量，スランプフロー，材料分離抵抗性の評価試験結果）から圧力損失を評価できる算定式の構築が望まれる．

○打込み

打込み作業では，自由落下高さ，打込み間隔，一層の打込み高さなどが均質度に影響すると考えられる．一方で，同一の打込み作業の条件でも，配合条件（水セメント比，単位セメント量，流動性に大きさ）によって均質度の低下の程度は相違する．このため，配合条件ごとに推奨する打込み作業の具体的な方法が提示できるように実験データの収集や施工実績の蓄積が必要である．

○締固め

締固めを必要とする高流動コンクリートでは締固めが必要であり，室内試験で評価した材料分離抵抗性や間隙通過性を考慮し，構造物の形状や配筋に応じた締固め方法（バイブレータの種類・性能，締固め位置・時間など）を施工計画の中で明確にする必要がある．例えば，山岳トンネルで広く活用されている中流動覆工コンクリートでは，具体的な配合条件（標準的なセメント量とスランプフローなど）のコンクリートに対して，充填に必要な型枠バイブレータの振動エネルギーが設定されている．これは覆工コンクリートを対象とした限定的なものではあるが，このほかのコンクリート構造物の施工においても，フレッシュコンクリートの品質と構造物の形状や配筋条件に応じた具体的な締固め方法の確立が必要である．その第一歩としては，配合条件や配合選定の結果で把握できる条件（使用材料，材料の単位量，スランプフロー，材料分離抵抗性の評価試験結果）から，標準的な締固め方法が設定できることが望まれる．

II 編　施工標準で設定している数値の根拠資料

1 章　均質度に対する照査に基づく本資料の位置づけ

この［指針（案）：本編］では，「3. 2　施工に関する照査」の照査方法として，「3. 2. 4　均質度に対する照査」を記載している．充填されたフレッシュコンクリートの均質度については，採用する具体の照査方法に従って，その指標および限界値が定まり，資料編 I 編では，想定される指標の例示と，製造，場外運搬，圧送，打込み，締固めの各施工プロセスが想定される指標に与える影響について概念的に整理し，これらの影響を考慮した照査方法の考え方について示している．ただし，資料編 I 編に記述しているように，現時点では，これらの影響を定量的に評価するために必要となる知見や実験データが乏しく，この照査方法に従って均質度に対する照査を実施することは難しい状況にある．そのため，この［指針（案）：施工標準］で設定している施工方法およびフレッシュコンクリートの品質は，実構造物を模擬した実験を実施し，構造体中の硬化コンクリートの均質性が確保されていることを確認した結果に基づいたものであり，これにより均質度に対する照査を実施していることになる．具体的には次の通りである．なお，実施した試験の詳細情報については，資料編 V 編にまとめている．

このII 編 **4 章**に示すように，［指針（案）：施工標準］で設定している施工方法よりも厳しい条件の振動締固めを実施した結果，硬化体の品質変動が大きくないことを確認している．このとき，充填されたフレッシュコンクリートの均質度の指標として粗骨材量比率に着目するため，あわせて，硬化体の粗骨材割合の測定を実施している．なお，試験の実施をとおして過度なブリーディングは発生していないことや，［指針（案）：施工標準］では，自由落下高さによる品質変動が一般のコンクリートと同等よりも小さくなるように自由落下高さを設定していること，締固め時間が一般のコンクリートよりも短いこと，限定的な結果ではあるが既往の研究[例えば 1)]から空気量の変化は大きくないことなどから，充填されたフレッシュコンクリートの均質度の指標として粗骨材量の変動にのみ着目している．ここで，各種試験から粗骨材量比率を求めているが，何れの場合も最上層数 cm の試料を対象にした指標であることに注意されたい．

このII 編 3. 3 に示すように，［指針（案）：施工標準］の条件に基づき，大型の試験体を用いて，打込みおよび締固めが粗骨材量比率（充填されたフレッシュコンクリートの均質度の指標）に与える影響を確認している．

以上のように，このII編 **4 章**および 3. 3 で実構造物を模擬した試験を通して［指針（案）：施工標準］で設定した施工方法およびフレッシュコンクリートの品質の妥当性を確認しているが，これらの設定については，このII編 **2 章**および 3. 1，3. 2 に示す要素試験の結果から定めている．

以上の結果により，［指針（案）：施工標準］で設定している条件で施工を実施すれば，構造体中の硬化コンクリートの均質性が確保されることを確認している．

参考文献

1)　田中基，藤川理沙子，加藤佳孝，高橋駿人：打込みおよび締固めによるフレッシュコンクリートの性状変化に関する実験的検討，コンクリート工学年次論文集，Vol.44，No.1，pp.760-765，2022

2章　施工方法の設定

2.1　振動締固め

締固めを必要とする高流動コンクリートの締固めの振動時間や締固めの挿入間隔について実験により確認した．なお，詳細については資料編Ｖ編の２章を参照のこと．

図 2.1 に実験に用いた模擬型枠の概要を示す．振動バイブレータからの距離 250mm（CH1），375mm（CH2），500mm（CH3）の位置に加速度センサを設置し，各位置で測定された最大加速度の値と締固め完了エネルギーから締固め完了時間を算出した．図 2.2 にスランプと締固め完了時間の関係を示す．締固め完了時間は，スランプが大きいほど短くなる傾向がある．締固めを必要とする高流動コンクリートの締固め完了時間は，タイプ 1：スランプフロー45cm（スランプ 23.5cm），タイプ 2：スランプフロー55cm（スランプ 26cm）のいずれの場合も，バイブレータからの距離が 500mm までは 5 秒以下となった．したがって，締固めを必要とする高流動コンクリートの締固め完了時間を 5 秒と想定した場合，その影響範囲は 50cm 程度であり，バイブレータの挿入間隔は 50～100cm が有効と考えられる．

以上の結果から，一箇所当りの振動時間は 5 秒程度，締固めの挿入間隔は 50～100cm とすることとした．

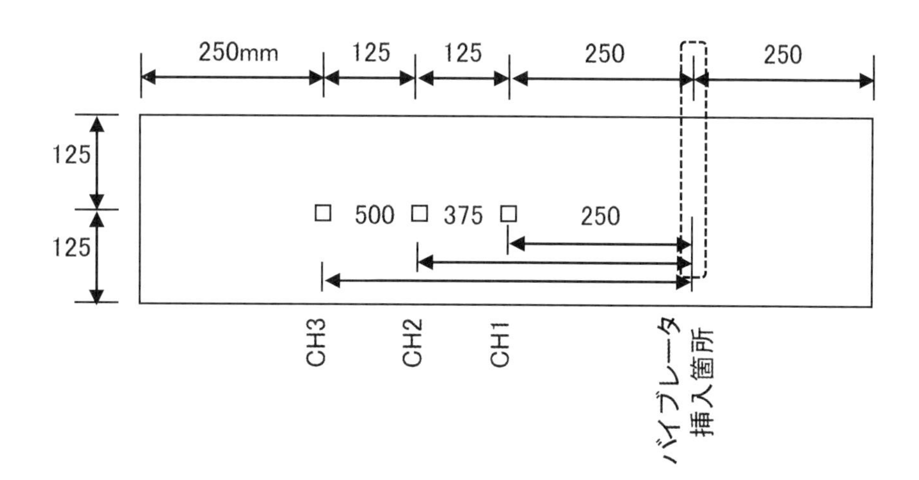

図 2.1　模擬型枠の概要

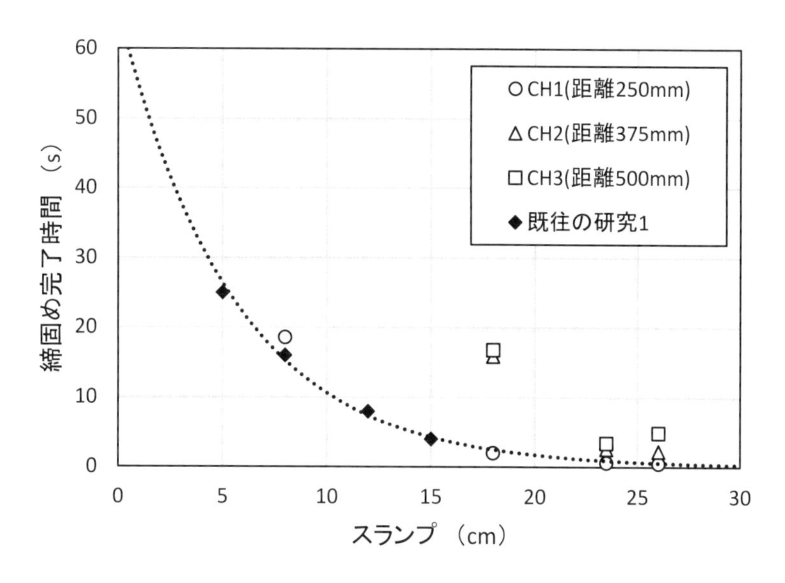

図 2.2　スランプと締固め完了時間の関係

2.2 打込みに伴う流動距離

締固めを必要とする高流動コンクリートの標準的な施工をした場合の流動距離について実験により確認した．なお，詳細については資料編Ｖ編の**4章**を参照のこと．

タイプ1：スランプフロー45cm，タイプ2：スランプフロー55cmについて，壁部材への流動距離と粗骨材量比率の関係を**図2.3**および**図2.4**にそれぞれ示す．流動距離が5mまでの範囲では，型枠の内部（図中の凡例「中央上」）およびかぶり部（図中の凡例「かぶり上」））から採取した試料は，極端な材料分離は目視では確認されず，粗骨材量比率はいずれもおおよそ80%を上回る結果であった．一方，流動距離が7mの先端部では，スランプフロータイプ1：スランプフロー45cmのケース5，タイプ2：スランプフロー55cmのケース1およびケース5の計3配合の試料上部において，目視により明らかな材料分離が確認され，粗骨材量比率は40%程度かそれ以下であった．

以上の結果から，コンクリートの打込み時の流動に伴うモルタルと粗骨材の材料分離による硬化コンクリート物性への影響を考慮し，締固めを必要とする高流動コンクリートの流動距離は5m以下とすることとした．

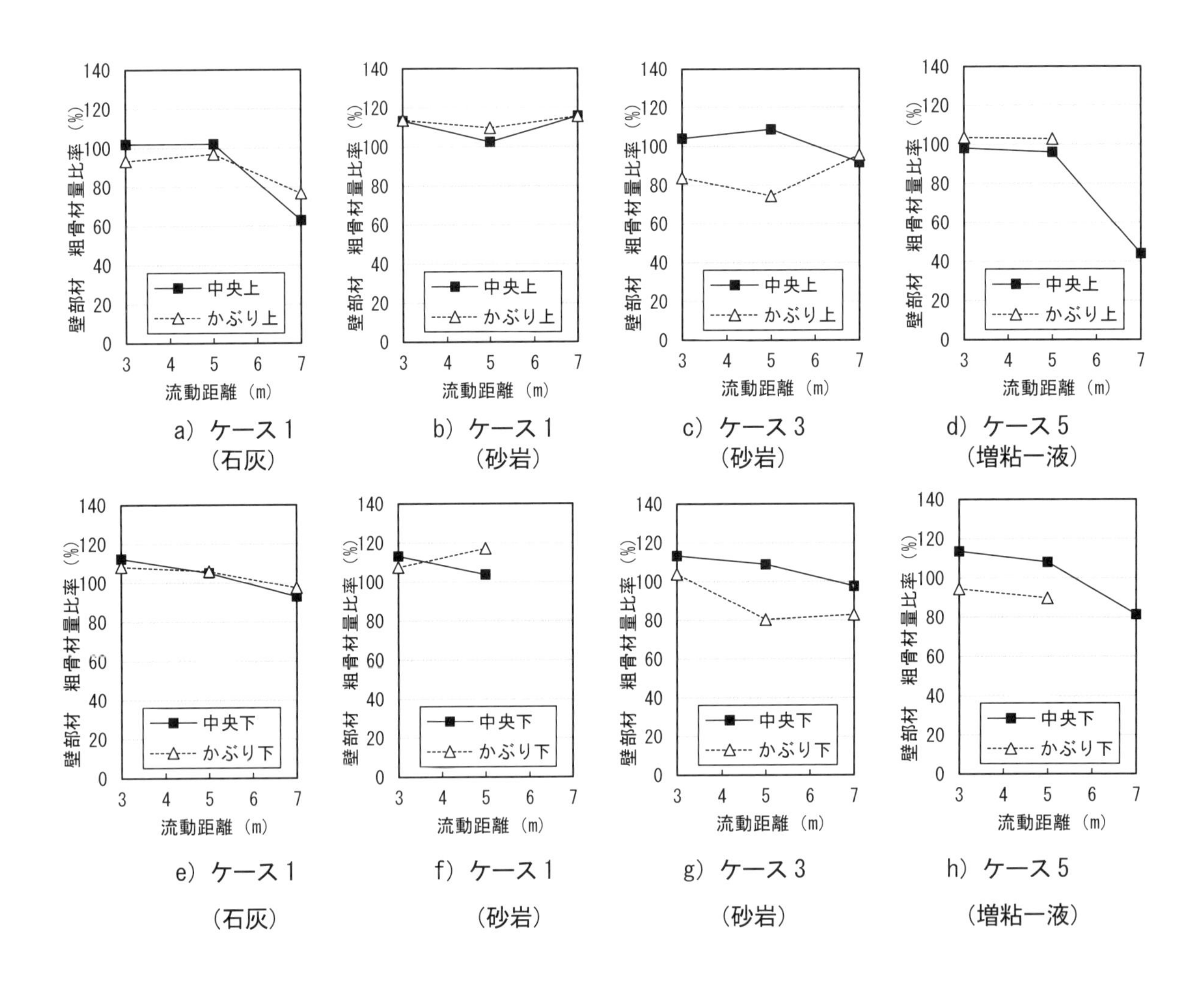

図2.3　流動距離と壁部材の粗骨材量比率の関係（タイプ1）上段：試料上部，下段：試料下部

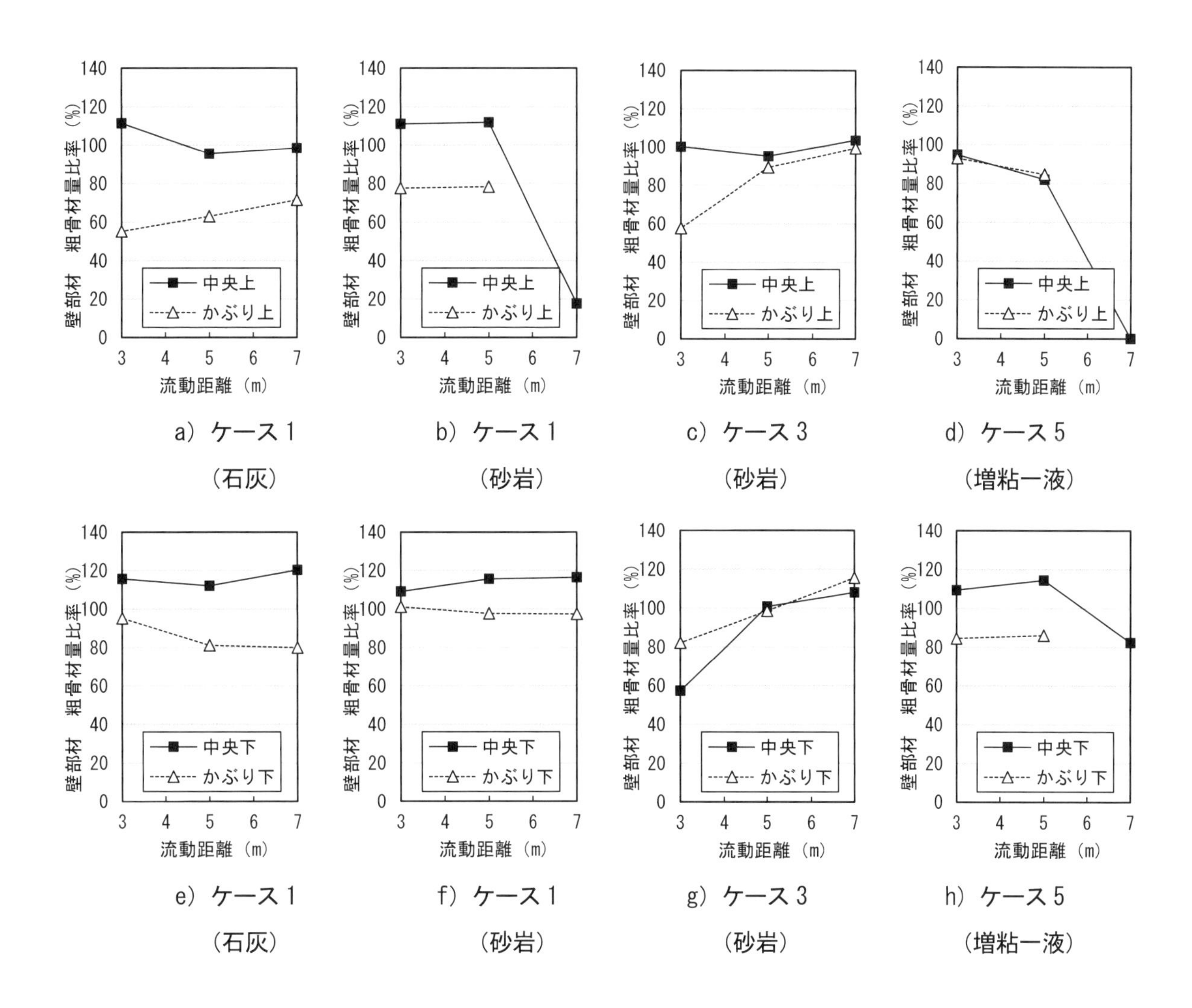

図 2.4　流動距離と壁部材の粗骨材量比率の関係（タイプ 2）上段：試料上部，下段：試料下部

2.3　打込み落下高さ

締固めを必要とする高流動コンクリートを用いて施工する際の自由落下高さについて実験により確認した．なお，詳細については資料編 V 編の 3 章を参照のこと．

自由落下による材料分離試験の結果を表 2.1 に示す．高さ 1.5m から試料を自由落下させた場合の，モルタルと粗骨材の材料分離による骨材の飛散距離および飛散試料の質量割合について，締固めを必要とする高流動コンクリートでは一般のコンクリートと同等か小さい値であった．一方，自己充塡性を有する高流動コンクリートに関しては，自由落下による材料分離は全く確認されなかった．

内寸 500×500×400mm の型枠に高さ 1.5m から自由落下させた試料を，バイブレータで加振することで充塡させた試験の結果を表 2.2 に示す．いずれの採取位置においても顕著な分離は確認されず，粗骨材量比率は，締固めを必要とする高流動コンクリートと一般のコンクリートで概ね同等の値であった．

以上の結果から，締固めを必要とする高流動コンクリートの自由落下による高さは，一般のコンクリートと同等に設定できると判断し，タイプ 1 およびタイプ 2 のいずれの場合も 1.5m とすることとした．

表 2.1 自由落下による材料分離試験の結果

種別		骨材の飛散距離 (cm)	飛散試料の 質量割合(%)
一般のコンクリート	スランプ 12cm	130	11.8
	スランプ 18cm	133	5.9
締固めを必要とする高流動コンクリート	スランプフロー45cm	135	5.9
	スランプフロー55cm	104	5.1
自己充填性を有する高流動コンクリート	スランプフロー65cm	飛散なし	—

表 2.2 自由落下後の充填試験結果

<table>
<tr><th colspan="2">種別</th><th colspan="2">加振時間
(s)</th><th>加振後
採取位置</th><th>粗骨材
量比率
(%)</th></tr>
<tr><td rowspan="3">一般のコンクリート</td><td rowspan="3">スランプ
12cm</td><td>充填高さ 10cm</td><td>6.37</td><td>鉄筋かぶり</td><td>102</td></tr>
<tr><td>充填高さ 20cm</td><td>14.1</td><td>鉄筋内側下部</td><td>96.7</td></tr>
<tr><td>充填完了</td><td>24.2</td><td>バイブレータ下</td><td>100</td></tr>
<tr><td rowspan="3">締固めを必要とする
高流動コンクリート</td><td rowspan="3">スランプ
フロー
45cm</td><td>充填高さ 10cm</td><td>—</td><td>鉄筋かぶり</td><td>85.9</td></tr>
<tr><td>充填高さ 20cm</td><td>1.43</td><td>鉄筋内側下部</td><td>97.4</td></tr>
<tr><td>充填完了</td><td>5.69</td><td>バイブレータ下</td><td>105</td></tr>
</table>

参考文献

1) 梁俊，國府勝郎，宇治公隆，上野敦：フレッシュコンクリートの締固め性試験法に関する研究，土木学会論文集 E，Vol.62，No.2，pp.416-427，2006.6

3章　フレッシュコンクリートの品質の設定

［指針（案）：施工標準］では，フレッシュコンクリートの品質として，タイプ毎に**表 3.1** に示す目標値を設定している．示方書［施工編：施工標準］では，材料分離抵抗性を粉体量によって担保しているが，締固めを必要とする高流動コンクリートの場合は，一般のコンクリートに比べて流動性が高いため，材料分離抵抗性や間隙通過性を試験によって評価することが妥当であると考えた．

また，この研究小委員会の活動を通して土木学会規準として規準化した「加振を行ったコンクリート中の粗骨材量試験方法（案）（JSCE-F 702-2022）」および改訂した「ボックス形容器を用いた加振時のコンクリートの間隙通過性試験方法（案）（JSCE-F 701-2022）」については，資料編 IV 編を参照されたい．なお，この II 編では，それぞれの試験を，「沈下量試験」と「ボックス試験」と呼称する．

「指針（案）：施工標準］では，振動締固めによるフレッシュコンクリートの流動および間隙通過の性状についてはボックス試験で評価できると考えた．さらに，この II 編 3.3 に示すように，振動締固めの影響を受けやすい箇所では，縦方向に粗骨材が分離しやすい可能性があり，この性状については新たに沈下量試験を規準化し，この方法によって評価することを考えた．以降，便宜的にボックス試験により確認する性状を横方向の材料分離，沈下量試験により確認する性状を縦方向の材料分離と表現している．

表 3.1　フレッシュコンクリートの品質の目標値

	フレッシュコンクリートの品質	
タイプ 1	流動性	材料分離抵抗性
	スランプフロー45 cm	粗骨材量比率 40 %以上 間隙通過速度 15 mm/s 以上
タイプ 2	流動性	材料分離抵抗性および間隙通過性
	スランプフロー55 cm	粗骨材量比率 40 %以上 間隙通過速度 40 mm/s 以上

3.1　振動締固めに伴う横方向の材料分離の観点

締固めを必要とする高流動コンクリートの振動締固めの流動に伴う材料分離，すなわち横方向の材料分離について，複数の機関でボックス試験を実施した結果から確認した．なお，詳細については資料編 V 編の **1 章**を参照のこと．

タイプ 1：スランプフロー45cm，タイプ 2：スランプフロー55cm について，間隙通過速度と B 室の粗骨材量比率の関係を**図 3.1** に示す．粗骨材量比率が 80%以上確保できる間隙通過速度は，タイプ 1 では 15mm/s 以上，タイプ 2 では 40mm/s 以上であることが確認できる．

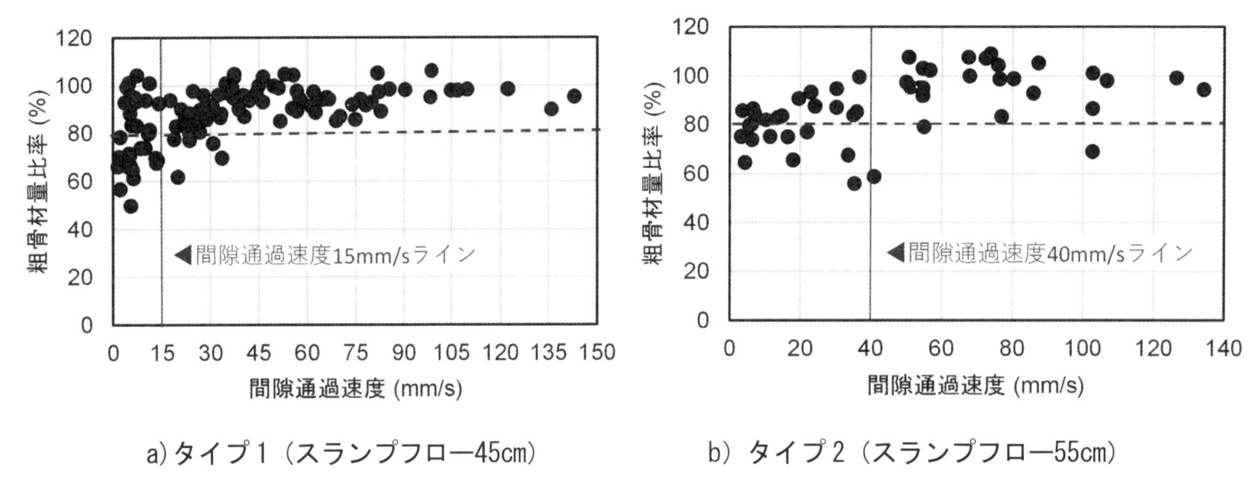

a)タイプ1（スランプフロー45cm）　　b）タイプ2（スランプフロー55cm）

図 3.1　間隙通過速度とB室の粗骨材量比率の関係

次に，この妥当性を確認するために，このII編 2.2 に示した流動距離の確認試験の結果と，各配合の間隙通過速度を**図 3.2** に示す．また，同図には，流動距離の確認試験において，材料分離が認められた配合に×印を記している．この結果から，タイプ 1 およびタイプ 2 ともに，前述した間隙通過速度の下限値を満足すれば，流動先端部分で材料分離は確認できないことがわかる．なお，タイプ 1 のケース 1（砂岩）やタイプ 2 のケース 3（粉体減）のように，間隙通過速度の下限値を下回る場合でも材料分離が確認されないこともあるが，安全側の評価として，上記の下限値を採用することとした．

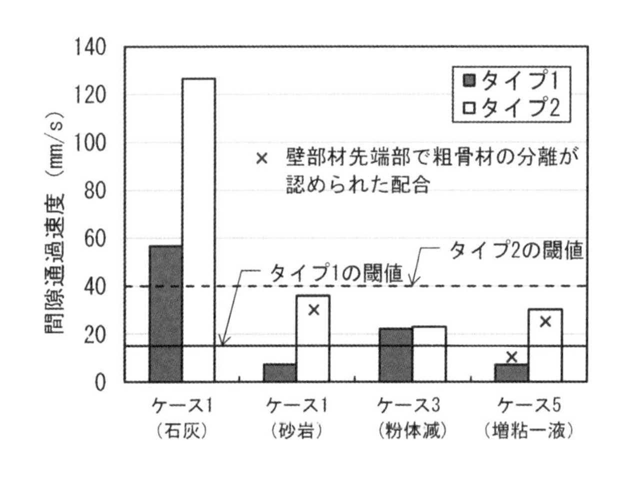

図 3.2　流動距離の確認のための試験結果と間隙通過速度

3.2　振動締固めに伴う縦方向の材料分離の観点

締固めを必要とする高流動コンクリートの振動締固めによる縦方向の材料分離について沈下量試験を実施した結果から確認した．

締固めを必要とする高流動コンクリートとスランプコンクリートについて，締固め時間と粗骨材量比率の関係を**図 3.3** に示す．スランプコンクリートの締固め時間の上限である 15 秒での粗骨材量比率は，スランプ 8cm，12cm でそれぞれ 70%，65%の値を示している．一方，タイプ 2：スランプフロー55cm に相当する締固めを必要とする高流動コンクリートの粗骨材量比率は，［指針（案）：施工標準］で設定した締固め時間 5 秒でスランプコンクリートと同程度の 67%，10 秒で 35%の値を示している．

以上の結果より，沈下量試験の条件としては，材料分離の傾向を捉えやすい締固め時間 10 秒を採用することとした．この場合，試験結果に基づけば，目標とするフレッシュコンクリートの品質を満足する粗骨材量比率の下限値は 35%となるが，検討数が少ないことも考慮して安全側の 40%と設定することとした．

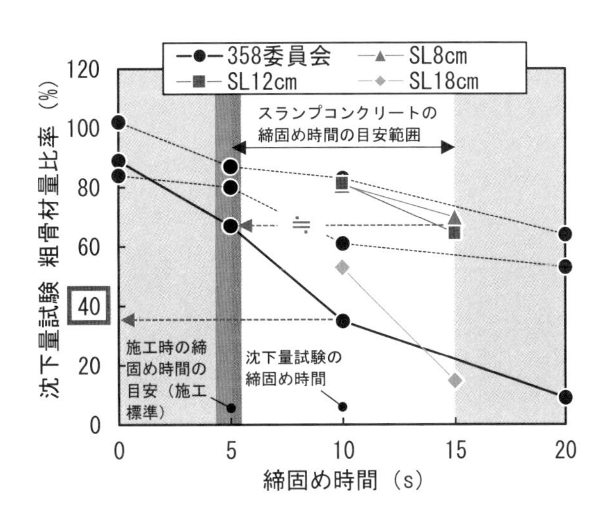

図 3. 3　締固め時間と粗骨材量試験の粗骨材量比率の関係

3. 3　室内試験と構造体の対応関係

図 3. 4 に沈下量試験の粗骨材量比率と，この II 編 2. 2 に示した流動距離の確認試験から得られた型枠端部からの距離 0，1，3 および 5m における壁部材上部の粗骨材量比率の関係を示す．ここで，型枠端部からの距離が 0m と 1m においては，コンクリートを打ち込む箇所であることから型枠近傍であるため，横方向への流動がしにくく，コンクリートの振動締固めによる縦方向の材料分離が卓越し，3m および 5m においてはそれに加えて，コンクリートの打込みに伴う流動や 0m と 1m の振動締固めによる流動による横方向の材料分離も影響すると考えられる．なお，縦軸の壁部材上部の粗骨材量比率も，沈下量試験と同様に上層から 2L（数 cm 程度）の試料を対象としているため，構造物としては極めて局所的な粗骨材の分離状況を観察していることを考慮する必要がある．図より，壁部材上部の粗骨材量比率は，沈下量試験の粗骨材量比率の低下に伴い緩やかに減少し，振動の影響を受けやすい型枠端部では他の箇所に比べて相対的に小さくなる，すなわち縦方向の材料分離の程度が大きくなることがわかる．

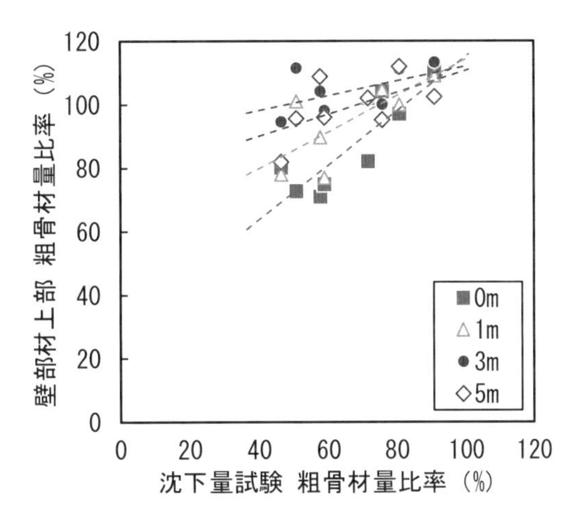

図 3. 4　粗骨材量比率の対応関係

4章　硬化体の品質

3.3の結果から，型枠近傍（**図3.4**の0m位置）では振動締固めによる影響が大きく，その場合に縦方向の材料分離が生じやすいことが想定された．そこで，振動締固めの影響が硬化コンクリートの品質に与える影響を確認するため，［指針（案）：施工標準］より厳しい振動締固め条件を設定（各層締固め時間10秒＋2層目上部200mmは5秒）した試験を実施した．なお，詳細については資料編V編の**7章**を参照のこと．

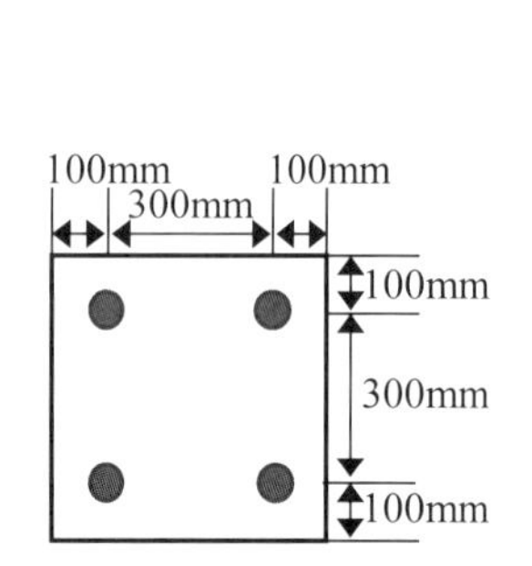

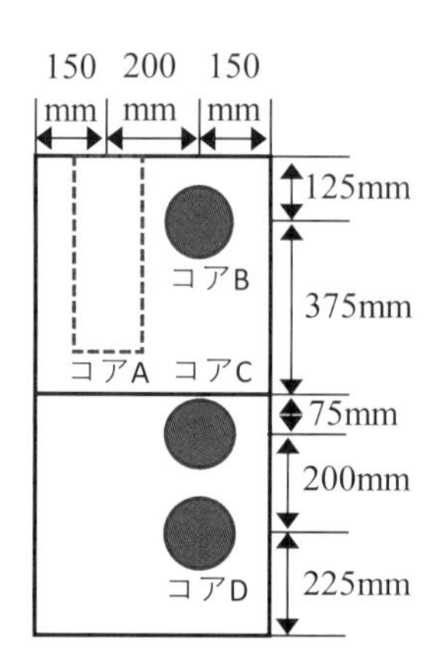

図4.1　締固め位置（左：上面）とコア採取位置（右：側面）

沈下量試験の粗骨材量比率および試験体より採取したコアによる硬化体の粗骨材割合を**表 4.1** に示す．なお，表中の粗骨材割合は，測定結果の平均値で正規化した値で表記している．試験体最上部のA-1，A-2の粗骨材割合が小さいものの，その局所的な箇所を除く，上面から100mm以深の位置においては，ほとんどのケースで粗骨材が十分に存在していることがわかる．また， A-1～A-4 の粗骨材割合を平均として考えると，最も少ない箇所で76%以上が確保されており，構造体全体として過度に粗骨材が分離していることは確認できなかった．

表4.1　沈下量試験の粗骨材量比率および硬化体の粗骨材割合

試験項目		No.1		No.2		No.3		No.4		試験体の上面からの距離
粗骨材量比率（%）		69.4		66.4		71.8		65.0		-
画像解析の全平均（%）		104.9		72.0		72.5		72.2		-
試験片中の粗骨材割合（%）	A-1	38	平均 87	9	平均 76	18	平均 79	41	平均 101	10～40mm
	A-2	93		55		76		103		50～80mm
	A-3	110		110		109		138		100～130mm
	A-4	105		131		112		123		250～280mm
	B-1	107		124		94		109		125mm
	C-1	105		101		112		109		575mm（1層目上面から75mm）
	D-1	101		98		115		81		775mm（1層目上面から275mm）

圧縮強度および静弾性係数の各測定値の平均に対する割合を**表 4.2** に示す．構造体全体として硬化体の品質に過度な変動は確認できなかった．

表 4.2　圧縮強度および静弾性係数の各平均に対する割合（%）

		No.1	No.2	No.3	No.4
圧縮強度	B-2	102	80	99	110
	C-2	100	111	112	77
	D-2	98	109	88	112
静弾性係数	B-2	100	94	95	97
	C-2	100	105	103	100
	D-2	100	101	102	103

材齢 26 週における長さ変化率を**表 4.3** に示す．粗骨材割合と同様に，試験体の最上部の A-1，A-2 の長さ変化率が大きいものの，それ以深の位置では同等な値を示しており，構造体全体として硬化体の品質に過度な変動は確認できなかった．

表 4.3　材齢 26 週の長さ変化率（$\times 10^{-4}$）

	No.1	No.2	No.3	No.4
A-1	-9.80	-11.20	-15.75	-9.45
A-2	-6.35	-11.15	-10.35	-8.50
A-3	-5.25	-8.15	-7.75	-6.85
A-4	-4.75	-6.60	-7.45	-6.85
B-1	-5.28	-5.95	-7.55	-6.20
C-1	-4.50	-6.85	-7.40	-6.45
D-1	-5.08	-6.00	-7.13	-5.80

以上のように，［指針（案）：施工標準］で設定したフレッシュコンクリートの粗骨材量比率および間隙通過速度を満足するコンクリートを用いれば，［指針（案）：施工標準］で設定した振動締固めの条件の範囲内であれば，圧縮強度，静弾性係数および長さ変化率に過度な変動は見られず，構造物全体としての硬化体の品質に大きな影響はないことがわかった．

Ⅲ編　締固めを必要とする高流動コンクリートの配合設計の例

このⅢ編では，締固めを必要とするコンクリートについて，タイプごとに配合設計の事例を示す．タイプ1の締固めを必要とする高流動コンクリートについては，材料分離抵抗性の付与を単位粉体量の確保によって行う場合と，増粘剤含有高性能 AE 減水剤を使用する場合の2つの事例を，タイプ2については，増粘剤含有高性能 AE 減水剤を使用する場合の事例をそれぞれ示した．タイプ 2 で材料分離抵抗性の付与を単位粉体量の確保によって行う場合は，タイプ1の事例を参考に検討するとよい．

また，ここで示す事例の使用材料および試験結果は，この指針（案）の作成にあたって実施された共通試験において得られたデータを基に，このⅢ編の利用者が理解し得やすくなるように一部を補正したものである．したがって，各事例で示す試し練りでの各種の配合要因の修正と評価試験結果には定量的な関係性があり，試し練りを行う際の参考になり得る数値としてみることができる．

1章　タイプ1の配合設計の例

［指針（案）：施工標準］の**解説 図4.2.1**に示す配合設計の手順，**1章**，**2章**，**3章**および**4章**の**4.3～4.5**に従って設計したタイプ1の締固めを必要とする高流動コンクリートの配合設計の例を以下に示す．

1.1　配合設計

(1)　施工の諸条件（構造条件，施工条件，環境条件）の確認

表1.1に施工の諸条件を示す．

表1.1　施工の諸条件

構造条件	構造物の種類	場所打函渠
	構造形式	一連ボックスカルバート
	鋼材の最小あき	250mm 程度
	鋼材量	60kg/m^3
施工条件	打込み位置の間隔	6.0m 以下
	最大自由落下高さ	1.5m 以下
	圧送条件	ポンプ車のブームによる打込み，圧送速度 30m^3/h
	打込み終了までの最長時間	製造後 60 分（プラント～現場：片道 30 分）
環境条件	建設場所	海岸線から内陸へ 5km 以上離れた山間部（飛来塩分の影響なし）
	打込み時期	10 月（平均気温 23℃）

(2)　タイプの選定

打込みおよび締固め作業の軽減を目的として，［指針（案）：施工標準］の**1章**に従ってタイプ1を選定した．

(3)　フレッシュコンクリートの品質の選定

［指針（案）：施工標準］の**解説 表 2.1.1** に従い，打込み箇所におけるフレッシュコンクリートの品質の目標値を以下のように選定した．

(a) スランプフロー　：450mm（JIS A 1150）

(b) 粗骨材量比率　：40%以上（JSCE-F 702-2022）

(c) 間隙通過速度　：15mm/s 以上（JSCE-F 701-2022）附属書 1（規定）

(4)　コンクリートの特性値・設計図書の参考値の確認

(a) 強度　：設計基準強度 f'_{ck}=24N/mm^2（材齢 28 日）

(b) 物質の透過に対する抵抗性　：水セメント比 55%以下

(5)　使用材料の選定

［指針（案）：施工標準］の 3 章を参照して選定した使用材料を**表 1.2** に示す．セメントは，設計図書より普通ポルトランドセメントとし，骨材は，コンクリートを製造するレディーミクストコンクリート工場にて日常用いている細骨材と粗骨材を使用し，高性能 AE 減水剤はポリカルボン酸系のものを選定した．なお，後述する材料分離抵抗性の付与において，単位粉体量の確保による場合と，増粘剤含有高性能 AE 減水剤の使用による場合の 2 つの方法がある．単位粉体量の確保による場合は 1.2 を，増粘剤含有高性能 AE 減水剤の使用による場合は 1.3 を参照のこと．

表 1.2　使用材料の一覧

材料		仕様	
セメント		普通ポルトランドセメント	密度 3.16cm^3，比表面積 3350cm^2/g
骨材	細骨材	砕砂	表乾密度 2.63g/cm^3，粗粒率 3.01
		砂	表乾密度 2.63 g/cm^3，粗粒率 1.57
	粗骨材	砕石 2005	表乾密度 2.64 g/cm^3，実積率 60.7%
混和剤		ポリカルボン酸系高性能 AE 減水剤（1.2 単位粉体量の確保による場合） ポリカルボン酸系増粘剤含有高性能 AE 減水剤（1.3 増粘剤含有高性能 AE 減水剤の使用による場合）	

※ 砕砂と砂の混合比率は質量比で 0.75：0.25

(6)　配合条件の設定

［指針（案）：施工標準］の 4.3 を参考に設定した配合条件を**表 1.3** に示す．

配合設計における目標スランプフローとなる荷卸し箇所の目標スランプフローは，4.3.1 を参考に，圧送による低下を 30mm 見込むこととし，480mm とした．

ここで，レディーミクストコンクリート工場の圧縮強度の変動係数を 10%，圧縮強度とセメント水比の関係式を f'_{28}= -18.5＋28.0C/W とする．2017 年制定コンクリート標準示方書[施工編：施工標準]4.5.3 より，圧縮強度の変動係数から割増し係数 α は 1.2 となり，配合強度は f'_{cr}=28.8N/mm^2 となる．また，これを圧縮強度とセメント水比の関係式に代入して C/W を求めると C/W＝1.689 となり，水結合材比（水セメント比）は 59.2%となる．前述のとおり，物質の透過に対する抵抗性の観点から求められる水セメント比は 55%以下であるので，最小のものを選択し，水結合材比は55%とする．

表 1.3　配合条件

粗骨材の最大寸法	20mm
スランプフロー（荷卸し箇所）	480mm
粗骨材量比率（荷卸し箇所）	40%以上
間隙通過速度（荷卸し箇所）	15mm/s 以上
配合強度	28.8N/mm^2
水結合材比	55%
空気量	4.5%

1.2　試し練り（材料分離抵抗性の付与が単位粉体量の確保による場合）

(1)　配合要因の設定

［指針（案）：施工標準］の **4.4.1** を参考に設定した各配合要因の値を**表 1.4** に示す．

使用する骨材が砕砂および砕石であることから，単位水量は 175kg/m^3 とした．単位粉体量は，タイプ 1 のコンクリートにおいては実績として 350～450 kg/m^3 程度としているものが多いことから 350 kg/m^3 とした．なお，これにより，水結合材比は配合条件として設定した 55%よりも低い 50%となる．

細骨材率は，タイプ 1 のコンクリートの標準的な範囲がおおよそ 45～55%程度であることから 50%とした．また，混和剤（高性能 AE 減水剤）の使用量は製造メーカの推奨値を参考に 4.55 kg/m^3（添加率は単位セメント量の 1.3%）とした．

表 1.4　配合要因の設定値

単位水量	175kg/m^3
単位粉体量	350kg/m^3
細骨材率	50%
混和剤の使用量	4.55kg/m^3 （添加率 C×1.3%）

(2) 配合の算定

以上の結果から，配合は，**表 1.5** に示すとおりとなる．

表 1.5 初期配合

粗骨材の最大寸法 (mm)	タイプ	スランプフロー (mm)	空気量 (%)	水セメント比 W/C (%)	細骨材率 s/a (%)	単位量(kg/m³) 水 W	セメント C	混和材 F	細骨材 S1	細骨材 S2	粗骨材 G	混和剤 A
20	1	480	4.5	50.0	50.0	175	350	—	660	220	883	4.55

(3) 練混ぜおよび品質試験

設定した配合を練り混ぜてコンクリートの品質試験を行った結果を**表 1.6** に示す（試験温度 20°C）．なお，この品質試験においては，スランプフローは目標値の±20mm，空気量は目標値の±0.5%を合格と判定する．

● 1 回目

表 1.6 品質試験結果（1 回目）

試験項目	目標値	結果	合否
スランプフロー	480mm	440mm	NG
粗骨材量比率	40%以上	90%	OK
間隙通過速度	15mm/s 以上	11.1mm/s	NG
空気量	4.5%	4.1%	OK

間隙通過速度が 11.1mm/s であり，材料分離が生じていると判断されることから，単位セメント量を 380kg/m³（＋30kg/m³）として再度練混ぜを行う．なお，1 回目では，スランプフローの値も目標値に対して小さいが，上記の単位セメント量の増加に伴ってペースト量が増え骨材量が減ることから，スランプフローは増大することが考えられる．そのため，単位水量および高性能 AE 減水剤の添加率は変更しない（高性能 AE 減水剤の使用量としては 4.55kg/m³ から 4.94kg/m³ に増加する）．また，単位セメント量の増加により，水結合材比は配合条件として設定した 55%よりも低い 46.1%となる．修正配合を**表 1.7** に，コンクリートの品質試験結果を**表 1.8** に示す．

● 2 回目

表 1.7 修正配合

粗骨材の最大寸法 (mm)	タイプ	スランプフロー (mm)	空気量 (%)	水セメント比 W/C (%)	細骨材率 s/a (%)	単位量(kg/m³) 水 W	セメント C	混和材 F	細骨材 S1	細骨材 S2	粗骨材 G	混和剤 A
20	1	480	4.5	46.1	50.0	175	380	—	651	217	871	4.94

表 1.8 品質試験結果（2 回目）

試験項目	目標値	結果	合否
スランプフロー	480mm	485mm	OK
粗骨材量比率	40%以上	89%	OK
間隙通過速度	15mm/s 以上	46.2mm/s	OK
空気量	4.5%	4.8%	OK

すべての項目について目標値を満足することを確認した．また，所定の圧縮強度を満足することを確認した．

(4) スランプフローの許容範囲の設定

品質試験では，所定の材料分離抵抗性を満足するスランプフローの許容範囲を定める必要がある．特に，スランプフローが流動性の目標値よりも大きくなった，より材料分離を生じやすい状況にある場合にも所定の材料分離抵抗性を満足するように，品質試験において所定の粗骨材量比率および間隙通過速度を満足することを確認して，品質変動の指標としてのスランプフローの許容差の上限を定めることが重要である．

表 1.7 に示した配合に対して，細骨材表面水率の 1.0%に相当する 8.7kg/m^3 の水を外割で増加（単位水量のみ 183.7 kg/m^3 とし，他の単位量は変更しない）させ，再び練り混ぜて品質試験を行った．

表 1.9 品質試験結果（3 回目：加水によるスランプフロー許容範囲の確認）

試験項目	目標値	結果	合否
スランプフロー	480mm	560mm	OK※
粗骨材量比率	40%以上	83%	OK
間隙通過速度	15mm/s 以上	18.0mm/s	OK
空気量	4.5%	4.3%	OK

スランプフローは 560mm となり，スランプフローの目標値に対する増大量は 560 mm－480 mm＝80mm であったが，所定の粗骨材量比率および間隙通過速度を満足することを確認した．この結果から，スランプフローの許容差として 75 mm を設定し，480 ± 75 mm とする．

※［指針（案）：施工標準］では，スランプフローを増大させたときに，粗骨材量比率および間隙通過速度が所定の値を満足することが確認できた場合の許容差の最大が 100 mm となっていることから，合格と判定している．

(5)　計画配合の作成

試し練りにより最終的に選定した計画配合を**表 1. 10** に示す.

表 1. 10　計画配合

粗骨材の最大寸法 (mm)	タイプ	スランプフロー (mm)	粗骨材量比率 (%)	間隙通過速度 (mm/s)	空気量 (%)	水セメント比 *W/C* (%)	細骨材率 *s/a* (%)
20	1	480	40	15	4.5	46.1	50.0

単位量(kg/m³)						
水	セメント	混和材	細骨材		粗骨材	混和剤
W	*C*	*F*	*S1*	*S2*	*G*	*A*
175	380	—	651	217	871	4.94

注 1）高性能 AE 減水剤の使用量は，kg/m³ およびセメントに対する質量百分率で表し，単位水量の一部となる.

1.3　試し練り（材料分離抵抗性の付与が増粘剤含有高性能AE減水剤の使用による場合）

(1)　配合要因の設定

［指針（案）：施工標準］の4.4.1を参考に設定した各配合要因の値を**表1.11**に示す．

使用する骨材が砕砂および砕石であることから，単位水量は175kg/m³とした．単位粉体量は，タイプ1のコンクリートにおいては実績として350～450 kg/m³程度としているものが多いことから，350 kg/m³とした．なお，これにより，水結合材比は配合条件として設定した55%よりも低い50%となる．

細骨材率は，タイプ1のコンクリートの標準的な範囲がおおよそ45～55%程度であることから50%とした．また，混和剤（増粘剤含有高性能AE減水剤）の使用量は製造メーカの推奨値を参考に3.85 kg/m³（添加率は単位セメント量の1.1%）とした．

表1.11　配合要因の設定値

単位水量	175kg/m³
単位粉体量	350kg/m³
細骨材率	50%
混和剤の使用量	3.85kg/m³ （添加率 C×1.1%）

(2)　配合の算定

以上の結果から，配合は，**表1.12**に示すとおりとなる．

表1.12　初期配合

粗骨材の最大寸法 (mm)	タイプ	スランプフロー (mm)	空気量 (%)	水セメント比 W/C (%)	細骨材率 s/a (%)	単位量(kg/m³) 水 W	セメント C	混和材 F	細骨材 S1	細骨材 S2	粗骨材 G	混和剤 A
20	1	480	4.5	50.0	50.0	175	350	—	660	220	883	3.85

(3)　練混ぜおよび品質試験

設定した配合を練り混ぜてコンクリートの品質試験を行った結果を**表1.13**に示す（試験温度20°C）．なお，この品質試験においては，スランプフローは目標値の±20mm，空気量は目標値の±0.5%を合格と判定する．

- 1回目

表 1.13　品質試験結果（1回目）

試験項目	目標値	結果	合否
スランプフロー	480mm	430mm	NG
粗骨材量比率	40%以上	88%	OK
間隙通過速度	15mm/s 以上	14.0mm/s	NG
空気量	4.5%	4.3%	OK

スランプフローの値が目標値に対して小さく，間隙通過速度が 14.0mm/s であり，やや材料分離が生じていると判断されることから，単位セメント量を 360kg/m³（＋10kg/m³）とするとともに，増粘剤含有高性能 AE 減水剤の使用量を 1.2%に増加して，再度練混ぜを行う．なお，単位セメント量の増加により，水結合材比は配合条件として設定した55%よりも低い48.6%となる．修正配合を**表 1. 14** に，コンクリートの品質試験結果を**表 1. 15** に示す．

- 2回目

表 1. 14　修正配合

粗骨材の最大寸法	タイプ	スランプフロー	空気量	水セメント比 *W/C*	細骨材率 *s/a*	単位量(kg/m³)						
						水	セメント	混和材	細骨材		粗骨材	混和剤
(mm)		(mm)	(%)	(%)	(%)	*W*	*C*	*F*	*S1*	*S2*	*G*	*A*
20	1	480	4.5	48.6	50.0	175	360	—	657	219	879	4.32

表 1. 15　品質試験結果（2回目）

試験項目	目標値	結果	合否
スランプフロー	480mm	490mm	OK
粗骨材量比率	40%以上	92%	OK
間隙通過速度	15mm/s 以上	39.5mm/s	OK
空気量	4.5%	4.4%	OK

すべての項目について目標値を満足することを確認した．また，所定の圧縮強度を満足することを確認した．

(4)　スランプフローの許容範囲の設定

品質試験では，所定の材料分離抵抗性を満足するスランプフローの許容範囲を定める必要がある．特に，スランプフローが流動性の目標値よりも大きくなった，より材料分離を生じやすい状況にある場合にも所定の材料分離抵抗性を満足するように，品質試験において所定の粗骨材量比率および間隙通過速度を満足することを確認して，品質変動の指標としてのスランプフローの許容差の上限を定めることが重要である．

表 1. 14 に示した配合に対して，細骨材表面水率の 1.0%に相当する 8.8kg/m³ の水を外割で増加（単位水量のみ 183.8 kg/m³ とし，他の単位量は変更しない）させ，再び練り混ぜて品質試験を行った．

表 1.16　品質試験結果（3 回目：加水によるスランプフロー許容範囲の確認）

試験項目	目標値	結果	合否
スランプフロー	480mm	555mm	OK※
粗骨材量比率	40%以上	81%	OK
間隙通過速度	15mm/s 以上	16.4mm/s	OK
空気量	4.5%	4.0%	OK

スランプフローは 555mm となり，スランプフローの目標値に対する増大量は 555 mm－480 mm＝75mm であったが，所定の粗骨材量比率および間隙通過速度を満足することを確認した．この結果から，スランプフローの許容差として 75 mm を設定し，480 ± 75 mm とする．

※［指針（案）：施工標準］では，スランプフローを増大させたときに，粗骨材量比率および間隙通過速度が所定の値を満足することが確認できた場合の許容差の最大が 100 mm となっていることから，合格と判定している．

(5)　計画配合の作成

試し練りにより最終的に選定した計画配合を表 1.17 に示す．

表 1.17　計画配合

粗骨材の最大寸法 (mm)	タイプ	スランプフロー (mm)	粗骨材量比率 (%)	間隙通過速度 (mm/s)	空気量 (%)	水セメント比 *W/C* (%)	細骨材率 *s/a* (%)
20	1	480	40	15	4.5	48.6	50.0

単位量(kg/m^3)						
水	セメント	混和材	細骨材		粗骨材	混和剤
W	*C*	*F*	*S1*	*S2*	*G*	*A*
175	360	—	657	219	879	4.32

注 1）高性能 AE 減水剤の使用量は，kg/m^3 およびセメントに対する質量百分率で表し，単位水量の一部となる．

2章　タイプ2の配合設計の例

［指針（案）：施工標準］の**解説 図5.2.1**に示す配合設計の手順，**1章**，**2章**，**3章**および**5章**の**5.3～5.5**に従って設計したタイプ2の締固めを必要とする高流動コンクリートの配合設計の例を以下に示す．

2.1　配合設計

(1)　施工の諸条件（構造条件，施工条件，環境条件）の確認

表2.1に施工の諸条件を示す．

表2.1　施工の諸条件

構造条件	構造物の種類	鉄道高架橋
	構造形式	柱との接合部を含むはり部材
	鋼材の最小あき	80mm程度
	鋼材量	150kg/m^3
施工条件	打込み位置の間隔	5.0m以下
	最大自由落下高さ	1.5m以下
	圧送条件	圧送距離50m程度，圧送速度25m^3/h
	打込み終了までの最長時間	製造後60分（プラント～現場：片道30分）
環境	建設場所	内陸の市街地
	打込み時期	5月（平均気温24℃）

(2)　タイプの選定

鋼材の最小あきが80mm程度であり，高密度配筋部への充填性を確保する必要があることから，［指針（案）：施工標準］の**1章**に従ってタイプ2を選定した．

(3)　フレッシュコンクリートの品質の選定

［指針（案）：施工標準］の**解説 表2.1.1**に従い，打込み箇所におけるフレッシュコンクリートの品質の目標値を以下のように選定した．

(a) スランプフロー　：550mm（JIS A 1150）
(b) 粗骨材量比率　：40%以上（JSCE-F 702-2022）
(c) 間隙通過速度　：40mm/s以上（JSCE-F 701-2022）附属書1（規定）

(4)　コンクリートの特性値・設計図書の参考値の確認

(a) 強度　：設計基準強度f'_{ck}=30N/mm^2（材齢28日）
(b) 物質の透過に対する抵抗性　：水セメント比55%以下

(5) 使用材料の選定

［指針（案）：施工標準］の**3章**を参照して選定した使用材料を**表2.2**に示す．セメントは，設計図書より普通ポルトランドセメントとし，骨材は，コンクリートを製造するレディーミクストコンクリート工場にて日常用いている細骨材と粗骨材を使用し，高性能 AE 減水剤はポリカルボン酸系で増粘剤を含有したものを選定した．なお，後述する材料分離抵抗性の付与において，単位粉体量の確保による場合と，増粘剤含有高性能 AE 減水剤の使用による場合の 2 つの方法がある．ここでは，増粘剤含有高性能 AE 減水剤の使用による場合の例を示す．単位粉体量の確保による場合は**1.2**を参考にするとよい．

表2.2　使用材料の一覧

材料		仕様	
セメント		普通ポルトランドセメント	密度 3.16cm^3，比表面積 4050cm^2/g
骨材	細骨材	山砂	表乾密度 2.58 g/cm^3，粗粒率 2.76
	粗骨材	砕石(砂岩)	表乾密度 2.65 g/cm^3，実積率 60.6%
混和剤		ポリカルボン酸系増粘剤含有高性能 AE 減水剤	

(6) 配合条件の設定

［指針（案）：施工標準］の**5.3**を参考に設定した配合条件を**表2.3**に示す．

配合設計における目標スランプフローとなる荷卸し箇所の目標スランプフローは，**5.3.1** を参考に，圧送による低下はほとんどないものと想定し，打込み箇所と同じ 550mm とした．

ここで，レディーミクストコンクリート工場の圧縮強度の変動係数を 10%，圧縮強度とセメント水比の関係式をf'_{28}= -18.5＋28.1C/W とする．2017 年制定コンクリート標準示方書[施工編：施工標準]**4.5.3** より，圧縮強度の変動係数から割増し係数 α は 1.2 となり，配合強度はf'_{cr}=36.0 N/mm^2 となる．また，これを圧縮強度とセメント水比の関係式に代入して C/W を求めると C/W＝1.940 となり，水結合材比（水セメント比）は 51.5%となる．前述のとおり，物質の透過に対する抵抗性の観点から求められる水セメント比は 55%以下であるので，最小のものを選択し，水結合材比は 51.5%とする．

表2.3　配合条件

粗骨材の最大寸法	20mm
スランプフロー（荷卸し箇所）	550mm
粗骨材量比率（荷卸し箇所）	40%以上
間隙通過速度（荷卸し箇所）	40mm/s 以上
配合強度	36.0N/mm^2
水結合材比	51.5%
空気量	4.5%

2.2　試し練り（材料分離抵抗性の付与が増粘剤含有高性能 AE 減水剤の使用による場合）

(1)　配合要因の設定

［指針（案）：施工標準］の 5.4.1 を参考に設定した各配合要因の値を**表 2.4** に示す.

単位粗骨材絶対容積は，タイプ 2 のコンクリートにおける標準値が 0.30～0.33m^3/m^3 程度であることから 0.32m^3/m^3 とした.単位水量は，使用する骨材が砕砂および砕石であることから，175kg/m^3 とした．単位粉体量は，タイプ 2 のコンクリートにおける増粘剤を使用する場合の実績として 350～400 kg/m^3 程度としているものが多いことから 350 kg/m^3 とした．なお，これにより，水結合材比は配合条件として設定した 51.5%よりも低い 50%となる．また，混和剤（増粘剤含有高性能 AE 減水剤）の使用量は製造メーカの推奨値を参考に 1.2%とした.

表 2.4　配合要因の設定値

単位粗骨材絶対容積	0.32m^3/m^3
単位水量	175kg/m^3
単位粉体量	350kg/m^3
混和剤の使用量	4.20kg/m^3 （添加率 C×1.2%）

(2)　配合の算定

以上の結果から，配合は，**表 2.5** に示すとおりとなる.

表 2.5　初期配合

粗骨材の最大寸法	タイプ	スランプフロー	空気量	水セメント比 *W/C*	単位粗骨材絶対容積	単位量(kg/m^3)					
						水	セメント	混和材	細骨材	粗骨材	混和剤
(mm)		(mm)	(%)	(%)	(m^3/m^3)	*W*	*C*	*F*	*S*	*G*	*A*
20	2	550	4.5	50.0	0.320	175	350	—	901	848	4.20

(3)　練混ぜおよび品質試験

設定した配合を練り混ぜてコンクリートの品質試験を行った結果を**表 2.6** に示す（試験温度 20°C）．なお，この品質試験においては，スランプフローは目標値の±20mm，空気量は目標値の±0.5%を合格と判定する.

● 1回目

表 2.6 品質試験結果（1回目）

試験項目	目標値	結果	合否
スランプフロー	550mm	535mm	OK
粗骨材量比率	40%以上	92%	OK
間隙通過速度	40mm/s 以上	22.0mm/s	NG
空気量	4.5%	3.8%	OK

スランプフローの値は目標値の範囲内であるが，間隙通過速度が 22.0mm/s であり，材料分離が生じていると判断されることから，単位セメント量を 370kg/m^3（＋20kg/m^3）とするとともに，増粘剤含有高性能 AE 減水剤の使用量を 1.3%に増加して，再度練混ぜを行う．なお，単位セメント量の増加により，水結合材比は配合条件として設定した 55%よりも低い 47.2%となる．修正配合を**表 2.7** に，コンクリートの品質試験結果を**表 2.8** に示す．

● 2回目

表 2.7 修正配合

粗骨材の最大寸法 (mm)	タイプ	スランプフロー (mm)	空気量 (%)	水セメント比 *W/C* (%)	単位粗骨材絶対容積 (m^3/m^3)	単位量(kg/m^3)					
						水 *W*	セメント *C*	混和材 *F*	細骨材 *S*	粗骨材 *G*	混和剤 *A*
20	2	550	4.5	47.2	0.320	175	370	—	885	848	4.81

表 2.8 品質試験結果（2回目）

試験項目	目標値	結果	合否
スランプフロー	550mm	560mm	OK
粗骨材量比率	40%以上	102%	OK
間隙通過速度	40mm/s 以上	102.8mm/s	OK
空気量	4.5%	4.7%	OK

すべての項目について目標値を満足することを確認した．また，所定の圧縮強度を満足することを確認した．

(4) スランプフローの許容範囲の設定

品質試験では，所定の材料分離抵抗性を満足するスランプフローの許容範囲を定める必要がある．特に，スランプフローが流動性の目標値よりも大きくなった，より材料分離を生じやすい状況にある場合にも所定の材料分離抵抗性を満足するように，品質試験において所定の粗骨材量比率および間隙通過速度を満足することを確認して，品質変動の指標としてのスランプフローの許容差の上限を定めることが重要である．

表 2.7 に示した配合に対して，細骨材表面水率の 1.0%に相当する 8.9kg/m^3 の水を外割で増加（単位水量のみ

183.9 kg/m^{3}とし，他の単位量は変更しない）させ，再び練り混ぜて品質試験を行った．

表 2.9　品質試験結果（3 回目：加水によるスランプフロー許容範囲の確認）

試験項目	目標値	結果	合否
スランプフロー	550mm	630mm	OK※
粗骨材量比率	40%以上	89%	OK
間隙通過速度	40mm/s 以上	42.6mm/s	OK
空気量	4.5%	4.1%	OK

スランプフローは 630mm となり，スランプフローの目標値に対する増大量は 630 mm－550 mm＝80mm であったが，所定の粗骨材量比率および間隙通過速度を満足することを確認した．この結果から，スランプフローの許容差として 75 mm を設定し，550 ± 75mm とする．

※［指針（案）：施工標準］では，スランプフローを増大させたときに，粗骨材量比率および間隙通過速度が所定の値を満足することが確認できた場合の許容差の最大が 100 mm となっていることから，合格と判定している．

(5)　計画配合の作成

試し練りにより最終的に選定した計画配合を表 2.10 に示す．

表 2.10　計画配合

粗骨材の最大寸法 (mm)	タイプ	スランプフロー (mm)	粗骨材量比率 (%)	間隙通過速度 (mm/s)	空気量 (%)	水セメント比 W/C (%)	単位粗骨材絶対容積 (m^3/m^3)
20	2	550	40	40	4.5	47.2	0.320

単位量(kg/m^3)					
水 W	セメント C	混和材 F	細骨材 S	粗骨材 G	混和剤 A
175	370	—	885	848	4.81

注 1）増粘剤含有高性能 AE 減水剤の使用量は，kg/m^{3}およびセメントに対する質量百分率で表し，単位水量の一部となる．

Ⅳ編　土木学会規準の改訂および制定にかかわる資料

この［指針（案）：施工標準］では，施工方法およびフレッシュコンクリートの品質の組合せを設定することで，構造体中の硬化コンクリートの均質性を確保し，これにより均質度に対する照査を実施しているとみなしている．このとき，フレッシュコンクリートの品質は，スランプフロー，間隙通過速度および粗骨材量比率で評価する枠組みとしている．このうち，間隙通過速度については，「ボックス形容器を用いた加振時のコンクリートの間隙通過性試験方法（案）（JSCE-F 701-2018）」を改訂し，粗骨材量比率については，「加振を行ったコンクリート中の粗骨材量試験方法（案）（JSCE-F 702-2022）」を新たに規準化した．ここでは，これらの規準（案）の解説を示す．

ボックス形容器を用いた加振時のコンクリートの間隙通過性試験方法（案）（JSCE-F701-2018）の改訂

1．改訂の趣旨および経緯

2019年にJIS A 5308が改正され，粗骨材の最大寸法20 mm，25 mmの普通コンクリートに対して，スランプフロー45 cm，50 cm，55 cm，60 cmがレディーミクストコンクリートの種類および区分に追加された．これに対して，2017年制定コンクリート標準示方書［施工編］では，スランプフローで管理するコンクリートとしては，特殊コンクリートとして，高流動コンクリートと高強度コンクリートの技術情報が整備されている．ここで，JIS A 5308：2019で追加された普通コンクリートに対して，スランプフローの値だけでコンクリート標準示方書との対応を整理すると，スランプフロー60 cmのコンクリートは自己充塡性を有する高流動コンクリートの自己充塡性ランク3に該当し，スランプフロー45 cm，50 cm，55 cmのコンクリートは締固めを必要とする高流動コンクリートに該当する．ただし，［施工編：特殊コンクリート］の高流動コンクリートでは，流動性がスランプフローで管理されるコンクリートのうち，締固めを必要とするコンクリートを「締固めを必要とする高流動コンクリート」と表記しているが，その具体的な技術情報は未整備であった．

このような状況に鑑み，土木学会256委員会「締固めを必要とする高流動コンクリートの施工に関する研究小委員会」では，「締固めを必要とする高流動コンクリートの配合設計・施工指針（案）」の制定を目指して検討を進めてきた．スランプで管理されるコンクリートに比べて，流動性の高い締固めを必要とする高流動コンクリートでは，振動締固めをうけたコンクリートが鋼材間を流動する際に材料分離が生じやすいことが考えられた．そこで，「ボックス形容器を用いた加振時のコンクリートの間隙通過性試験方法（案）（JSCE-F 701-2018）」に従って試験を実施してみたが，仕切りゲートを開いたときにB室正面における試料高さが190 mmを超えたため，間隙通過速度を得ることができなかった．

このような経緯から，B室正面における試料高さが190 mmを超える場合の試験方法として，容器の仕切りゲートを引き上げると同時にバイブレータを始動させる方法を検討した．この試験方法の改訂では，従来の試験方法（以下，従来法）に加えて，新たに規定した試験方法（以下，附属書1法）を附属書1とした．これに伴い，JSCE-F 701の7.2　**必要に応じて報告する事項**に，「ｆ）バイブレータを始動させた時期」を追加しているが，これは，実施した試験が，従来法または附属書1法で実施したかをわかるようにするためである．

なお，今回の改訂は，JSCE-F 701に附属書1を追加するものであるが，それに伴い実施した審議において，JSCE-F 701の5．ｇ）にある「B室正面において試料の高さが190 mmおよび300 mmに達するまでの時間」の測定方法の記述について指摘を受けた．例えば，190 mmに達する時間の測定にあたり，通過するコンクリートの先端の時間，平均的な高さが通過した時間，または面全体が通過した時間のいずれかを選択するかによって結果は異なる．ただし，この試験で得られる値は間隙通過速度であるため，190 mmと300 mmに達するまでの時間の測定方法が同じであれば，大きな問題は生じないと考えられる．そのため，規準の文章は改訂していないが，測定にあたっては留意するとよい．なお，試料が190 mmまたは300 mmを通過し，かつ目視による通過したタイミングの判定のしやすさを考慮すると，全体が通過した時間とするのがよいと考えられる．

2．審議中に問題になった事項

2.1　適用範囲について

本規準（案）の附属書1では，B室正面における試料高さが190 mmを超える場合を適用範囲としている．ここでは，従来法でB室正面における試料高さが190 mmを超えないコンクリートに対する附属書1法の適用性について試験を行い，本規準（案）の適用範囲を検討した．なお，本規準（案）の適用範囲に記されているように，この試験の目的は，バイブレータによる加振を受けたコンクリートが鋼材間を流動する際の間隙通過性を把握するものであり，バイブレータをコンクリートの横移動のために使用してはならないことは，コンクリート標準示方書［施工編：施工標準］の記述のとおりであることに注意されたい．

スランプ 12 cm のコンクリートを対象に従来法と附属書 1 法の測定結果を比較した．使用材料および配合を**解表 2.1** および**解表 2.2** に示す．フレッシュコンクリートの試験結果を**解表 2.3** に，従来法と附属書 1 法での測定結果を**解表 2.4** に示す．結果を見ると，方法によらず，S2・G2（山砂，石灰岩砕石，単位セメント量 280 kg/m³）の方が S1・G1（砕砂，硬質砂岩砕石，単位セメント量 330 kg/m³）に比べて間隙通過速度は大きく，B 室から採取した試料の粗骨材量比率も大きい結果となり，異なる材料および配合について，それぞれの試験方法を用いて相対的に特徴を比較することは可能であると考えられる．ただし，S1・G1 では，従来法よりも附属書 1 法の間隙通過速度が若干大きいあるいは同等程度であるのに対して，S2・G2 では，従来法の間隙通過速度が附属書 1 法に比べて明らかに大きくなっており，異なる材料および配合に対する異なる試験方法の相関関係は必ずしも明確ではない．

解表 2.1　使用材料（従来法と附属書 1 法の比較）

材料	記号	内容
水	W	上水道水
セメント	C	普通ポルトランドセメント：密度 3.16 g/cm³
細骨材	S1	砕砂：東京都八王子市，表乾密度：2.61 g/cm³，F.M.：2.99
	S2	山砂：千葉県富津市 表乾密度 2.61 g/cm³，F.M. 2.60
粗骨材	G1	硬質砂岩砕石 2005，東京都八王子市，表乾密度：2.64 g/cm³，実積率 59.4 %
	G2	石灰岩砕石 2005：高知県吾川郡 表乾密度 2.70 g/cm³，実積率 61.0 %
化学混和剤	AD	AE 減水剤　標準形
	AE	AE 剤

解表 2.2　配合（従来法と附属書 1 法の比較）

種別	W/C	s/a	単位量 (kg/m³)							
	(%)	(%)	W	C	S1	S2	G1	G2	AD	AE
S1・G1	50.0	47.0	165	330	835	-	952	-	4.13	1.00
S2・G2			140	280	-	885	-	1032	5.60	0.14

解表 2.3　フレッシュコンクリート試験結果（従来法と附属書 1 法の比較）

種別	目標スランプ(cm)	スランプ(cm)	目標空気量(%)	空気量(%)	コンクリート温度 (℃)
S1・G1	12±2.5	13.0	4.5±1.5	4.9	21.0
S2・G2		13.0		4.4	22.0

解表 2.4　測定結果（従来法と附属書 1 法の比較）

ケース		190mm 到達時間(秒)	300mm 到達時間(秒)	間隙通過速度(mm/s)	B 室から採取した試料の粗骨材量比率(%)
S1・G1	従来法	9.3	18.4	12.2	79
	附属書 1 法	3.7	12.2	13.0	83
S2・G2	従来法	3.8	7.1	33.4	102
	附属書 1 法	5.5	10.8	20.7	98

各種配合に対して附属書 1 法で実施した結果を示す．使用材料および配合を**解表 2.5** および**解表 2.6** に示す．No.1～No.5 はスランプで管理されるコンクリートを，No.6～No.10 はスランプフローで管理されるコンクリートを対象としている．測定結果を**解表 2.7** に示す．なお，従来法では加振時間が 4 分（240 秒）に達した場合は測定不能という判断になるが，ここでは，300 mm に到達するまで加振を継続した．No.1～No.5 までのスランプで管理されるコンクリートの場合，300 mm 到達時間が最小でも 53 秒程度となり，前述した**解表 2.4** の結果を比較すると加振時間が長いことがわかる．一方で No.6～No.10 のスランプフローで管理されるコンクリートの場合，粗骨材量比率が 90 %を超える場合には 300 mm 到達時間が 10～13 秒程度であり，前述した**解表 2.4** の結果と同等の結果を示している．スランプが比較的小さい場合で附属書 1 法の試験で実施すると，加振時間が極端に長くなる場合が生じてしまうのは，仕切りゲートの開放とバイブレータのタイミングの多少のずれ等によって，骨材のかみ合いが生じること等が影響していると考えられるが，その要因については引き続き検討が必要であると考えられる．

以上のことから，現時点では，従来法により B 室正面における試料高さが 190 mm を超えないコンクリートに対して附属書 1 法を適用した場合の測定結果の位置づけが明確にはできず，引き続き検討が必要であると考えられるため，本規準（案）の附属書 1 では，B 室正面における試料高さが 190 mm を超える場合を適用範囲とした．

解表 2.5　使用材料（附属書 1 法）

材料	記号	内容
水	W	上水道水
セメント	C	普通ポルトランドセメント：密度 3.15g/cm³
細骨材	S1	多摩産砕砂：表乾密度 2.70g/cm³，F.M. 2.82
	S2	君津産山砂：表乾密度 2.57g/cm³，F.M. 1.52
粗骨材	G	多摩産砕石：表乾密度 2.67g/cm³，実積率 58.1%，F.M. 6.39
化学混和剤	Ad	高性能 AE 減水剤
	AE	AE 剤

解表 2.6　配合およびフレッシュコンクリートの試験結果（附属書 1 法）

No.	W/C (%)	s/a (%)	単位量 (kg/m³)							SL（No.1～5） SF（No.6～10）* (cm)	空気量 (%)
			W	C	S1	S2	G	Ad	AE		
1	55	47	175	318	543	303	961	0.95	1.59	9.5	3.9
2	55	47	180	327	537	300	950	0.65	1.64	11.5	3.8
3	55	45	165	300	532	297	1020	1.8	0.9	11.5	2.7
4	65	47	175	269	555	310	983	1.35	1.35	12.0	5.5
5	55	47	170	309	549	307	972	1.45	2.53	16.0	5.0
6	50	50	175	350	569	318	893	3.22	1.75	45	4.5
7	50	55	175	350	626	350	804	3.5	1.75	45	4.5
8	55	50	175	318	578	323	907	2.93	1.59	50	2.9
9	44	50	175	400	556	310	872	3.98	1.99	56	4.9
10	55	45	175	318	520	291	997	2.93	1.59	57	2.8

*：SL：スランプ，SF：スランプフロー

解表 2.7　測定結果（附属書 1 法）

No.	190mm 到達時間 (秒)	300mm 到達時間 (秒)	間隙通過速度 (mm/s)	B 室から採取した試料の粗骨材量比率 (%)
1	74.4	134.4	1.8	93
2	21.1	84.1	1.8	94
3	78.6	190.1	0.99	74
4	21.9	52.7	3.6	98
5	85.8	491.9	0.27	75
6	4.7	12.6	14.0	91
7	4.9	10.6	19.2	97
8	10.1	23.4	8.3	75
9	5.6	10.8	20.9	104
10	32.5	66.2	3.3	48

2.2　附属書 1 法の適用結果について

ここでは，土木学会 256 委員会に参画する各機関（全 23 機関）が保有する材料を使用して，附属書 1 法に従って試験を実施した．コンクリートの配合については，**解表 2.8** に示す材料条件で，**解表 2.9** に示す基準配合①～③の中から，各機関で粗骨材の沈降等の材料分離が生じていない良好な性状のコンクリートが得られる基準配合を選定した．なお，単位水量については 175 kg/m³ を基本とし，流動性は高性能 AE 減水剤の添加量で調整した．実験ケースは，**解表 2.9** の条件に基づいて選定した基準配合（基準配合①～③のうちのどれか 1 配合）から，**解**

表 2.10 に示すように単位セメント量（C 量），細骨材率（s/a）および混和剤種類を変更した．基準配合であるケース 1 から単位水量，細骨材率，混和剤の種類を一定にして，単位セメント量を 30 kg/m^3 増加させた配合をケース 2，30 kg/m^3 減少させた配合をケース 3 とし，基準配合から単位水量，単位セメント量，混和剤の種類を一定にして，細骨材率を 45 %にした配合をケース 4，ケース 3 の配合から混和剤の種類だけを高性能 AE 減水剤から増粘剤含有高性能 AE 減水剤に変えた配合をケース 5 とした．なお，混和剤の添加率を調整することで，全てのケースで目標スランプフローおよび目標空気量を満足させている．

解表 2.8　材料条件

項目	内容	備考
セメント	普通ポルトランドセメント	メーカ等は指定なし
練混ぜ水	各機関で使用している練混ぜ水	
骨材（細骨材，粗骨材）	各機関で使用している骨材	
混和剤	高性能 AE 減水剤 増粘剤含有高性能 AE 減水剤	メーカ等は指定なし

解表 2.9　配合条件

種類	目標スランプフロー (cm)	目標空気量 (%)	水セメント比 (%)	単位水量 (kg/m^3)	単位セメント量 (kg/m^3)	細骨材率 (%)
基準配合①	45±5，55±5	4.5±1.0	54.7	175	320	50
基準配合②			50.0	175	350	50
基準配合③			46.1	175	380	50

解表 2.10　配合条件

ケース No.	ケース 1	ケース 2	ケース 3	ケース 4	ケース 5
名称	基準配合	基準配合から C 量＋30 kg	基準配合から C 量－30 kg	基準配合から s/a＝45 %	ケース 3 から 混和剤を変更
予測される性状	良好	粘性大きい	粘性小さい 分離気味	粘性小さい 分離気味	良好 ケース 1 同程度
基準配合①	W　175 kg C　320 kg s/a　50 %	W　175 kg C　350 kg s/a　50 %	W　175 kg C　290 kg s/a　50 %	W　175 kg C　320 kg s/a　45 %	W　175 kg C　290 kg s/a　50 %
基準配合②	W　175 kg C　350 kg s/a　50 %	W　175 kg C　380 kg s/a　50 %	W　175 kg C　320 kg s/a　50 %	W　175 kg C　350 kg s/a　45 %	W　175 kg C　320 kg s/a　50 %
基準配合③	W　175 kg C　380 kg s/a　50 %	W　175 kg C　410 kg s/a　50 %	W　175 kg C　350 kg s/a　50 %	W　175 kg C　380 kg s/a　45 %	W　175 kg C　350 kg s/a　50 %

間隙通過速度とB室から採取した試料の粗骨材量比率の関係を**解図 2.1** に示す．間隙通過速度が小さい範囲において，B室から採取した試料の粗骨材量比率が小さくなる結果が得られていることがわかる．これは，粗骨材の分離によって，コンクリート全体の流動が阻害されたことによって間隙通過速度が小さくなったと考えられる．また，いずれの場合も，同じ目標スランプフローの範囲にあるコンクリートであっても，間隙通過速度とB室から採取した試料の粗骨材量比率の関係が異なることがわかる．すなわち，「ボックス形容器を用いた加振時のコンクリートの間隙通過性試験方法（案）（JSCE-F 701-2018）」の制定時に指摘されていた，スランプだけでフレッシュコンクリートの品質を評価することが難しいことについて，締固めを必要とする高流動コンクリートの場合も同様であることがわかる．

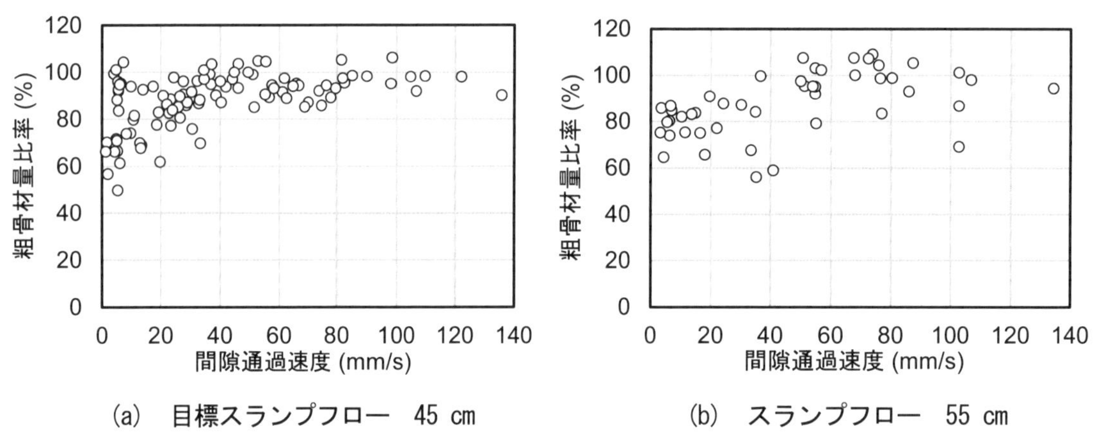

(a) 目標スランプフロー 45 cm　　(b) スランプフロー 55 cm

解図 2.1 間隙通過速度とB室から採取した試料の粗骨材量比率

加振を行ったコンクリート中の粗骨材量試験方法（案）（JSCE-F 702-2022）の制定

1．制定の趣旨および経緯

2019年にJIS A 5308が改正され，粗骨材の最大寸法20 mm，25 mmの普通コンクリートに対して，スランプフロー45 cm，50 cm，55 cm，60 cmがレディーミクストコンクリートの種類および区分に追加された．これに対して，2017年制定コンクリート標準示方書［施工編］では，スランプフローで管理するコンクリートとしては，特殊コンクリートとして，高流動コンクリートと高強度コンクリートの技術情報が整備されている．ここで，JIS A 5308：2019で追加された普通コンクリートに対して，スランプフローの値だけでコンクリート標準示方書との対応を整理すると，スランプフロー60 cmのコンクリートは自己充塡性を有する高流動コンクリートの自己充塡性ランク3に該当し，スランプフロー45 cm，50 cm，55 cmのコンクリートは締固めを必要とする高流動コンクリートに該当する．ただし，［施工編：特殊コンクリート］の高流動コンクリートでは，流動性がスランプフローで管理されるコンクリートのうち，締固めを必要とするコンクリートを「締固めを必要とする高流動コンクリート」と表記しているが，その具体的な技術情報は未整備であった．

このような状況に鑑み，土木学会256委員会「締固めを必要とする高流動コンクリートの施工に関する研究小委員会」では，「締固めを必要とする高流動コンクリートの配合設計・施工指針（案）」の制定を目指して検討を進めてきた．スランプで管理されるコンクリートに比べて，流動性の高い締固めを必要とする高流動コンクリートでは，振動締固めによる材料分離が生じやすいことが考えられた．ここで，［施工編：施工標準］で対象とするスランプで管理されるコンクリートは，一定以上の粉体量とすることによって所定の材料分離抵抗性を確保しているため，これまで，フレッシュコンクリートの材料分離を評価する試験方法の規準は制定されていなかった．

このような経緯から，締固めを必要とする高流動コンクリートにおいて，振動に伴い鉛直方向に生じるフレッシュコンクリート中の材料の分離性状を把握する試験方法として，本規準を制定するに至った．なお，フレッシュコンクリート中の材料の分離の評価指標は，「ボックス形容器を用いた加振時のコンクリートの間隙通過性試験方法（案）（JSCE-F 701-2018）」を参考に，粗骨材量比率を用いることとした．

2．審議中に問題になった事項

2.1 適用範囲について

本規準（案）では，粗骨材の最大寸法が20 mmまたは25 mmの締固めを必要とする高流動コンクリートを適用の範囲としている．これは，2.3.1に示すように，本規準（案）で対象とするコンクリートよりも流動性が低いコンクリートに対して，適切な試験条件を設定できなかったことによる．

2.2 試験用器具について

2.2.1 容器について

本規準（案）では，試験に用いる容器としては，JIS Z 1620の20 Lの2号に適合するものを標準としている．ここでは，容器の材質や形状が測定結果に与える影響について検討した．

検討に使用した容器を**解図2.1**に示す．**解図2.1(a)**はJIS Z 1620に準拠した鋼製のペール缶（内径270 mm，高さ370 mm），**解図2.1(b)**はプラスチック製の容器（内径270 mm，高さ380 mm），**解図2.1(c)**はバケツ（内径上面320 mm，内径底面250 mm，高さ315 mm）である．各容器における試料の充塡高さは，鋼製のペール缶とプラスチック製容器の場合は350 mm，バケツの場合310 mmで試験を行った．試験手順は，本規準（案）と同様で実施した．**解表 2.1** に使用材料を，**解表 2.2** に配合を示す．

(a)　JIS 準拠の鋼製ペール缶

(b)　プラスチック製容器

(c)　バケツ

解図 2.1　容器の材質や形状の検討に用いた容器

解表 2.1　使用材料

材料	記号	内容
水	W	上水道水：千葉県習志野市
セメント	C	普通ポルトランドセメント：密度 3.16g/cm³
細骨材	S	砕砂：東京都八王子市 表乾密度 2.61g/cm³，F.M. 2.99
粗骨材	G	砂岩砕石 2005：東京都八王子市 表乾密度 2.64g/cm³，実積率 59.4%
化学混和剤	SP	高性能 AE 減水剤（標準型 I 種）
	AE	AE 剤（I 種）

解表 2.2　配合

スランプフロー (cm)	W/C (%)	s/a (%)	単位量(kg/m³)					
			W	C	S	G	SP	AE
45	48.6	50.0	170	350	880	890	4.90	2.45

試験結果を**解図 2.2** に示す．なお，図中の上部は本規準（案）と同様の結果を，下部は最下部から本規準（案）と同様に約 5 kg を採取した結果を示している．いずれの容器を用いても，粗骨材量比率は，試料上部で 94 %前後，試料下部で 105 %前後となった．これらの結果から，本試験で用いる容器の材質や形状が測定結果に大きな影響を与えないことが確認されたが，標準的な容器としては JIS に規定されている容器とした．

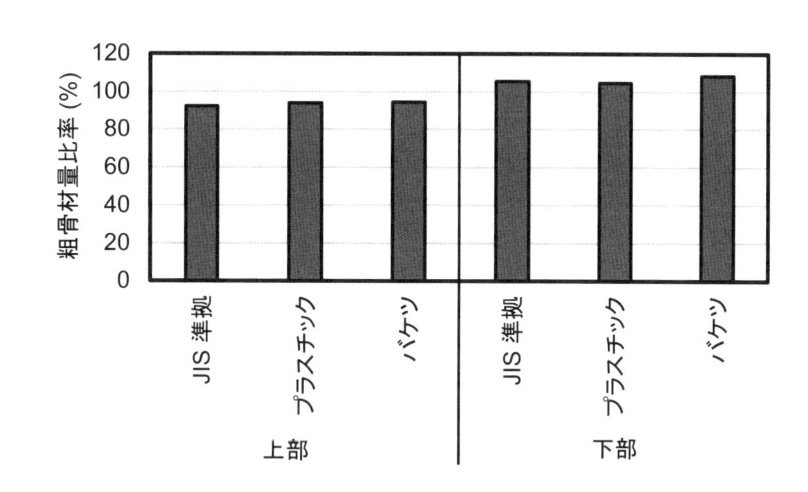

解図 2.2　容器の材質や形状の違いによる粗骨材量比率の比較

2.3　試験手順について

2.3.1　試料の詰め方について

本規準（案）では，試料の詰め方として，容器のふちから 30±5 mm 低くなる高さまで，ハンドスコップ等を用いて材料分離が生じないように静かに詰める方法を採用している．これは，本規準（案）で対象としている締固めを必要とする高流動コンクリート程度の流動性が確保されている場合に可能な方法である．一方で，スランプで管理されるコンクリート等の本規準（案）で対象としているコンクリートよりも流動性が低いコンクリートに対して適用した場合，本規準（案）の方法では未充塡箇所が生じる可能性が考えられる．本規準（案）の趣旨は，振動締固めを与えたときの自重および振動に伴い鉛直方向に生じる材料の分離を粗骨材量比率を用いて把握することにあり，その趣旨に基づけば，試料を容器に詰める際には極力外力を与えない状態が望ましい．仮に外力を与えて試料を容器に詰める場合も，測定結果に影響がないような統一した方法を定めることが極めて重要となる．今後，本規準（案）の適用範囲を広げる場合には，このような影響を検討した結果に基づき，試料の詰め方について定める必要がある．

2.3.2　加振方法について

本規準（案）では，加振方法として，挿入したバイブレータを始動し，10 秒間加振することを標準としている．ここでは，加振時間が測定結果に与える影響について検討した．

解図 2.3 に加振時間と粗骨材量比率の関係を示す．なお，使用材料を**解表 2.3** に，凡例のケースの配合およびフレッシュコンクリートの試験結果を**解表 2.4** に示す．全ての配合で加振時間の増加にともない粗骨材量比率が低下する傾向が確認できる．加振時間 10 秒までの区間でケース 2 とケース 4 に着目すると，加振時間 5 秒まではケース 2 の粗骨材量比率が大きいが，加振時間 10 秒ではケース 2 の粗骨材量比率が小さくなっている．このように，使用材料や配合によっては，短時間の加振で粗骨材量比率が低下する場合や，短時間の加振では大きな変化は無いが，ある一定の加振時間を超えると大きく低下する場合等，様々な状況が想定されるため，試験結果の利用の目的に応じて加振時間を適切に設定する必要があることがわかる．

本規準（案）では，「締固めを必要とする高流動コンクリートの配合設計・施工指針（案）」の［施工標準］で用いるフレッシュコンクリートの品質試験としての利用を想定しており，加振時間として 10 秒を標準として設定している．これは，［施工標準］で設定している締固め条件（締固め時間は 5 秒程度）よりも過剰な締固めを与えたうえで，**解図 2.3** から 10 秒であれば，振動に伴い鉛直方向に生じるフレッシュコンクリート中の材料の分離性状を把握しやすいことに基づいて定めている．

解表 2.3 使用材料

材料	記号	内容
水	W	上水道水：千葉県浦安市
セメント	C	普通ポルトランドセメント：密度 3.16g/cm³
細骨材	S	山砂：千葉県富津市 表乾密度 2.61g/cm³，F.M. 2.60
粗骨材	G	石灰岩砕石 2005：高知県吾川郡 表乾密度 2.70g/cm³，実積率 61.0%
化学混和剤	AD	高性能 AE 減水剤遅延形
	AE	AE 剤

解表 2.4 配合およびフレッシュコンクリートの試験結果

ケース No.	配合									フレッシュコンクリートの試験結果	
	スランプフロー (cm)	W/C (%)	s/a (%)	単位量 (kg/m³)				化学混和剤の添加率 (C×wt.%)	AE 剤	スランプフロー (cm)	空気量 (%)
				W	C	S	G	AD	AE		
ケース 1	55	54.6	50.4	175	321	893	907	1.20	4.0	52.0	4.5
ケース 2		54.6	50.4	175	321	893	907	1.30	4.0	55.0	4.8
ケース 3		47.7	49.4	175	367	856	907	1.15	4.5	55.0	4.8
ケース 4		42.3	48.2	175	414	817	907	1.15	4.0	58.0	4.8
ケース 5		34.6	46.6	170	492	765	907	1.35	1.0	53.0	4.8

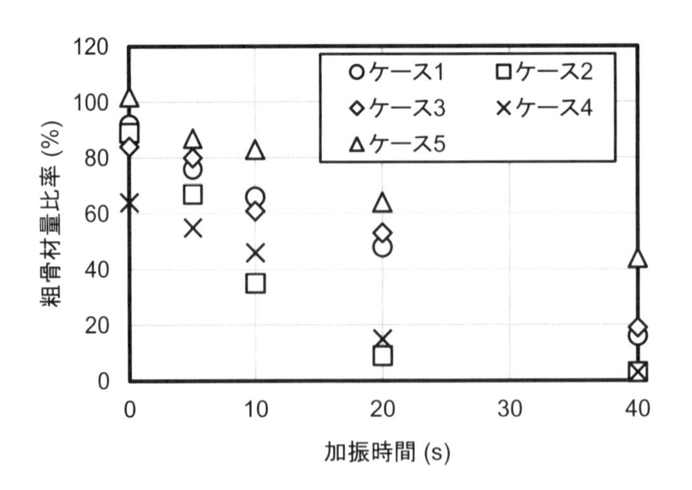

解図 2.3 加振時間と粗骨材量比率の関係

2.3.3　試料の採取について

本規準（案）では，試料の採取方法として，バイブレータを引き抜いた後，直ちに上層部の一定の深さから約5 kg の試料を採取することを定めている．これは，「ボックス形容器を用いた加振時のコンクリートの間隙通過性試験方法（案）（JSCE-F 701-2018）」の粗骨材量比率を用いる際の試料の採取方法を参考に規定した．

解表 2.1 および**解表 2.2** と同様の使用材料と配合を用い，本規準（案）に従って試験を実施し，試料の採取方法の妥当性を検証した．試料の採取にあたっては5 kg ずつ上層から下層までの合計 10 層の試料を採取して粗骨材量比率を求めた結果を**解図 2.4** に示す．図の左軸は底面からの高さを，図の右軸は上面からの深さを示している．試料上部の 1 層目では，加振による粗骨材量比率の低下が明確に確認できた．一方，2 層目の粗骨材量比率は 100 %を上回っており，1 層目から沈降した粗骨材量が影響していることが示唆され，2 層目以深の粗骨材量比率から材料分離を評価することは難しいと考えられる．また試料下部の 5 層目から 10 層目にかけては，緩やかに粗骨材量比率が増加する傾向が見られるが，その値は 100 %前後であり，試料上部よりも加振による影響が現れにくいことが伺える．これらの結果は，既往の研究[例えば1), 2)]の重力方向の粗骨材量分布と同様の傾向を示しており，試料上部の 5 kg を採取し粗骨材量比率を把握することが妥当であることを確認した．

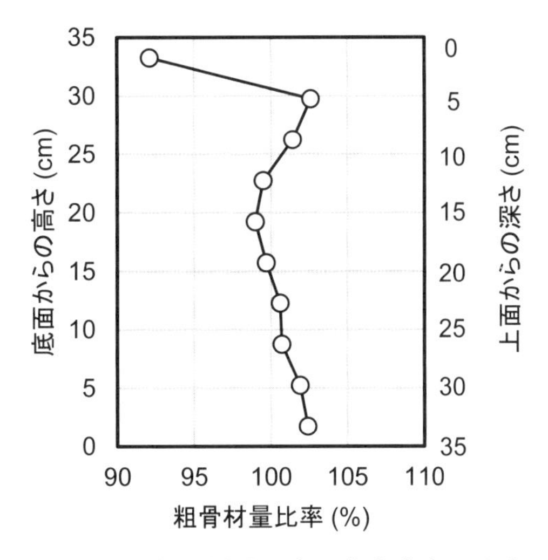

解図 2.4　粗骨材量比率の高さ方向の分布

採取する量の影響について検討した結果を**解図 2.5** に示す．図の左軸は底面からの高さを，図の右軸は上面からの深さを示している．ここでは，**解図 2.4** に示した採取方法と同様の測定に加えて（凡例 10 層），各層の試料量を約 7 kg とした測定（凡例 7 層）を実施した．何れの場合も，最上層の結果については 10 層と 7 層の場合で大きな違いはないが，それ以外の層では必ずしも同程度の値が得られていないことがわかる．このことから，試料上部からの採取であれば，採取する量の影響は大きくないと考えられる．

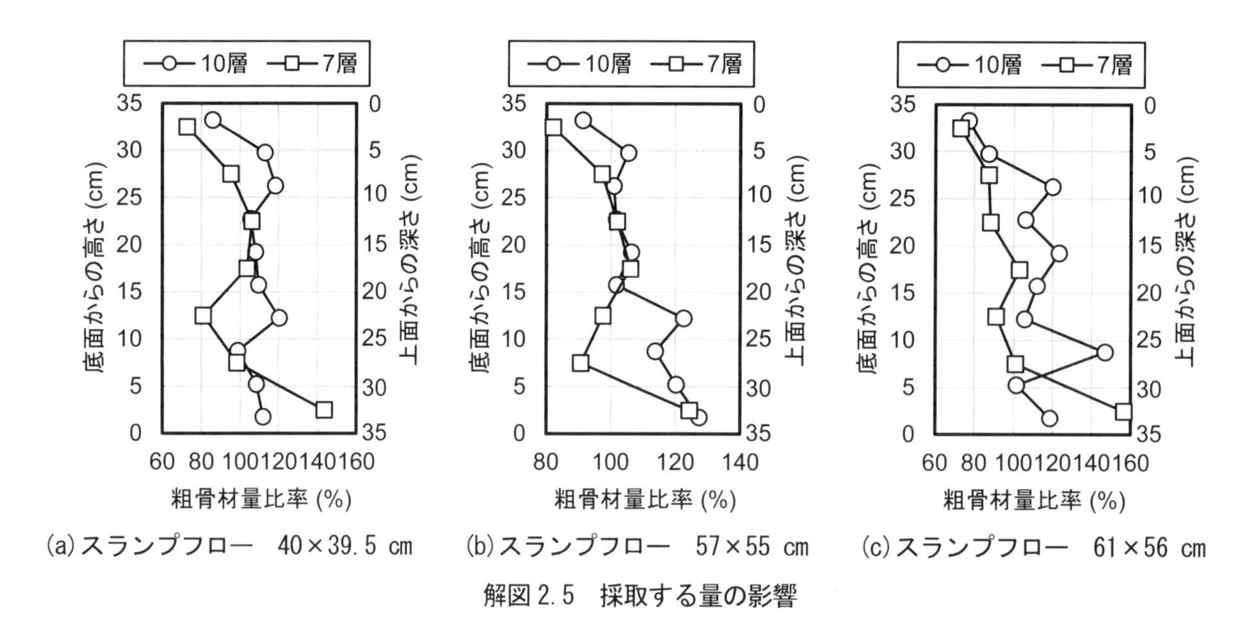

(a)スランプフロー　40×39.5 cm　(b)スランプフロー　57×55 cm　(c)スランプフロー　61×56 cm

解図 2.5　採取する量の影響

なお，これらの試験では上層から下層までの全てのコンクリートを対象として試料を採取したが，流動性が高い状態を保持した層では採取の際にコンクリートが流動してしまうために層を分けて採取することが難しいことや，材料分離が顕著な場合の下層では粗骨材が密実に充填していて採取が極めて困難な状況であったこと等が確認された.

以上のことから，本規準（案）では，バイブレータを引き抜いた後，直ちに上層部の一定の深さから約 5 kg の試料を採取する方法を採用した.

参考文献

1) 梁俊，坂本淳，丸屋剛：締固めを必要とする高流動コンクリートの分離抵抗性に関する検討，令和 2 年度土木学会全国大会第 75 回年次学術講演会，V-423，2020.9

2) 古川翔太，加藤佳孝，鈴木将充，髙橋駿人：モルタルの粘性と粗骨材量が流動性の高いコンクリートの材料分離に与える影響，コンクリート工学年次論文集，Vol.42，No.1，pp.989-994，2020.7

V編　共通試験の結果のまとめ

このV編は，土木学会256委員会「締固めを必要とする高流動コンクリートの施工に関する研究小委員会」で実施した試験結果をまとめたものであり，施工標準で採用している条件の設定の根拠については資料編II編を参照されたい．また，この研究小委員会の活動を通して土木学会規準として規準化した「加振を行ったコンクリート中の粗骨材量試験方法（案）（JSCE-F 702-2022）」および改訂した「ボックス形容器を用いた加振時のコンクリートの間隙通過性試験方法（案）（JSCE-F 701-2022）」については，資料編IV編を参照されたい．なお，このV編では，それぞれの試験を，「沈下量試験」と「ボックス試験」と呼称する．

1章　各機関での共通試験

1.1　はじめに

256委員会の前身の小委員会での検討結果[1]から，締固めを必要とする高流動コンクリートの場合，振動締固めによってコンクリートが流動する際（状況によっては鉄筋間隙を通過する状況も含む）に生じる可能性のある材料分離を適切に把握することが重要であり，そのフレッシュ性状を評価できる可能性のある試験方法として，目視・触感試験，ボックス試験および沈下量試験が候補としてあげられた．ここでは，これらの試験方法の特徴を把握するために，実際のコンクリート製造において，コンクリートのフレッシュ性状に大きな影響を与えることが想定される骨材の物理的性質が，目視・触感試験，ボックス試験および沈下量試験の結果に与える影響を確認するために，各機関（全23機関）の様々な骨材を使用して実験的検討を行った．

1.2　試験概要

1.2.1　配合条件および試験ケース

コンクリートの配合条件は，**表1.2.1**に示す材料条件とし，**表1.2.2**および**表1.2.4**に示す基準配合は，タイプ1については①～③から，タイプ2については①～④から各機関において比較的良好なコンクリートの配合を選定した．単位水量については，175kg/m^{3}を基本とし，流動性の調整は高性能AE減水剤の添加量で調整した．実験ケースは，**表1.2.3**および**表1.2.5**に示すように基準配合から単位セメント量，細骨材率および混和剤種類を要因とした．ケース1となる基準配合から単位水量，細骨材率，混和剤の種類を一定にして，単位セメント量を30kg/m^{3}増加させた配合をケース2，30kg/m^{3}減少させた配合をケース3とし，基準配合から単位水量，単位セメント量，混和剤の種類を一定にして，細骨材率を45%にした配合をケース4，ケース3の配合から混和剤の種類だけを高性能AE減水剤から増粘剤含有高性能AE減水剤に変えた配合をケース5とした．

表1.2.1　材料条件

項目	内容	備考
セメント	普通ポルトランドセメント	メーカ等は指定なし
練混ぜ水	各機関で使用している練混ぜ水	
骨材（細骨材，粗骨材）	各機関で使用している骨材	
混和剤	高性能AE減水剤 増粘剤含有高性能AE減水剤	メーカ等は指定なし

表 1.2.2　基準配合（タイプ 1）

種類	スランプフロー (cm)	空気量 (%)	水セメント比 (%)	単位水量 (kg/m^3)	単位セメント量 (kg/m^3)	細骨材率 (%)
基準配合①	45，55	4.5	54.7	175	320	50
基準配合②	45，55	4.5	50.0	175	350	50
基準配合③	45，55	4.5	46.1	175	380	50

表 1.2.3　試験ケース（タイプ 1）

ケース No.	ケース 1	ケース 2	ケース 3	ケース 4	ケース 5
名称	基準配合	基準配合から セメント量 ＋30kg/m^3	基準配合から セメント量 －30kg/m^3	基準配合から s/a を－5%	ケース 3 配合から混和剤を変更
予測される性状	良好	粘性大きい	粘性少ない 分離気味	粘性少ない 分離気味	良好 ケース 1 同程度
基準配合①	W　175kg/m^3 C　320kg/m^3 s/a50%	W　175kg/m^3 C　350kg/m^3 s/a　50%	W　175kg/m^3 C　290kg/m^3 s/a　50%	W　175kg/m^3 C　320kg/m^3 s/a　45%	W　175kg/m^3 C　290kg/m^3 s/a　50%
基準配合②	W　175kg/m^3 C　350kg/m^3 s/a　50%	W　175kg/m^3 C　380kg/m^3 s/a　50%	W　175kg/m^3 C　320kg/m^3 s/a　50%	W　175kg/m^3 C　350kg/m^3 s/a　45%	W　175kg/m^3 C　320kg/m^3 s/a　50%
基準配合③	W　175kg/m^3 C　380kg/m^3 s/a　50%	W　175kg/m^3 C　410kg/m^3 s/a　50%	W　175kg/m^3 C　350kg/m^3 s/a　50%	W　175kg/m^3 C　380kg/m^3 s/a　45%	W　175kg/m^3 C　350kg/m^3 s/a　50%

表 1.2.4　基準配合（タイプ 2）

種類	スランプフロー (cm)	空気量 (%)	水セメント比 (%)	単位水量 (kg/m³)	単位セメント量 (kg/m³)	細骨材率 (%)
基準配合①	55	4.5	50.0	175	350	50
基準配合②	55	4.5	46.1	175	380	50
基準配合③	55	4.5	42.7	175	410	50
基準配合④	55	4.5	39.8	175	440	50

表 1.2.5　試験ケース（タイプ 2）

ケース No.	ケース 1	ケース 2	ケース 3	ケース 4	ケース 5
名称	基準配合	基準配合から セメント量 ＋30kg/m³	基準配合から セメント量 −30kg/m³	基準配合から s/a を−5%	ケース 3 配合から混和剤を変更
予測される性状	良好	粘性大きい	粘性少ない 分離気味	粘性少ない 分離気味	良好 ケース 1 同程度
基準配合①	W　175kg/m³ C　350kg/m³ s/a50%	W　175kg/m³ C　380kg/m³ s/a　50%	W　175kg/m³ C　320kg/m³ s/a　50%	W　175kg/m³ C　350kg/m³ s/a　45%	W　175kg/m³ C　320kg/m³ s/a　50%
基準配合②	W　175kg/m³ C　380kg/m³ s/a　50%	W　175kg/m³ C　410kg/m³ s/a　50%	W　175kg/m³ C　350kg/m³ s/a　50%	W　175kg/m³ C　380kg/m³ s/a　45%	W　175kg/m³ C　350kg/m³ s/a　50%
基準配合③	W　175kg/m³ C　410kg/m³ s/a　50%	W　175kg/m³ C　440kg/m³ s/a　50%	W　175kg/m³ C　380kg/m³ s/a　50%	W　175kg/m³ C　410kg/m³ s/a　45%	W　175kg/m³ C　380kg/m³ s/a　50%
基準配合④	W　175kg/m³ C　440kg/m³ s/a　50%	W　175kg/m³ C　470kg/m³ s/a　50%	W　175kg/m³ C　410kg/m³ s/a　50%	W　175kg/m³ C　440kg/m³ s/a　45%	W　175kg/m³ C　410kg/m³ s/a　50%

表 1.2.6 に代表的な機関の使用材料，**表 1.2.7** にコンクリートの配合を示す．

表 1.2.6　使用材料

材料名		種類	物性値								
水	W	上水道水	密度：	1.00	g/cm^3						
セメント	C	普通ポルトランドセメント	密度：	3.16	g/cm^3	比表面積：	3,340	cm^2/g			
細骨材	S1	砕砂	表乾密度：	2.64	g/cm^3	粗粒率：	2.67	%	実積率：	67.1	%
	S2	山砂	表乾密度：	2.61	g/cm^3	粗粒率：	1.70	%	実積率：	62.0	%
粗骨材	G1	砕石 2010	表乾密度：	2.65	g/cm^3	吸水率：	0.45	%	実積率：	62.5	%
	G2	砕石 2005	表乾密度：	2.64	g/cm^3	吸水率：	0.60	%	実積率：	60.6	%
混和剤	SP1	高性能 AE 減水剤	密度：	1.02～1.10	g/cm^3						
	SP2	増粘剤含有高性能 AE 減水剤	密度：	1.02～1.10	g/cm^3						
	AE	空気量の調整剤	密度：		g/cm^3						

表 1.2.7　コンクリートの配合

用途-ケース	種類	目標値		W/C	s/a	単位：kg/m^3						C×%		C×wt.%	
		スランプフロー(cm)	空気量(%)	(%)	(%)	W	C	S1	S2	G1	G2	SP1	SP2	AE	消泡剤
1-1	基準配合②	45	4.5	50.0	50.0	175	350	795	87	355	530	1.050	—	0.15	—
1-2	基準配合②からセメント量＋30kg/m^3	45	4.5	46.1	50.0	175	380	784	86	350	523	1.100	—	0.15	—
1-3	基準配合②からセメント量－30kg/m^3	45	4.5	54.7	50.0	175	320	807	89	360	538	1.075	—	0.15	—
1-4	基準配合②から s/a を-5%	45	4.5	50.0	45.0	175	350	715	79	390	583	1.150	—	0.15	—
1-5	ケース 3 配合に対して混和剤を変更	45	4.5	54.7	50.0	175	320	807	89	360	538	—	1.300	0.30	5.0
2-1	基準配合③	55	4.5	42.7	50.0	175	410	772	85	345	515	1.050	—	0.10	—
2-2	基準配合③からセメント量＋30kg/m^3	55	4.5	39.8	50.0	175	440	762	84	340	508	1.000	—	0.10	—
2-3	基準配合③からセメント量－30kg/m^3	55	4.5	46.1	50.0	175	380	784	86	350	523	1.125	—	0.20	—
2-4	基準配合③から s/a を-5%	55	4.5	42.7	45.0	175	410	695	76	379	566	0.950	—	0.15	—
2-5	ケース 3 配合に対して混和剤を変更	55	4.5	46.1	50.0	175	380	784	86	350	523	—	1.325	0.35	5.0

1.2.2 フレッシュコンクリートの基本性状

表 1.2.8 にフレッシュコンクリートの試験項目および目標範囲を示す.

表 1.2.8 フレッシュコンクリートの試験項目および目標範囲

基本性状	試験方法	許容範囲
スランプ	JIS A 1101	参考値として測定
スランプフロー	JIS A 1150	タイプ 1：45±5 cm，タイプ 2：55±5 cm
空気量	JIS A 1128	4.5±1.0%
コンクリート温度	JIS A 1156	20±5°C

1.2.3 目視・触感試験

材料分離の程度を評価するための情報を収集することを主目的として，「スランプ，スランプフロー試験」，「練り舟（切り返し後）」の各段階において，各機関の技術者が目視・触感試験を実施した．目視・触感試験の対象および評価点を**表 1.2.9** に示す．分離傾向の目安に基づいて，分離なしを 3，分離ありを 1，中間的な性状・状態を 2 として評価し，傾向を分析した．

表 1.2.9 目視・触感試験の対象および評価点

目視・触感の対象	分離傾向の目安と評価点		
	3（分離なし）	2	1（分離あり）
スランプコーン引抜き時の状況	下部が広がる	中間	上部が広がる
スランプフロー全体における粗骨材	目立つ (均一)	中間	目立たない (不均一)
スランプフロー中央部の粗骨材	残らない	中間	残る
スランプフロー端部の粗骨材	ある	中間	ない
スランプフロー端部のペーストや水	偏在しない	中間	偏在する
スランプフロー端部の曲線形状	滑らか	中間	波状
練り舟中の全体における粗骨材	目立つ	中間	目立たない
練り舟中のブリーディングやペースト	浮かない	中間	浮く
ハンドスコップからの落下による粗骨材の偏り	目立たない	中間	目立つ
落下させたものと練り舟中のものとのなじみ	なじむ	中間	なじまない
ハンドスコップによる切り欠き跡周辺の粗骨材	残らない	中間	残る
ハンドスコップによる切り欠き跡の線	目立たない	中間	目立つ

1.2.4 ボックス試験

ボックス試験は，基本的にはボックス形容器を用いた加振時のコンクリートの間隙通過性試験方法（案）（JSCE-F 701-2018）に準拠して実施した．試験装置を**図 1.2.1**，試験の概要を**図 1.2.2** に示す．この試験では，バイブレータが停止している状態で仕切りゲートを開き，試料の流動を観察し，流動が停止したことを確認してからバイブレータを始動することになっている．しかし，締固めを必要とする高流動コンクリートを対象とした場合，容器のゲートを開けただけで充塡高さ 190mm 以上（障害高さ）となる場合が多く，バイブレータの影響評価が正確に実施できないことと，実際の施工では，打込みと同時に締固めを行う場合が多いため，容器の仕切りゲートを引き上げると同時にバイブレータを始動させた．

試験の結果から，間隙通過速度（V_{pass}）と B 室から採取した試料の粗骨材量比率（δ_B）を，JSCE-F 701-2018 に準拠して求めた．

$$V_{pass} = \frac{110}{t_{300} - t_{190}}$$

ここに，V_{pass}：間隙通過速度 (mm/s)，t_{300}：300 mm 到達時間 (s)，t_{190}：190 mm 到達時間 (s)

$$\delta_B = \frac{G_B}{G_0} \times 100$$

ここに，δ_B：B 室から採取した試料の粗骨材量比率 (%)，G_B：B 室から採取した試料の単位粗骨材量 (kg/m^3)，G_0：配合における単位粗骨材量 (kg/m^3)

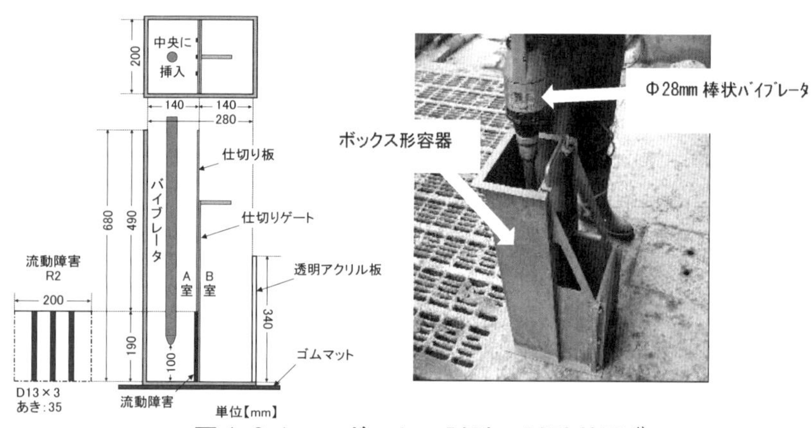

図 1.2.1　ボックス試験の試験装置 [1)]

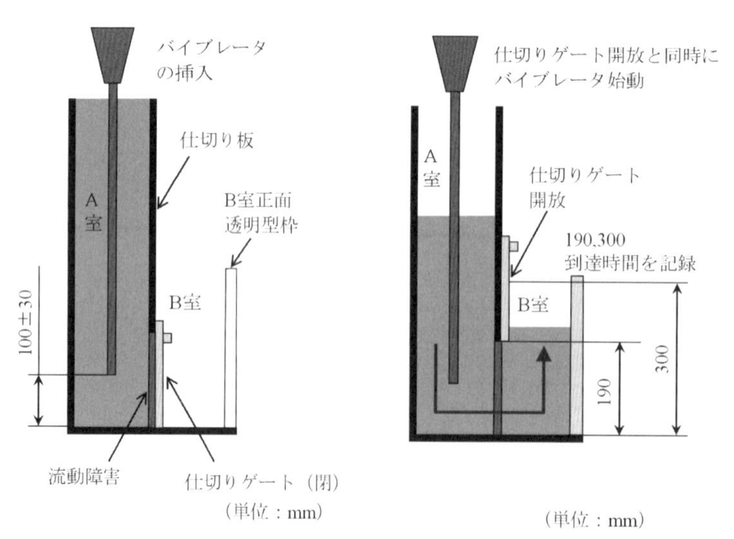

(a) 試料の充塡　　(b) 仕切りゲートの開放とバイブレータの始動

図 1.2.2　ボックス試験の概要

1.2.5　沈下量試験

沈下量試験の概要を**図 1.2.3**，試験の状況を**写真 1.2.1** に示す．容器は，JIS Z 1620 の 20 L の 2 号に適合するものと同寸法のプラスチック製の円筒容器を用いて，容器に締固めを必要とする高流動コンクリートを容器のふちから 30mm 程度低くなる高さまで詰めて軽く揺動させた．次に，ϕ28mm，振動数 200Hz 程度の棒状バイブレータにより締固めを行った．棒状バイブレータの先端は，容器中心部の底部から 5cm 程度になるよう浮かせた位置まで鉛直に挿入し，締固め後，静かにバイブレータを引き抜き，容器内に打ち込まれたコンクリートのうち，上層部の 2 リットル（細骨材の実積率試験容器を使用）を取り，洗い分析試験で粗骨材量を測定した．測定結果から，粗骨材量比率（δ）を求めた．

$$\delta = \frac{G}{G_0} \times 100$$

ここに，δ : 加振後に採取した試料の粗骨材量比率 (%)，G : 加振後に採取した試料の単位粗骨材量 (kg/m^3)，
G_0 : 配合における単位粗骨材量 (kg/m^3)

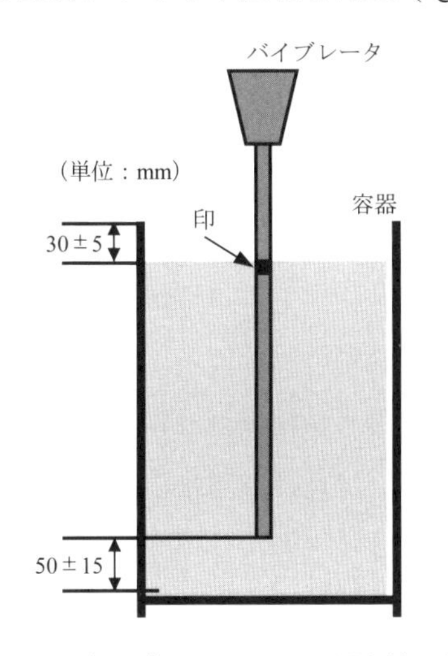

(a) バイブレータによる試料の加振

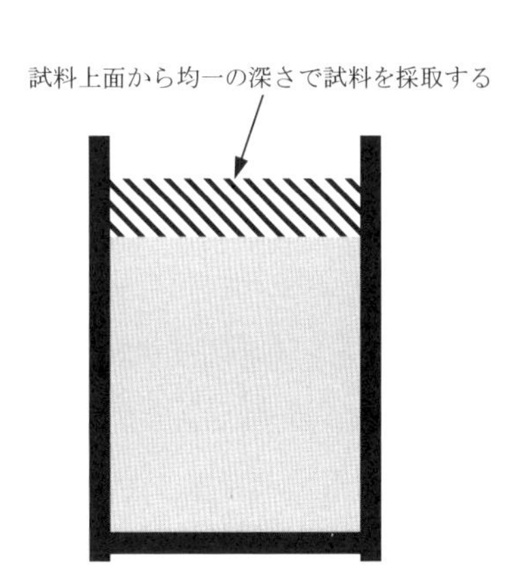

(b) 試料の採取

図 1.2.3　試験の概要

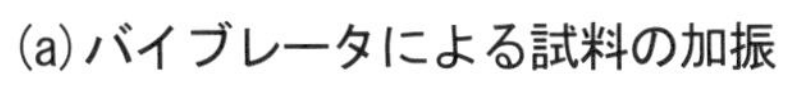

(a) バイブレータによる試料の加振　　(b) 試料の採取

写真 1.2.1　試験の状況

図 1.2.4 に事前検討における加振時間と沈下量試験の粗骨材量比率の関係を示す．試料の加振時間は，0，5，10，20 および 40 秒の 5 水準で行っており，この図よりコンクリートの粗骨材量比率の差が大きく配合毎の違いを

評価しやすくなる10秒間を基本とした.

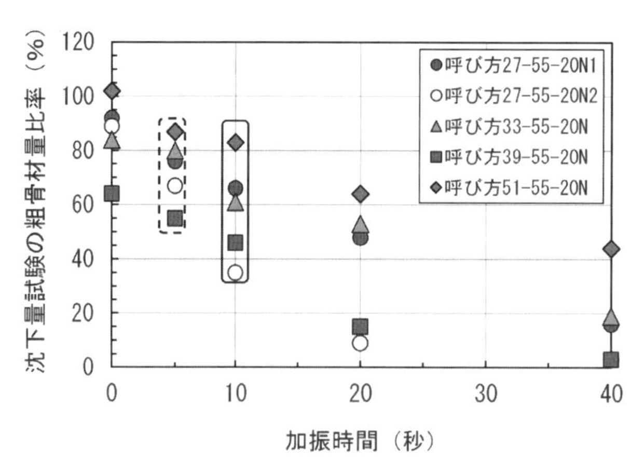

図 1.2.4 加振時間と粗骨材量比率の関係

1.3 試験結果

1.3.1 目視・触感試験

各機関で使用する材料が違うことや，技術者それぞれによる主観的な評価であることから，評価点のばらつきが大きかった．また，各ケースの分離傾向の比較において，**表 1.2.3** に示す予測される性状どおりの傾向とはならなった．しかし，分離傾向を見落とさない観点から，12 項目ある目視・感触の対象の中で，各機関の全評価点の最頻値が「1（分離あり）」となる項目を抽出した結果，タイプ 1 では，スランプフローの目視における「スランプフロー全体における粗骨材が目立つか目立たないか（均一か不均一か）」の項目であり，タイプ 2 では，タイプ 1 と同様の項目に加え，練り舟での目視における「練り舟中にブリーディングやペーストが浮くか浮かないか」の項目であった．目視評価をするうえでは，前述の 2 つの項目を確認することで分離傾向を捉えやすいものと考えられる．参考として，**写真 1.3.1 と写真 1.3.2** にそれぞれの評価例を示す．

a）評価点 1（分離あり）

b）評価点 3（分離なし）

写真 1.3.1 スランプフロー全体における粗骨材による評価例

a）評価点１（分離あり）

b）評価点３（分離なし）

写真 1.3.2　練り舟中でのブリーディングやペーストによる評価例

1.3.2　ボックス試験

ボックス試験の間隙通過速度と粗骨材量比率の関係について，スランプフロー45±5cm の結果を図 1.3.1，スランプフロー55±5cm の結果を図 1.3.2 に示す．間隙通過速度は，概ねタイプ 1 では 15mm/s 以上，タイプ 2 では 40mm/s 以上で，ばらつきが小さくなり，そのときの粗骨材量比率は概ね 80%以上であった．ただし，間隙通過速度がこれよりも遅い場合でも粗骨材量比率が高い場合も確認できる．

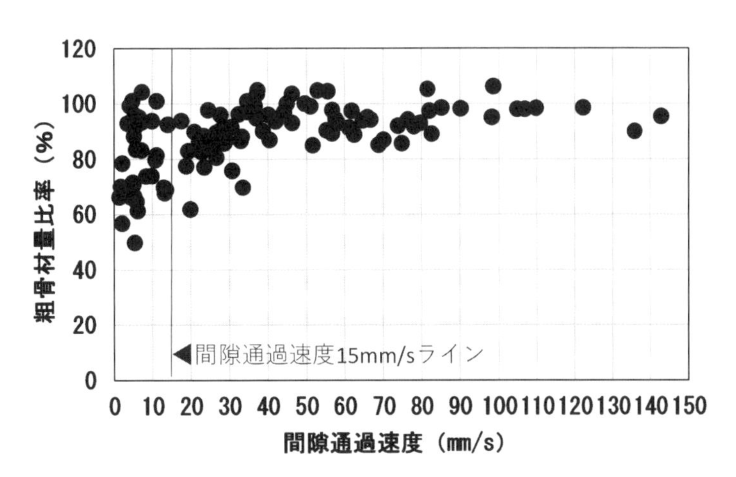

図 1.3.1　ボックス試験の間隙通過速度と粗骨材量比率の関係
（タイプ 1：スランプフロー45cm）

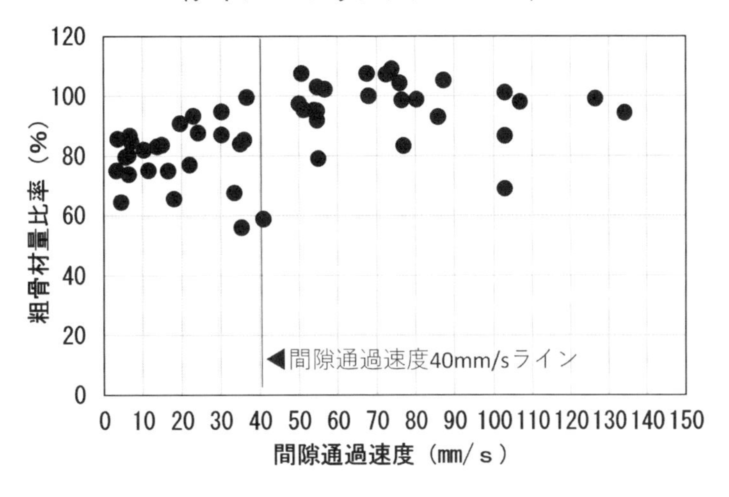

図 1.3.2　ボックス試験の間隙通過速度と粗骨材量比率の関係
（タイプ 2：スランプフロー55cm）

1.3.3 沈下量試験

各機関の材料を使用した同一ケースの配合の実験結果をもとに，沈下量試験の粗骨材量比率の結果について，スランプフロー45±5cm の結果を**図 1.3.3**，スランプフロー55±5cm の結果を**図 1.3.4** に示す．図中の単位セメント量は，それぞれの基準配合の単位セメント量を示している．

両方のスランプフローの測定結果から，沈下量試験の粗骨材量比率は，単位セメント量の多いケースや増粘剤含有高性能 AE 減水剤のケースで高くなっているが，幅広く分布しており，配合の違いを明確に評価できていない．また，単位セメント量が少ない場合や細骨材率が小さい場合でも沈下量試験の粗骨材残存率が，単位セメント量の多いケースや増粘剤含有高性能 AE 減水剤のケースより，高い値を示している結果もある．

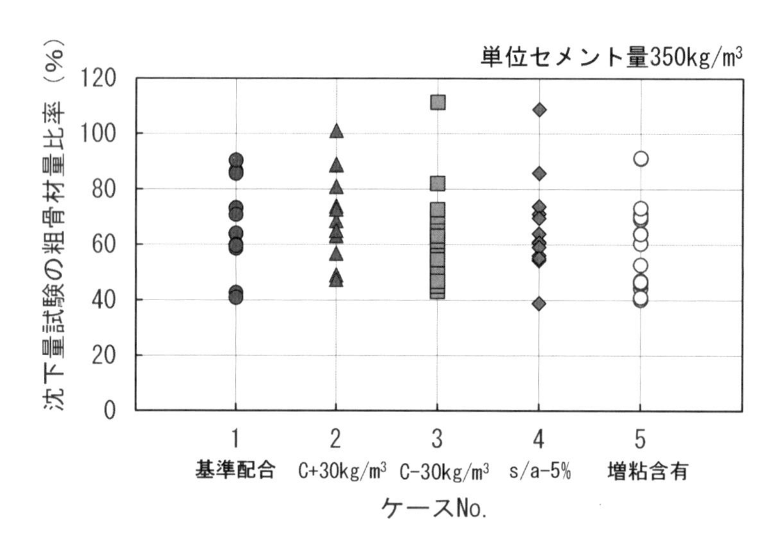

図 1.3.3 各配合ケースと沈下量試験の粗骨材量比率の関係
（タイプ 1：スランプフロー45cm）

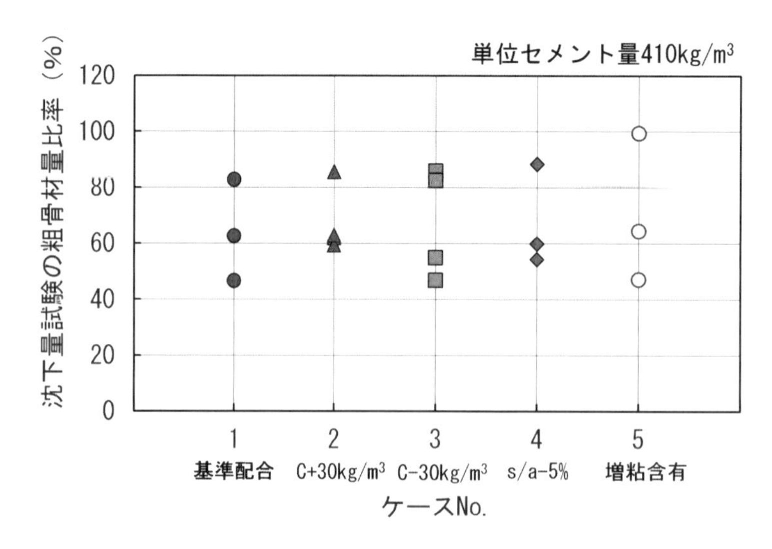

図 1.3.4 各配合ケースと沈下量試験の粗骨材量比率の関係
（タイプ 2：スランプフロー55cm）

実施機関の多いスランプフロー45±5cm の結果について，沈下量試験の粗骨材量比率と 1.3.2 で示したボックス試験の B 室から採取した試料の粗骨材量比率の関係を図 1.3.5 に示す．両者に相関関係は見られず，それぞれ異なるフレッシュ性状を理解するために用いる指標であることが推察される．

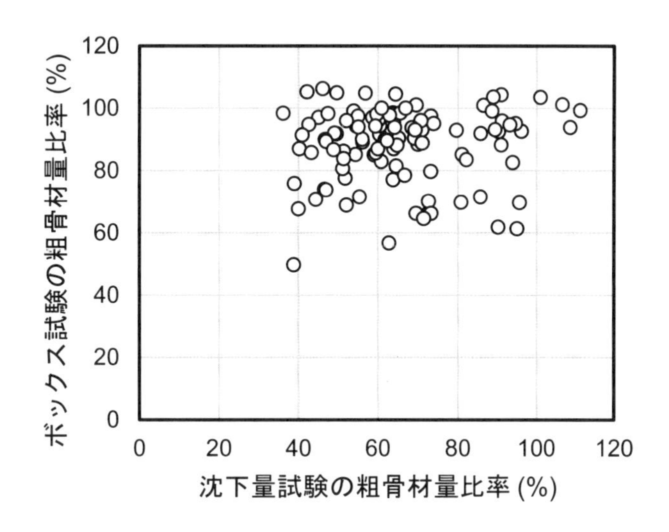

図 1.3.5　沈下量試験の粗骨材量比率とボックス試験の粗骨材量比率の関係
（タイプ 1：スランプフロー45cm）

1.4　まとめ

締固めを必要とする高流動コンクリートのフレッシュ性状を評価する試験方法として，目視・触感試験，ボックス試験および沈下量試験を対象として検討した結果，ボックス試験と沈下量試験から得られる粗骨材量比率は，異なるフレッシュ性状を理解するために用いる指標であることが推察された．そのため，資料編 II 編では，ボックス試験と沈下量試験のそれぞれの試験結果を用いる上での考え方を整理したうえで，これらの結果を用いたフレッシュコンクリートの品質評価の方法について説明している．なお，両者の結果を用いた考察については，この編の 6 章に示す．

参考文献

1)　締固めを必要とする高流動コンクリートの配合設計・施工技術研究小委員会（358 委員会）委員会報告書，土木学会，コンクリート技術シリーズ 123，2020.5

2章　振動締固め時間・間隔に関する実験的検討

2.1　はじめに

締固めを必要とする高流動コンクリートは，一般のコンクリートよりも流動性が高く，締固めに要する時間が短いと考えられる．しかし，これまでに締固めを必要とする高流動コンクリートの締固め時間や締固め間隔を検討した事例はない．そこで，締固めを必要とする高流動コンクリートの締固め時間および締固め間隔の許容値の設定のため，実験的な評価を実施した．具体的には，型枠に打設した締固めを必要とする高流動コンクリートをバイブレータによって締固めを行い，バイブレータから一定間隔ごとの位置で振動エネルギーを加速度計によって測定した．測定された振動エネルギーから締固め完了時間と締固め間隔に関する評価を実施した．

2.2　実験概要

2.2.1　使用材料

使用材料を**表 2.2.1** に示す．細骨材および粗骨材は，関東地方の沿岸部に位置するレディーミクストコンクリート工場（以下，生コン工場）において，通常使用されているものである．混和剤は，スランプ管理のコンクリートは AE 減水剤，締固めを必要とする高流動コンクリートは高性能 AE 減水剤を用いた．

表 2.2.1　使用材料

材料名		概要
セメント	C	普通ポルトランドセメント　密度 3.16g/cm^3
水	W	上水道水
細骨材	S	山砂　千葉県富津市，表乾密度 2.61g/cm^3，粗粒率 2.60
粗骨材	G	石灰岩砕石 2005　高知県吾川郡，表乾密度 2.70g/cm^3，実積率 61.0%
化学混和剤	AD1	AE 減水剤　標準形
	AD2	高性能 AE 減水剤　標準形

2.2.2　配合およびコンクリートの作製条件

配合条件を**表 2.2.2** に示す．配合 No.1 をスランプ 8cm，配合 No.2 をスランプ 18cm の一般のコンクリート，配合 No.3 をスランプフロー45cm，配合 No.4 をスランプフロー55cm の締固めを必要とする高流動コンクリートとした．単位セメント量は，各種コンクリートにおいて，最低限の材料分離抵抗性を確保できると考えられる値を設定した．**表 2.2.3** にコンクリートの作製条件を示す．

表 2.2.2 コンクリートの配合

No.	記号	W/C (%)	s/a (%)	単位量 (kg/m³)				化学混和剤の種類と添加率		AE調整剤 (A)
				C	W	S	G	混和剤種類	添加率 (C×wt.%)	
1	C297-8-20N	54.2	44.3	297	161	809	1053	AD1	0.35	15
2	C323-18-20N	54.2	46.0	323	175	814	988		0.40	15
3	C350-45-20N	50.0	50.0	350	175	872	905	AD2	0.75	15
4	C380-55-20N	46.1	50.0	380	175	861	891		1.05	15

表 2.2.3 コンクリートの作製条件

種別	内容
目標スランプ	目標値±2cm
目標スランプフロー	目標値±5cm
空気量	4.5±1.5%
ミキサ種類	強制 2 軸練りミキサ
練混ぜ量	40L/バッチ×2
練混ぜ方法	G+S+C+S→空練り 10 秒→W+Ad→90 秒間練混ぜ→排出 (No.1, No.2) G+S+C+S→空練り 10 秒→W+Ad→120 秒間練混ぜ→排出 (No.3, No.4)
コンクリート温度	20°C

2.2.3 実験方法

(1) フレッシュコンクリートの性状

スランプ試験，スランプフロー試験および空気量試験はそれぞれ JIS の試験方法に準拠した.

(2) 振動締固め時間・間隔の評価

型枠の概要を**写真 2.2.1** および**図 2.2.1** に示す. 型枠は，内寸 長さ 1000mm×幅 300mm×高さ 250mm とし，側面下面には振動の反射波を避けるために厚さ 150mm の発泡スチロール板を配置した. 加速度計は，バイブレータの挿入位置から 250mm の位置を CH1，375mm の位置を CH2，500mm の位置を CH3 とし，型枠底面から高さ 125mm となる位置に配置した. 測定に使用した加速度計等の使用機器の詳細を**表 2.2.4** に示す.

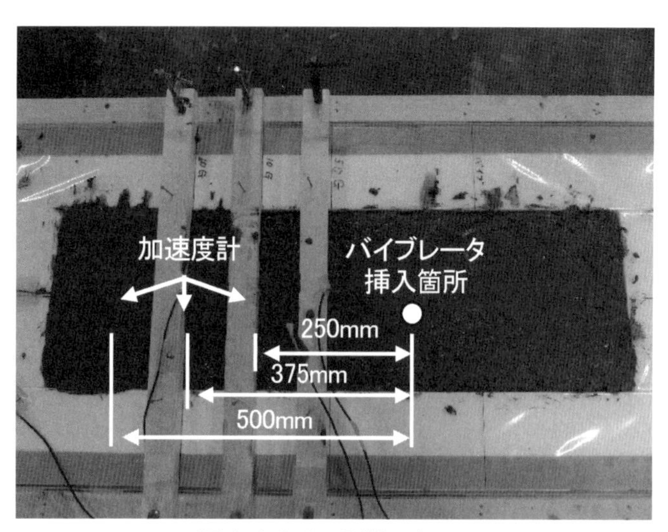

写真 2.2.1　型枠の概要

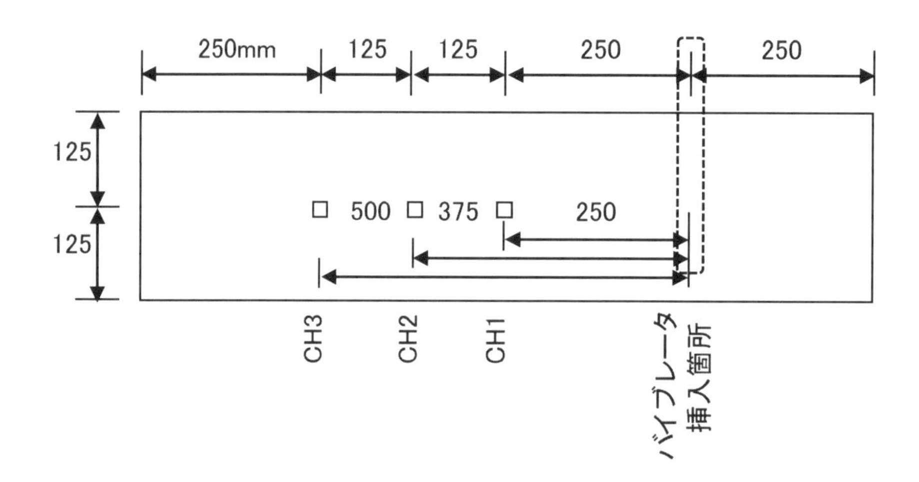

図 2.2.1　模擬型枠の概要

表 2.2.4　振動締固めに使用した機器

種別	詳細
加速度計	容量：500m/s^2（CH1，CH2），100m/s^2（CH3）
ひずみレコーダ	最高サンプリング速度：20×10^{-6}秒
バイブレータ	振動部（径 52mm，長さ 390mm），振動数 200Hz

2.3　実験結果

(1)　フレッシュコンクリートの性状

コンクリートのフレッシュ性状を**表 2.3.1** に示す．すべての配合条件において，目標値の範囲内となっていることを確認した．

表 2.3.1 コンクリートのフレッシュ性状

No.	記号	スランプ (cm)	スランプフロー (cm)			空気量 (%)	コンクリート温度 (℃)
			最大	直交	平均		
1	C297-8-20N	7.5	21.0	21.0	21.0	5.1	21
2	C323-18-20N	18.5	30.0	30.0	30.0	4.6	20
3	C350-45-20N	23.5	45.4	44.9	45.0	5.0	20
4	C380-55-20N	26.5	56.8	56.4	56.5	5.0	20

(2) 振動締固め時間・間隔の評価

既往の研究におけるコンクリートのスランプと締固め完了エネルギーの関係から，締固めを必要とする高流動コンクリートの締固め完了エネルギーを推定した．**表 2.3.2**, **図 2.3.1** にスランプと締固め完了エネルギーの関係を示す．締固めを必要とする高流動コンクリートにおける締固め完了エネルギーは，スランプ 18cm のものよりも低い傾向があり，スランプフローが大きいほどその傾向は顕著となる．

表 2.3.2 スランプと締固め完了エネルギーの関係

	目標スランプ (cm)	締固め完了エネルギー (J/L)
既往の研究 1[1)]	5	3.95
	8	2.6
	12	1.3
	15	0.6
既往の研究 2[2)]	18	0.35
締固めを必要とする高流動コンクリート（推定値）	23.5（フロー45cm）	0.13
	26（フロー55cm）	0.08

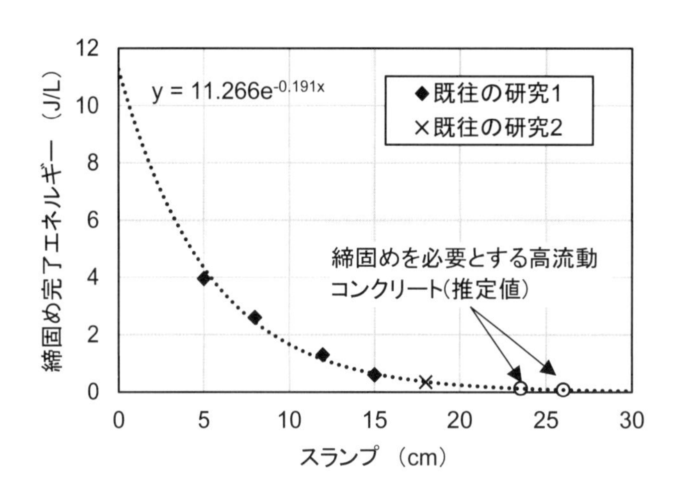

図 2.3.1　スランプと締固め完了エネルギーの関係

次に，締固め完了エネルギーに達するのに必要な締固め完了時間を，既往の研究[1]で示されている次式から算出した．

$$t = \frac{4\pi^2 f}{\rho_0 \alpha_{max}^2} \times E_{99.5}$$

ここに，t : 締固め完了時間(s)，f : 振動数(Hz)，ρ_0 : 配合から計算される試料の単位容積質量(kg/L)，α_{max} : 最大加速度(m/s^2)，$E_{99.5}$: 締固め完了エネルギー(J/L)とする．

上式の締固め完了エネルギー$E_{99.5}$を各配合条件において定めることにより，締固め条件に応じた締固め時間を求めることができる．ここでは，加速度計で測定された最大加速度を用いて，各配合条件におけるそれぞれの測定位置における締固め完了時間を算出した．

算出した締固め完了時間を**表 2.3.3**，**図 2.3.2** に示す．バイブレータからの距離 250mm の CH1 の締固め完了時間は，既往の研究の参考値と近似する結果となり，CH1 のスランプフロー45cm，スランプフロー55cm のいずれの場合も締固め完了時間は 1 秒以内となった．また，バイブレータからの距離 375mm の CH2，500mm の距離の CH3 においても，スランプフロー45cm，スランプフロー55cm の場合は，締固め完了時間は 5 秒以下となった．したがって，締固めを必要とする高流動コンクリートの締固め完了時間を 5 秒と想定した場合，その影響範囲は 50cm 程度であり，バイブレータの挿入間隔は 50～100cm が有効と考えられる．

表 2.3.3　締固め完了時間（推定）

No.	スランプ (cm)	締固め完了エネルギー（推定）(J/L)	測定位置	最大加速度 (m/s^2)	締固め完了時間（推定）(s)
1	8	2.6	CH1	21.84	18.55
			CH2	8.66	117.86
			CH3	7.98	138.88
2	18	0.35	CH1	24.53	2.00
			CH2	8.70	15.86
			CH3	8.46	16.80
3	23.5（フロー45cm）	0.13	CH1	26.04	0.64
			CH2	12.99	2.57
			CH3	11.24	3.44
4	26（フロー55cm）	0.08	CH1	23.52	0.49
			CH2	11.02	2.21
			CH3	7.43	4.87

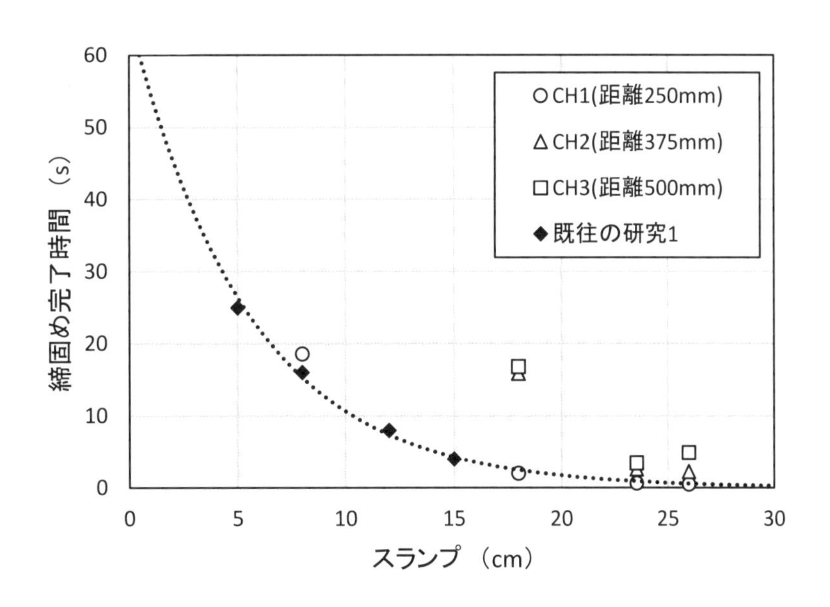

図 2.3.2　スランプと締固め完了時間の関係

2.4　まとめ

締固めを必要とする高流動コンクリートの締固め時間および締固め間隔の許容値の設定のため，バイブレータによる振動エネルギーを加速度計によって測定し，締固め完了エネルギーに達するまでの締固め完了時間と締固め間隔に関して評価を実施した.

その結果，締固めを必要とする高流動コンクリートの締固め完了時間は，スランプフロー45cm，スランプフロー55cm のいずれの場合においても，バイブレータからの距離が 500mm までは 5 秒以下となった．したがって，締固めを必要とする高流動コンクリートの締固め完了時間を 5 秒と想定した場合，その影響範囲は 50cm 程度であり，バイブレータの挿入間隔は 50～100cm が有効と考えられる．

参考文献

1) 梁俊ら：フレッシュコンクリートの締固め性試験法に関する研究，土木学会論文集 E，Vol.62，No.2，pp.416-427，2006.6

2) 日本コンクリート工学協会品質試験方法と実施工時諸特性との相関性評価研究委員会編著：施工の確実性を判定するためのコンクリート試験方法とその適用性に関する研究報告書，p.120，2009

3章　落下高さの影響に関する実験的検討

3.1　はじめに

締固めを必要とする高流動コンクリートを用いて施工する際の自由落下高さの許容値を設定することを目的に，実験的な評価を実施した．具体的には，各種コンクリートを対象に自由落下による材料分離の評価および自由落下後の充填試験による材料分離に関する評価を実施した．

3.2　実験概要

3.2.1　使用材料

コンクリートの使用材料を表 3.2.1 に示す．

表 3.2.1　使用材料

材料名	種類	記号	物性値	
水	上水道水	W	密度(g/cm^3)	1
セメント	普通ポルトランドセメント	C	密度(g/cm^3)	3.16
細骨材	砕砂	S	表乾密度(g/cm^3)	2.61
			粗粒率	2.60
粗骨材	砕石	G	表乾密度(g/cm^3)	2.64
			実積率(%)	59.4
混和剤	AE 減水剤	Ad1	―	
	高性能 AE 減水剤	Ad2	―	
	AE 剤	AE	―	

3.2.2　配合条件

コンクリートの配合条件を表 3.2.2 に示す．スランプおよびスランプフローを変化させた一般のコンクリート，締固めを必要とする高流動コンクリートあるいは自己充填性を有する高流動コンクリートをそれぞれ配合 No.1 から No.5 とした．

表 3.2.2　配合条件

No.	配合名	W/C (%)	s/a (%)	単位量(kg/m^3)				Ad1 (C×%)	Ad2 (C×%)	目標値	
				W	C	S	G			スランプ/スランプフロー	空気量 (%)
1	C318-12-20N	51.9	46.0	165	318	827	982	1.0	―	12±2.5cm	4.5 ±1.5
2	C350-18-20N	50.0	50.0	175	350	873	883	―	0.80	18±2.5cm	
3	C350-45-20N	50.0	50.0	175	350	873	883	―	1.25	45±5.0cm	
4	C380-55-20N	46.0	50.0	175	380	861	871	―	1.30	55±5.0cm	
5	C550-65-20N	31.8	53.8	175	550	851	739	―	1.30	65±7.5cm	

3.2.3　試験方法

(1)　フレッシュコンクリート性状の試験

フレッシュコンクリート性状の試験方法を**表 3.2.3** に示す．いずれも JIS に規定される試験方法に準拠して実施した．

表 3.2.3　フレッシュコンクリート性状の試験方法

試験項目	試験方法
スランプ	JIS A 1101「コンクリートのスランプ試験方法」
スランプフロー	JIS A 1150「コンクリートのスランプフロー試験方法」
空気量	JIS A 1128「フレッシュコンクリートの空気量の圧力による試験方法－空気室圧力方法」
コンクリート温度	JIS A 1156「コンクリートの温度測定方法」

(2)　自由落下による材料分離試験

各種コンクリートの自由落下による材料分離抵抗性について検討するため，**図 3.2.1**，**図 3.2.2** および**写真 3.2.1** に示すように，コンクリート試料を 1.5m の高さから 2×2m の平坦な木製パネルに自由落下させ，粗骨材とモルタルの材料分離の程度を評価した．落下高さは，コンクリート標準示方書に規定される一般のコンクリートの落下高さを参考に，上限値の 1.5m に設定した．

試料の落下条件の決定のための事前検討として，まずはスランプコーンに充塡した試料を対象に評価した．スランプコーンの直下に落下させるため，コーンの向きは取手を下側となるよう設置した．あらかじめ板を用いてコーン下部側を閉じた状態とし，試料をコーン上端まで充塡させた．板を水平方向に素早くスライドさせることでスランプコーン下部を開放し，試料を自由落下させた．試料の落下状況を観察した結果，先行して落下した試料が続く試料の落下の衝撃を緩衝することでモルタルと粗骨材の材料分離が抑制されることが確認できた．これを受けて，試料は 2.5L と比較的少ない量に設定し，モルタルと粗骨材の材料分離がしやすい条件での評価とした．試料は，コンクリート圧送管（口径 125A）を用いて 2.5L の試料を充塡し，その他の試験条件は，上記の事前検討と同様とした．

試料の自由落下後の測定内容に関して，落下位置の直下に一体となって残留した試料に対して，飛散した骨材がある場合は試料の中央部から飛散した骨材までの最大距離を骨材の飛散距離とした．また，一体となって残留した試料を回収して質量を測定し，試料全体の質量との差分から飛散試料の質量を算定した．試料全体の質量に対する飛散試料の質量の比率を，自由落下による飛散試料の質量割合として示した．

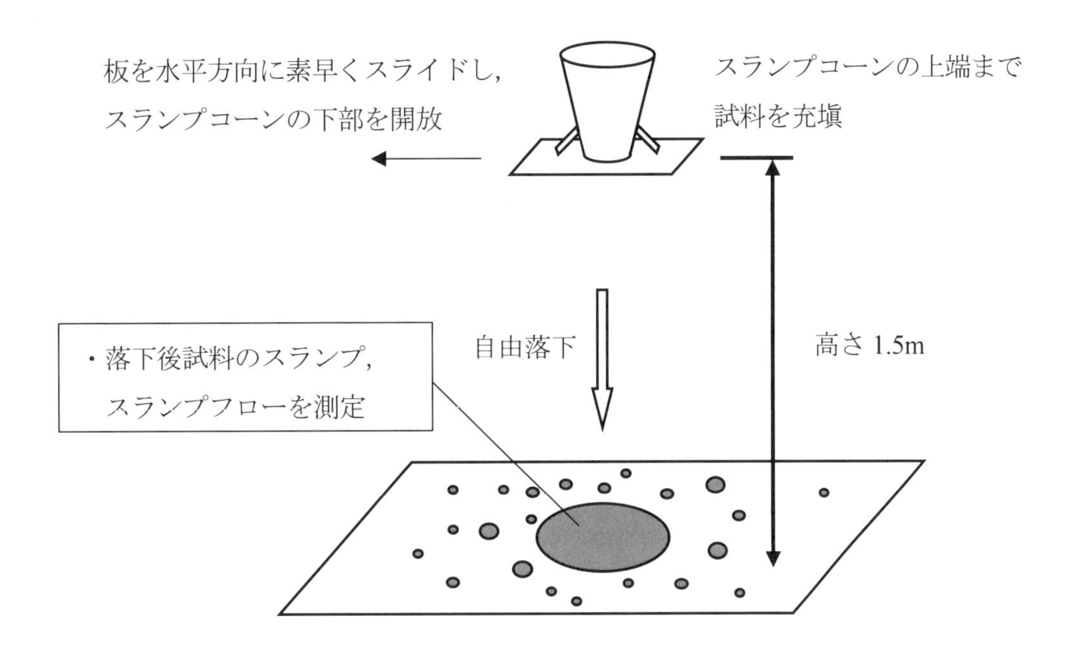

図 3.2.1　自由落下による材料分離試験の事前検討の概要

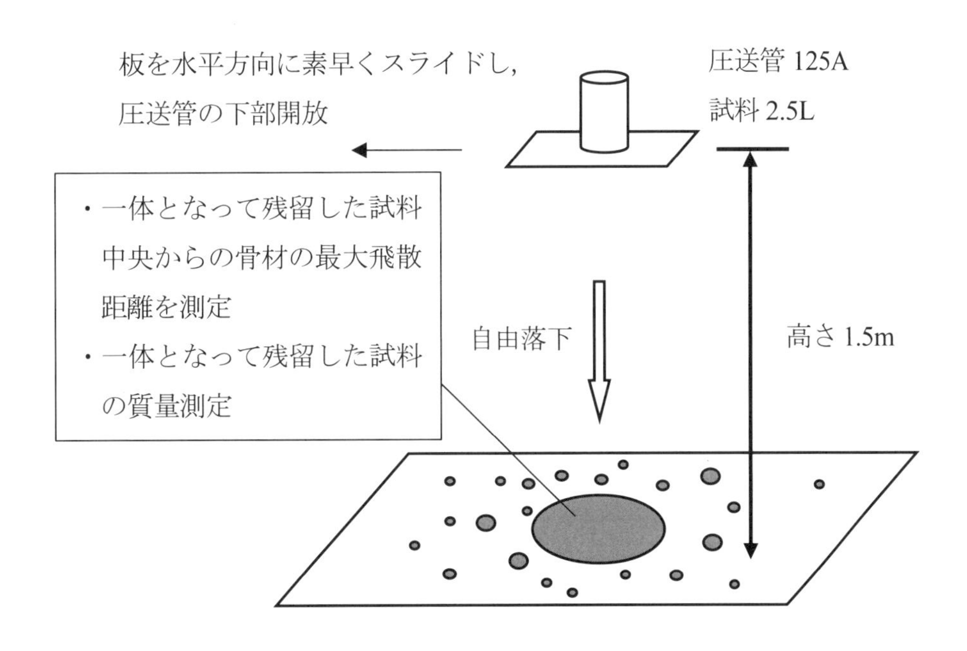

図 3.2.2　自由落下による材料分離試験の概要

写真 3.2.1　自由落下による材料分離試験の全体状況

(3)　自由落下後の充填試験

本試験は，(2)にて示した，自由落下による材料分離試験と近い条件として，高さ 1.5m から総量 60L のコンクリート試料を約 2L 毎に分けて図 3.2.3 に示す型枠の中央部に落下させ，粗骨材とモルタルの分離の程度を評価した．落下後の試料に対しては，図 3.2.3，写真 3.2.2 に示すように振動部の径がφ50mm のバイブレータを所定の位置に挿入し，加振を実施した．その際，型枠正面（かぶり側）の充填高さが 10cm，20cm および充填完了までに要した加振時間を測定した．加振後，型枠正面側の側板を外しても試料が流動しない程度まで静置し，その後，鉄筋かぶり部，鉄筋内側下部およびバイブレータ挿入部の下部より試料をそれぞれ 2L 採取し，JIS A 1112 に準拠して洗い分析試験を行った．配合の単位粗骨材量に対して，洗い分析にて算出された粗骨材量の比率から粗骨材量比率を算出した．

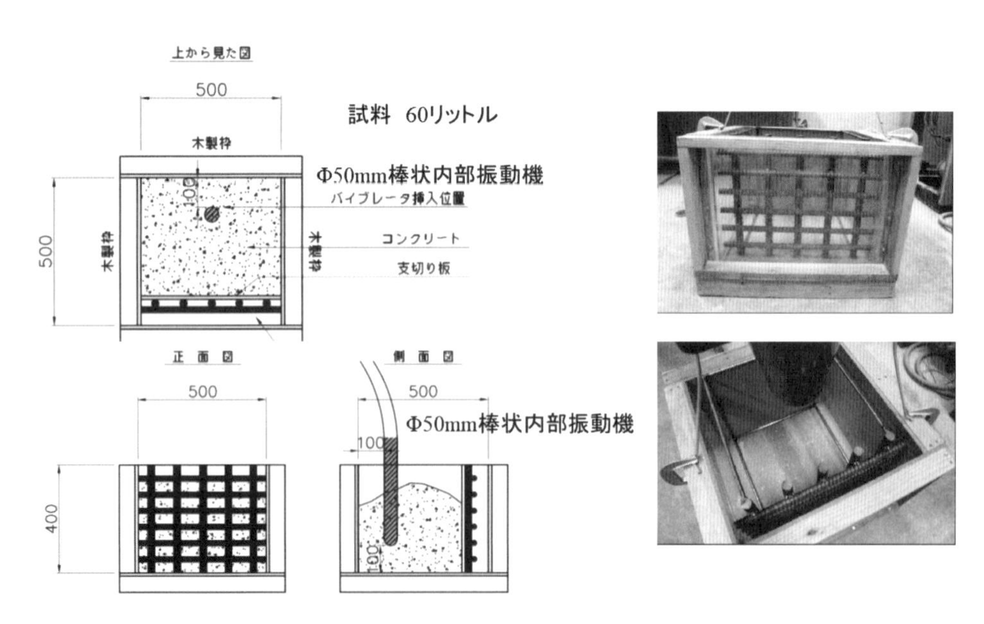

図 3.2.3　自由落下後の充填試験に用いる型枠およびバイブレータ挿入位置の概要

写真 3.2.2　自由落下後の充填試験状況

3.3　実験結果

(1)　自由落下による材料分離試験

練上がり直後のフレッシュコンクリートの性状を**表 3.3.1** に示す．いずれの配合も目標とするスランプ，スランプフローおよび空気量の範囲であることを確認した．

表 3.3.1　練上がり直後のフレッシュコンクリートの性状

No.	配合名	スランプ (cm)	スランプフロー(cm)		空気量 (%)	コンクリート温度 (℃)
				平均		
1	C318-12-20N	12.5	22.9×21.9	21.5	4.5	16
2	C350-18-20N	19.0	―	―	6.0	16
3	C350-45-20N	23.5	50.3×46.4	48.5	4.7	16
4	C380-55-20N	25.0	54.5×51.0	52.8	4.8	16
5	C550-65-20N	―	72.4×70.1	71.5	3.0	16

自由落下による材料分離試験の結果を**表 3.3.2** および**図 3.3.1** に示す．また，2.5L 試料の自由落下後の状況を**写真 3.3.1**～**写真 3.3.5** に示す．

圧送管に 2.5L の試料を充填して落下させた場合の飛散試料の質量割合について，目標スランプ 12cm のコンクリートでは最も大きく，目標スランプ 18cm，目標スランプフロー45cm および 55cm のコンクリートではスランプ 12cm の場合の半分程度の値であった．また，目標スランプフロー65cm に関しては試料の飛散はほとんど確認できなかった（**写真 3.3.5**）．これより，締固めを必要とする高流動コンクリートの高さ 1.5m からの自由落下による試料の飛散状況は，示方書で示される一般のコンクリートと同程度であると考えられる．

表 3.3.2 自由落下による材料分離試験の結果

No.	配合名	種別	骨材の飛散距離(cm)	飛散試料の質量割合(%)
1	C318-12-20N	スランプ 12cm	130	11.8
2	C350-18-20N	スランプ 18cm	133	5.9
3	C350-45-20N	スランプフロー45cm	135	5.9
4	C380-55-20N	スランプフロー55cm	104	5.1
5	C550-65-20N	スランプフロー65cm	飛散なし	—

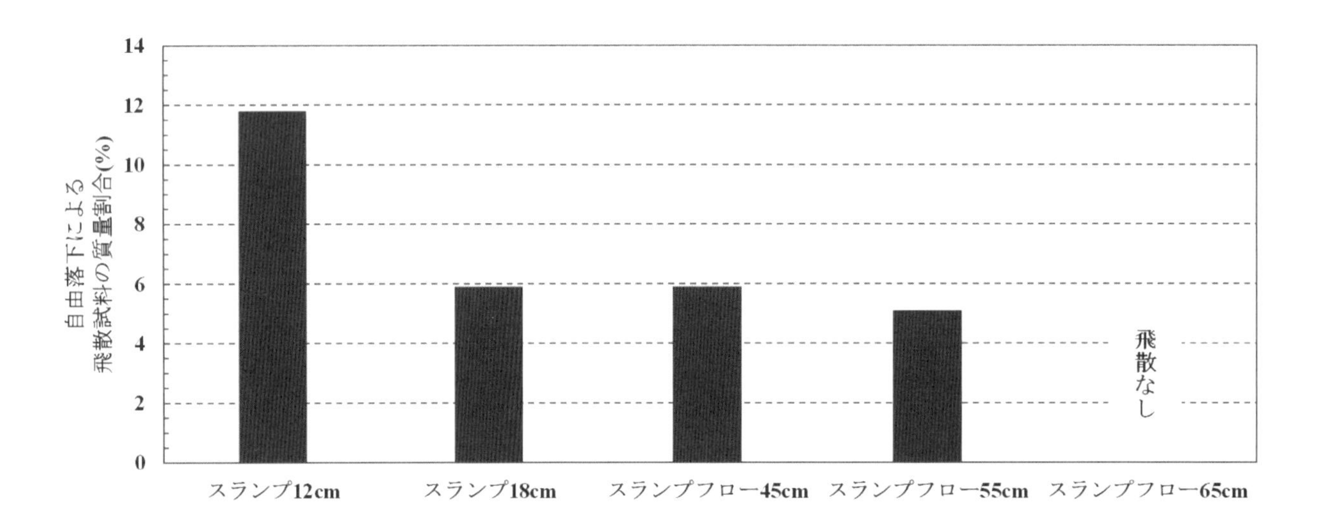

図 3.3.1 自由落下による飛散試料の質量割合

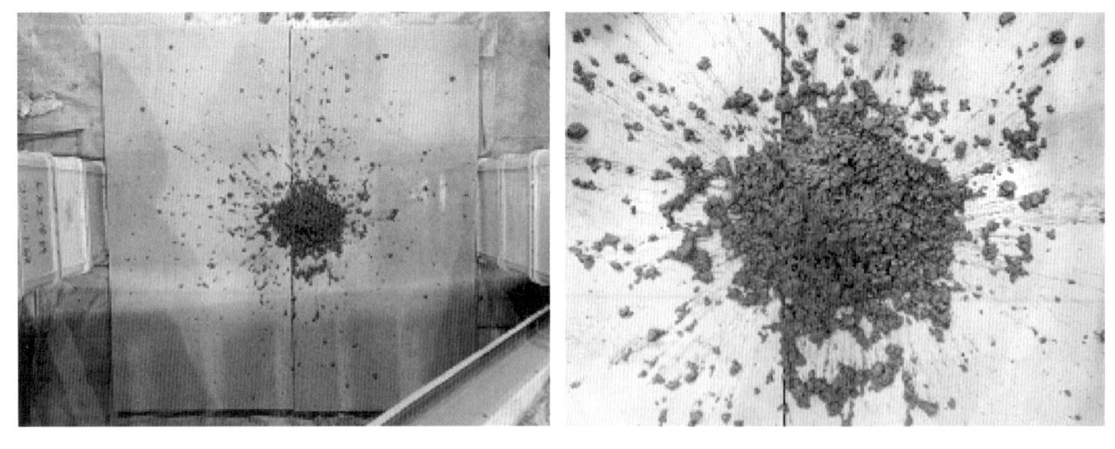

写真 3.3.1 自由落下後の試料状況(目標スランプ 12cm)

写真 3. 3. 2　自由落下後の試料状況（目標スランプ 18cm）

写真 3. 3. 3　自由落下後の試料状況（目標スランプフロー45cm）

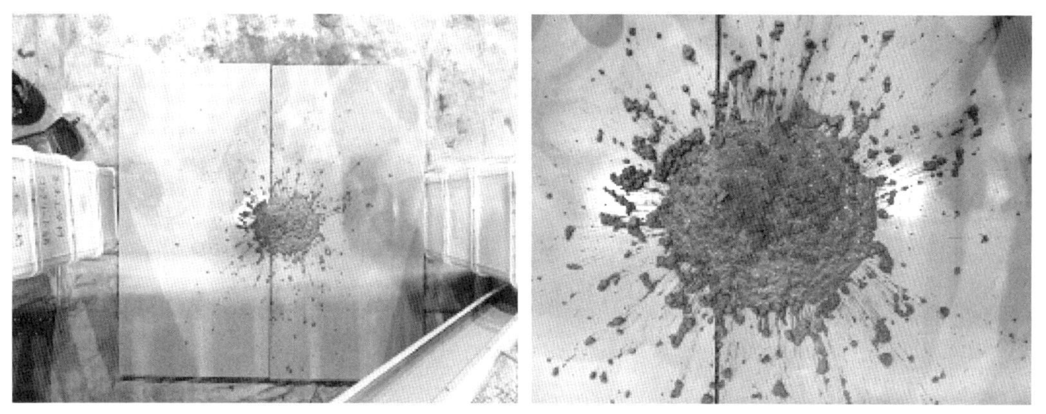

写真 3. 3. 4　自由落下後の試料状況（目標スランプフロー55cm）

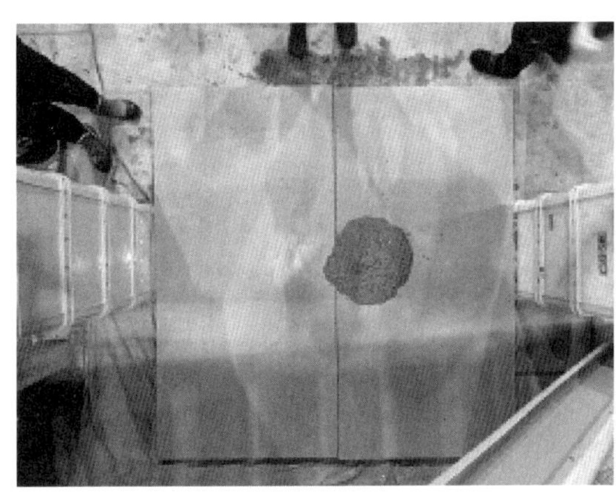

写真 3.3.5　自由落下後の試料状況（目標スランプフロー65cm）

(2)　自由落下後の充塡試験

練上がり直後のフレッシュコンクリートの性状を**表 3.3.3** に示す．いずれの配合も目標とするスランプ，スランプフローおよび空気量の範囲であることを確認した．

表 3.3.3　練上がり直後のフレッシュコンクリートの性状

配合名	種別	スランプ (cm)	スランプフロー(cm)		空気量 (%)	コンクリート温度(°C)
				平均		
C318-12-20N	スランプ 12cm	13.0	25.0×23.4	24.0	4.9	16
C350-45-20N	スランプフロー45cm	22.5	51.8×47.8	50.0	5.2	16

自由落下後の充塡試験結果を**表 3.3.4** に示す．また，自由落下後および充塡試験後のコンクリートの状況を**写真 3.3.6**～**写真 3.3.9** に示す．各充塡高さにおける加振時間は，締固めを必要とする高流動コンクリートの方が一般のコンクリートよりも短かった．また，各採取位置における粗骨材量比率は，鉄筋かぶり部では締固めを必要とする高流動コンクリートの方が普通コンクリートより小さいものの，いずれの採取位置においても顕著な分離は確認されず，締固めを必要とする高流動コンクリートと一般のコンクリートの粗骨材量比率は概ね同等の値であった．

表 3.3.4　自由落下後の充塡試験結果

種別	加振時間(s)		加振後採取位置	粗骨材量比率(%)
スランプ 12cm	充塡高さ 10cm	6.37	鉄筋かぶり	102
	充塡高さ 20cm	14.1	鉄筋内側下部	96.7
	充塡完了	24.2	バイブレータ下	100
スランプフロー45cm	充塡高さ 10cm	−	鉄筋かぶり	85.9
	充塡高さ 20cm	1.43	鉄筋内側下部	97.4
	充塡完了	5.69	バイブレータ下	105

写真 3.3.6　自由落下後の状況(普通コンクリート)

写真 3.3.7　充填試験後の状況(普通コンクリート)

写真 3.3.8　自由落下後の状況(締固めを必要とする高流動コンクリート)

写真 3.3.9　充填試験後の状況（締固めを必要とする高流動コンクリート）

3.4　まとめ

締固めを必要とする高流動コンクリートの自由落下高さの許容値の設定のため，自由落下による材料分離および自由落下後のコンクリートの加振による充填性を評価した．

その結果，高さ 1.5m から自由落下させた場合，モルタルと粗骨材の材料分離による試料の飛散距離および飛散試料の質量割合は，締固めを必要とする高流動コンクリートと一般のコンクリートで同程度であると考えられた．一方，自己充填性を有する高流動コンクリートに関しては，同条件での自由落下による材料分離は全く確認されなかった．また，落下後試料の充填に必要な締固め時間は，締固めを必要とする高流動コンクリートは一般のコンクリートと比較してかなり短い結果となった．なお，いずれの採取位置においても顕著な分離は確認されず，締固めを必要とする高流動コンクリートと一般のコンクリートの粗骨材量比率は概ね同等の値であった．

4章　流動距離に関する実験的検討

4.1　はじめに

締固めを必要とする高流動コンクリートの流動距離の許容値を設定することを目的に，コンクリートの壁部材を模擬した型枠への充填実験において，試料の水平方向への流動距離とコンクリートの材料分離に関する検討を実施した．

4.2　実験概要

4.2.1　実験水準

実験は，東京都内陸部に位置する生コン工場にて，プラントミキサで練り混ぜたコンクリートを用いて実施した．実験水準を**表 4.2.1** に示す．

使用材料について，セメントは普通ポルトランドセメントを用いた．骨材は，細骨材に砕砂と山砂，粗骨材に石灰砕石を使用した条件の場合（骨材条件 A），および細骨材に砕砂，粗骨材は硬質砂岩砕石のみとした条件の場合（骨材条件 B）の 2 水準とした．コンクリートの配合条件は，骨材条件 A および骨材条件 B のそれぞれについて，比較的良好な性状が得られる配合をそれぞれケース 1（基準配合）とした．また，骨材条件 B については，ケース 1（基準配合）から単位セメント量を 30kg/m^3 減らした配合をケース 3（粉体量減）とした．ケース 1 およびケース 3 の配合については，いずれも高性能 AE 減水剤を使用した．さらに，骨材条件 B のケース 3（粉体量減）から，混和剤を増粘剤含有高性能 AE 減水剤に変更した場合をケース 5（増粘）とした．これら 4 配合に対して，コンクリートの目標スランプフローを 45cm（タイプ 1），55cm（タイプ 2）の 2 種類とし，計 8 配合に対して試験を実施した．

表 4.2.1　実験水準

<table>
<tr><th colspan="7">配合条件</th></tr>
<tr><th>セメント種類</th><th colspan="2">骨材条件</th><th colspan="2">配合種別</th><th>目標スランプフロー</th></tr>
<tr><td rowspan="8">普通ポルトランドセメント</td><td>A</td><td>山砂＋砕砂＋石灰岩砕石</td><td>ケース 1</td><td>基準配合</td><td rowspan="4">45cm
（タイプ 1）</td></tr>
<tr><td rowspan="3">B</td><td rowspan="3">砕砂＋硬質砂岩砕石</td><td>ケース 1</td><td>基準配合</td></tr>
<tr><td>ケース 3</td><td>粉体量減</td></tr>
<tr><td>ケース 5</td><td>増粘</td></tr>
<tr><td>A</td><td>山砂＋砕砂＋石灰岩砕石</td><td>ケース 1</td><td>基準配合</td><td rowspan="4">55cm
（タイプ 2）</td></tr>
<tr><td rowspan="3">B</td><td rowspan="3">砕砂＋硬質砂岩砕石</td><td>ケース 1</td><td>基準配合</td></tr>
<tr><td>ケース 3</td><td>粉体量減</td></tr>
<tr><td>ケース 5</td><td>増粘</td></tr>
</table>

4.2.2　壁部材模擬型枠への充填実験

模擬型枠の概要を**図 4.2.1** に，配筋の仕様を**図 4.2.2** および**図 4.2.3** に示す．充填実験に使用する壁部材模擬型枠は，内寸が幅 7000 mm×奥行 500 mm×高さ 1000mm の木製型枠とした．型枠内部にはコンクリートの目標スランプフローに応じて鉄筋を配置し，スランプフロー45cm（タイプ 1）に対しては鉄筋の最小あきが 98mm，スターラップの配筋ピッチは 140mm とした．また，スランプフロー55cm（タイプ 2）に対しては鉄筋の最小あきが 67mm，スターラップの配筋ピッチは 90mm とした．かぶりはいずれも 40mm とした．

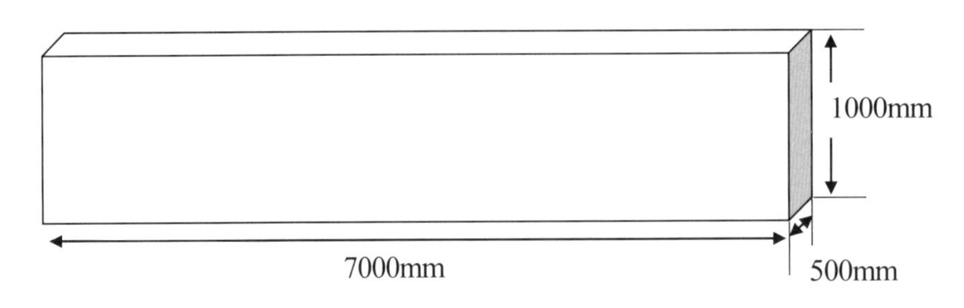

図 4.2.1　模擬型枠の寸法

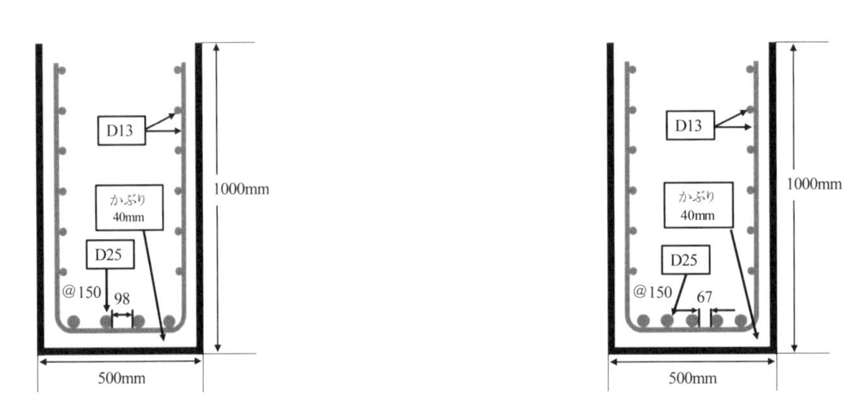

図 4.2.2　模擬型枠の配筋図（タイプ 1）　　図 4.2.3　模擬型枠の配筋図（タイプ 2）

模擬型枠へのコンクリートの打込み状況を図 4.2.4 に示す．生コン工場にて練り混ぜたコンクリートを，トラックアジテータから型枠端部の所定の位置に対して 2 層に分けて打込んだ．打込み口端部の高さが 500mm になるまでコンクリートを打ち込み，流動停止を確認した後に 0～7m まで 1m 毎に充填高さを測定した．なお，模擬型枠の先端に到達していない場合は流動距離を測定した．次にバイブレータ（振動部 390mm，径 52mm）による締固めを 500mm 間隔で行い，再び 0～7m まで 1m 毎に充填高さ，または模擬型枠の先端に到達していない場合は流動距離を測定した．2 層目は端部の高さが 1000mm に達するまでコンクリートを打ち込み，1 層目と同様に締固めおよび充填高さの測定を行った．

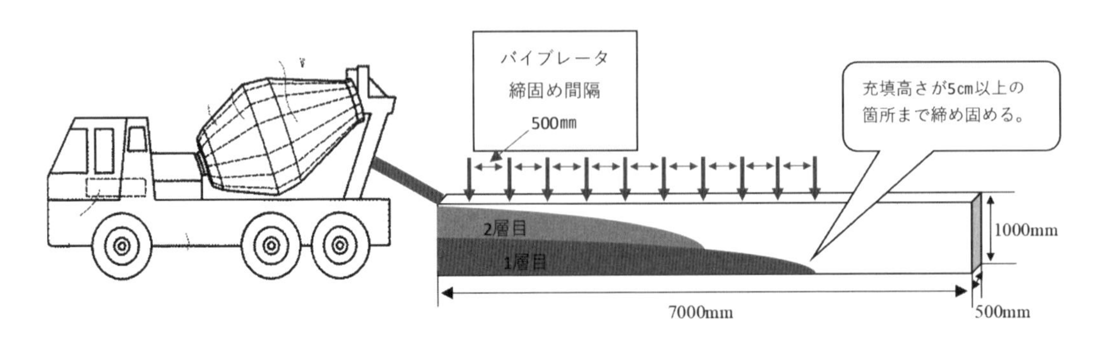

図 4.2.4　模擬型枠へのコンクリートの打込み状況

2層目の充塡後，**図 4.2.5** に示すとおり，模擬型枠の打込み地点から 0，1，3，5，7m の位置において，型枠内部の下部と上部およびかぶり部の下部と上部の試料を約 2L ずつ採取した．試料が 7m 地点まで到達していない場合は，流動先端部の試料を採取した．採取した試料は JIS A 1112 の洗い分析試験により単位粗骨材量を求め，配合上の単位粗骨材量に対する粗骨材量比率を求めた．

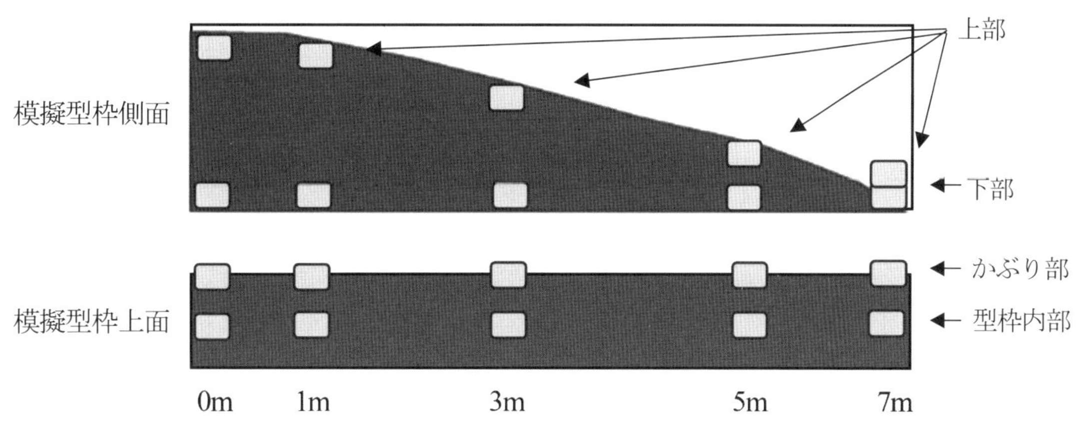

図 4.2.5　模擬型枠における洗い分析試料の採取位置

4.3　実験結果

タイプ 1（スランプフロー45cm），タイプ 2（スランプフロー55cm）のコンクリートにおける壁部材への流動距離（打込み部近傍の 0，1m を除く）と粗骨材量比率の関係を**図 4.3.1** および**図 4.3.2** に示す．

流動距離が 5m までの範囲では，壁部材の中央部から採取した試料の粗骨材量比率は，タイプ 2 のケース 3 の下部を除けば流動距離の増加に伴う変化は小さく，いずれのタイプも概ね 80%以上であった．一方，壁部材のかぶり部から採取した試料の粗骨材量比率は，中央部に比べて値が小さくなるケースが散見された．これは，縦方向に配置した鉄筋が横方向に流動するコンクリートを妨げたことが要因と推察される．また，タイプ 2 のケース 3 の中央下部（流動距離 3m 付近）や，かぶり部の粗骨材量比率についても，目視により極端な材料分離は生じていないことが確認できた．

流動距離が 7m の先端部では，タイプ 1 の増粘剤含有高性能 AE 減水剤を用いたケース 5，タイプ 2 の硬質砂岩砕石を用いたケース 1 と増粘剤含有高性能 AE 減水剤を用いたケース 5 の計 3 配合の試料上部において，目視により明らかな材料分離が確認され，粗骨材量比率は 40%程度かそれ以下であった．

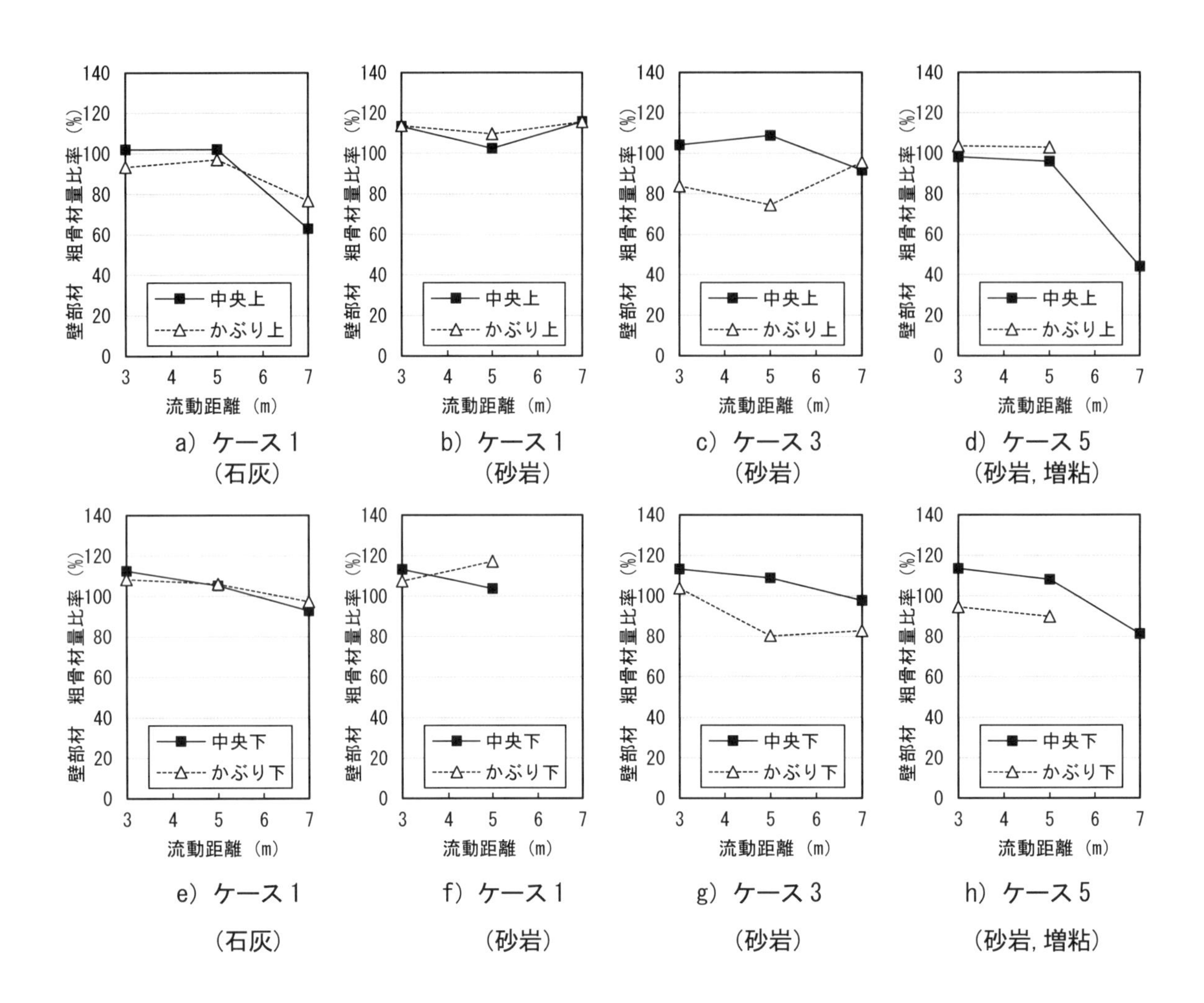

図 4.3.1 流動距離と壁部材の粗骨材量比率の関係（タイプ 1）上段：試料上部，下段：試料下部

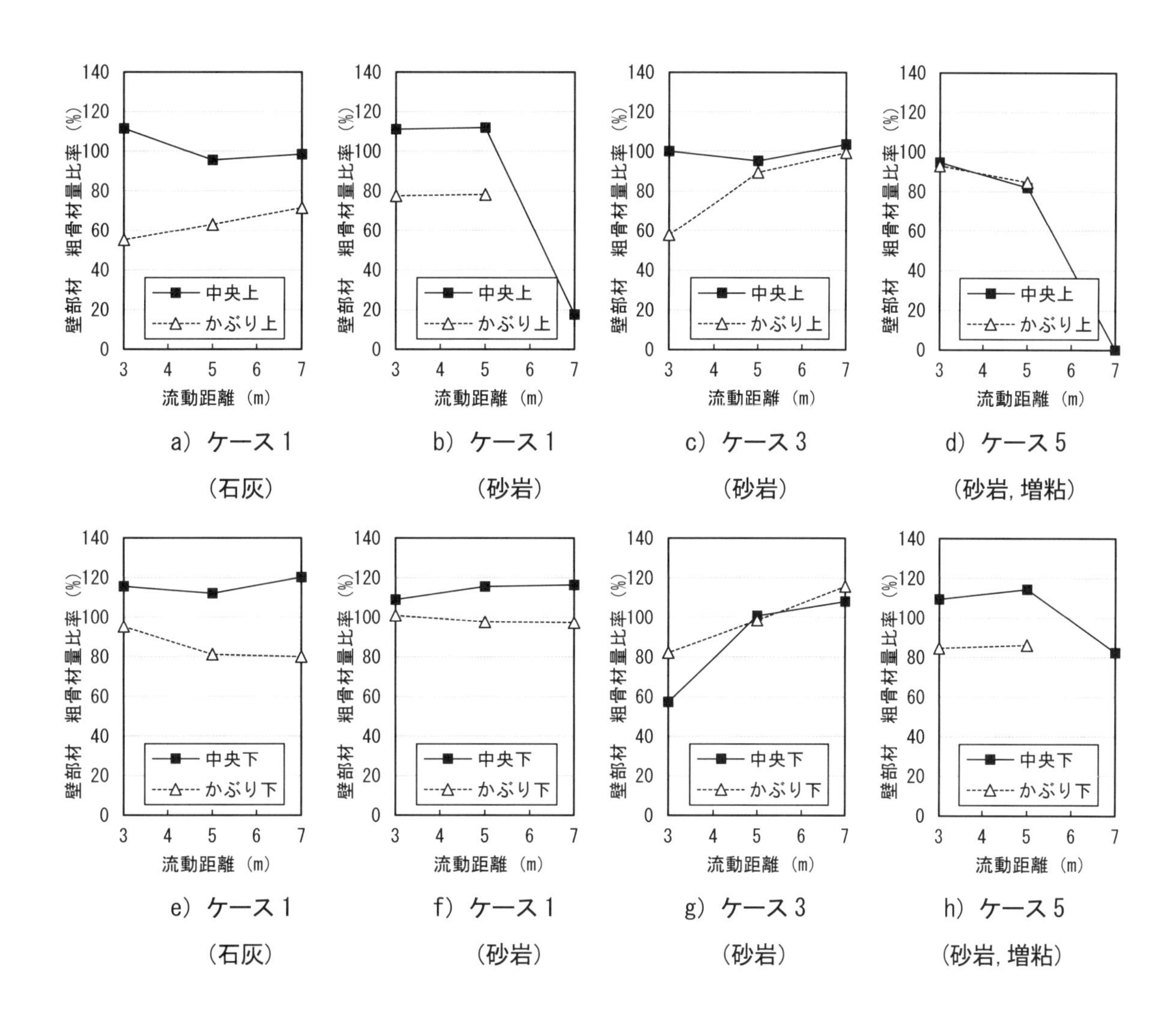

図 4.3.2　流動距離と壁部材の粗骨材量比率の関係（タイプ 2）上段：試料上部，下段：試料下部

4.4　まとめ

締固めを必要とする高流動コンクリートの流動距離の許容値の設定のため，コンクリートの壁部材を模擬した型枠への充填実験において，試料の水平方向への流動距離と材料分離の関係性を評価した．本実験結果より，締固めを必要とする高流動コンクリートの流動距離が 5m 以下であれば，粗骨材量比率が 80%程度に収まることがわかった．また，1 層あたりの打込み高さを 50cm 以下とすれば，打込みに伴う流動距離は 5m 以下になり，流動に伴う材料分離を抑制できることが確認できた．

5章　増粘剤含有高性能AE減水剤の違いに関する実験的検討

5.1　はじめに

増粘剤含有高性能AE減水剤は，含有された増粘剤の増粘作用によってセメントペーストに粘性を付与し，コンクリートの材料分離抵抗性を向上させる効果がある．そのため，増粘剤含有高性能AE減水剤を使用することによって，通常の高性能AE減水剤を用いた場合よりも少ない単位セメント量で所定の材料分離抵抗性を得ることが可能である．

5章では増粘剤含有高性能AE減水剤について，製造会社の異なる複数の材料を用いて，締固めを必要とする高流動コンクリートの性状を比較検討した．

5.2　実験概要

実験の組合せを**表 5.2.1** に示す．比較的良好なコンクリート性状が得られる単位セメント量とした配合をケース1（基準配合）とし，基準配合に対して，ケース2は単位セメント量を30kg/m^{3}増加，ケース3は単位セメント量を30kg/m^{3}減少，ケース4は細骨材率を5%減少させた配合を設定した．ケース5では，ケース3の配合で混和剤のみを増粘剤含有高性能AE減水剤に変更した．増粘剤含有高性能AE減水剤は4種を比較した．

表 5.2.1　実験の組合せ

ケース	混和剤種類	配合の諸元
ケース1	SP	基準配合
ケース2		基準配合から単位セメント量を+30kg/m^3
ケース3		基準配合から単位セメント量を-30kg/m^3
ケース4		基準配合から細骨材率を-5%
ケース5	VSPa	ケース3の配合条件で増粘剤含有高性能AE減水剤
	VSPb	
	VSPc	
	VSPd	

使用材料を**表 5.2.2** に示す．細骨材および粗骨材は関東地方の生コン工場において，一般的に使用されているものである．化学混和剤は，通常の高性能AE減水剤であるSPおよび製造会社の異なる増粘剤含有高性能AE減水剤（VSPa～VSPd）を使用した．

配合を**表 5.2.3** に示す．配合は，それぞれの試験ケースにおいて，骨材条件の異なる2種類の配合（骨材条件Aおよび骨材条件B）を検討した．基準配合の単位セメント量は，骨材条件Aでは350kg/m^3，骨材条件Bでは380kg/m^{3}となり，骨材条件Bは骨材条件Aよりも単位セメント量が30kg/m^{3}多く必要であった．目標スランプフローは45±5cm，目標空気量は4.5±1.0%とし，化学混和剤の添加率で目標値が得られるように調整した．以降，試験条件の組合せを記号（骨材条件－試験ケースNo.－混和剤種類）で表記する．

表 5.2.2　使用材料

材料名		概要
セメント	C	普通ポルトランドセメント　密度 3.16g/cm^3
水	W	上水道水
細骨材	S1	砕砂　東京都西多摩郡奥多摩町　表乾密度 2.65g/cm^3
	S2	山砂　千葉君津市小櫃　表乾密度 2.59g/cm^3
粗骨材	G1	砕石 1305　埼玉県飯能市大字坂石　表乾密度 2.65g/cm^3
	G2	砕石 2013　東京都青梅市成木　表乾密度 2.65g/cm^3
	G3	石灰 2005　埼玉県秩父市横瀬町　表乾密度 2.70g/cm^3
化学混和剤	SP	A 社製　高性能 AE 減水剤　標準形
	VSPa	A 社製　増粘剤含有高性能 AE 減水剤　標準形
	VSPb	B 社製　増粘剤含有高性能 AE 減水剤　標準形
	VSPc	C 社製　増粘剤含有高性能 AE 減水剤　標準形
	VSPd	D 社製　増粘剤含有高性能 AE 減水剤　標準形

表 5.2.3　配合

No.	骨材条件	ケース	W/C (%)	s/a (%)	単位量 (kg/m^3)							化学混和剤の種類と添加率		AE 調整剤 (A)
					C	W	S1	S2	G1	G2	G3	混和剤種類	添加率 (C×wt.%)	
1	A	ケース 1	50.0	50.0	350	175	623	259	－	－	902	SP	0.725	2.5
2		ケース 2	46.1	50.0	380	175	612	256	－	－	891		0.65	3.5
3		ケース 3	54.7	50.0	320	175	631	264	－	－	915		0.80	3.5
4		ケース 4	50.0	45.0	350	175	559	233	－	－	994		0.60	4.0
5		ケース 5	54.7	50.0	320	175	631	264	－	－	915	VSPa	0.775	4.25
6			54.7	50.0	320	175	631	264	－	－	915	VSPb	0.80	3.0
7			54.7	50.0	320	175	631	264	－	－	915	VSPc	0.75	3.0
8			54.7	50.0	320	175	631	264	－	－	915	VSPd	0.775	1.5
9	B	ケース 1	46.1	50.0	380	175	875	－	482	392	－	SP	0.875	3.0
10		ケース 2	42.7	50.0	410	175	861	－	474	387	－		0.80	3.0
11		ケース 3	50.0	50.0	350	175	888	－	488	398	－		0.725	4.0
12		ケース 4	46.1	45.0	380	175	787	－	530	432	－		0.60	4.0
13		ケース 5	50.0	50.0	350	175	888	－	488	398	－	VSPa	0.75	3.5
14			50.0	50.0	350	175	888	－	488	398	－	VSPb	0.75	3.0
15			50.0	50.0	350	175	888	－	488	398	－	VSPc	0.70	3.5
16			50.0	50.0	350	175	888	－	488	398	－	VSPd	0.75	1.5

コンクリートの作製条件を**表 5.2.4** に示す．各配合に対して室内練りでコンクリートの作製を行った．練混ぜミキサは，公称容量 60 L 用の強制二軸式ミキサを使用した．練混ぜ量は 35L として，各配合 2 バッチを練り混ぜ，混合して各試験を行った．

表 5.2.4 コンクリートの作製条件

種別	内容
ミキサ種類	強制二軸練りミキサ
練混ぜ量	35L/バッチ×2
練混ぜ方法	G+S+C+S→空練り 10 秒→W+Ad→90 秒間練混ぜ→排出（ケース 1～4） G+S+C+S→空練り 10 秒→W+Ad→120 秒間練混ぜ→排出（ケース 5）
温度	20°C

試験項目および試験方法を**表 5.2.5** に示す．試験項目はスランプフロー，空気量等のコンクリートのフレッシュ性状に関する試験のほか，ブリーディング試験，圧縮強度試験を実施した．また，振動を加えた場合の材料分離抵抗性の評価方法として沈下量試験およびボックス試験を実施した．

表 5.2.5 試験項目および試験方法

試験項目	試験方法
スランプフロー	JIS A 1150
空気量	JIS A 1128
コンクリート温度	JIS A 1156
圧縮強度	JIS A 1108（標準養生 材齢 28 日）
ブリーディング	JIS A 1123
間隙通過速度	1.2.4 参照
粗骨材量比率	1.2.5 参照

5.3 実験結果

表 5.3.1 にフレッシュ性状の試験結果一覧，**表 5.3.2** にブリーディングおよび圧縮強度の試験結果を示す．

化学混和剤種類の違いによるブリーディング試験結果の比較を**図 5.3.1** に示す．ブリーディング率は，高性能 AE 減水剤 SP を用いたケース 3 に対して，増粘剤含有高性能 AE 減水剤を用いた場合は，製造会社の違いによる差は若干見られたが概ね減少する傾向であった．

同様にケース 3 とケース 5 により，化学混和剤種類の違いによる圧縮強度試験結果の比較を**図 5.3.2** に示す．骨材条件 A，B のいずれの配合においても，化学混和剤の種類や製造会社の違いによらず，ほぼ同等の圧縮強度が得られた．

表 5.3.1　フレッシュ性状の試験結果一覧

No.	記号	スランプ (cm)	スランプフロー (cm)			フローの流動時間 (秒)	空気量 (%)	コンクリート温度 (℃)
			最大	直交	平均	停止		
1	A-1-SP	23.5	46.4	44.6	45.5	11.0	4.0	21
2	A-2-SP	23.0	44.0	42.1	43.0	7.9	4.7	21
3	A-3-SP	23.5	49.2	45.6	47.5	11.7	3.7	21
4	A-4-SP	24.0	49.8	49.2	49.5	7.4	4.9	21
5	A-5-VSPa	-	40.5	40.1	40.5	-	5.0	22
6	A-5-VSPb	23.5	47.4	44.6	46.0	9.5	4.5	22
7	A-5-VSPc	23.5	46.3	41.7	44.0	7.5	4.2	22
8	A-5-VSPd	24.0	46.6	43.4	45.0	9.3	4.8	21
9	B-1-SP	22.5	47.6	46.6	47.0	16.2	3.6	21
10	B-2-SP	23.5	47.0	44.9	46.0	13.6	4.5	22
11	B-3-SP	22.0	42.8	42.6	42.5	10.7	5.3	21
12	B-4-SP	22.5	41.5	40.6	41.0	9.2	4.8	21
13	B-5-VSPa	23.5	46.1	44.0	45.0	10.1	5.0	22
14	B-5-VSPb	23.5	49.0	48.3	48.5	10.7	5.1	22
15	B-5-VSPc	24.0	45.7	43.2	44.5	11.3	4.9	21
16	B-5-VSPd	23.5	50.3	48.5	49.5	13.0	4.8	22

表 5. 3. 2 ブリーディングおよび圧縮強度の試験結果

No.	記号	ブリーディング		圧縮強度※ (N/mm^2)
		ブリーディング率 (%)	ブリーディング量 (cm^3/cm^2)	
1	A-1-SP	2.84	0.12	43.0
2	A-2-SP	2.18	0.09	46.2
3	A-3-SP	4.44	0.19	37.5
4	A-4-SP	3.15	0.14	41.9
5	A-5-VSPa	3.73	0.16	35.6
6	A-5-VSPb	3.42	0.15	34.6
7	A-5-VSPc	4.30	0.19	34.5
8	A-5-VSPd	2.97	0.13	35.6
9	B-1-SP	2.96	0.13	50.0
10	B-2-SP	2.11	0.09	54.3
11	B-3-SP	3.94	0.17	40.8
12	B-4-SP	1.98	0.09	48.4
13	B-5-VSPa	3.23	0.14	44.6
14	B-5-VSPb	3.46	0.15	39.3
15	B-5-VSPc	3.71	0.16	41.4
16	B-5-VSPd	2.81	0.12	38.7

※：圧縮強度は空気量の違いによる影響をなくすため，空気量 4.5%を基準として，空気量の差 1%につき，圧縮強度を 5%増減する補正を行った．

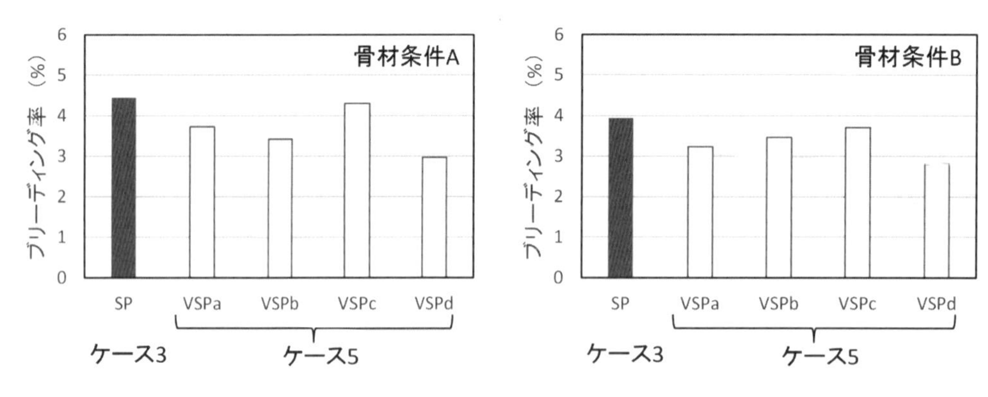

図 5. 3. 1 化学混和剤の違いによるブリーディング試験結果の比較

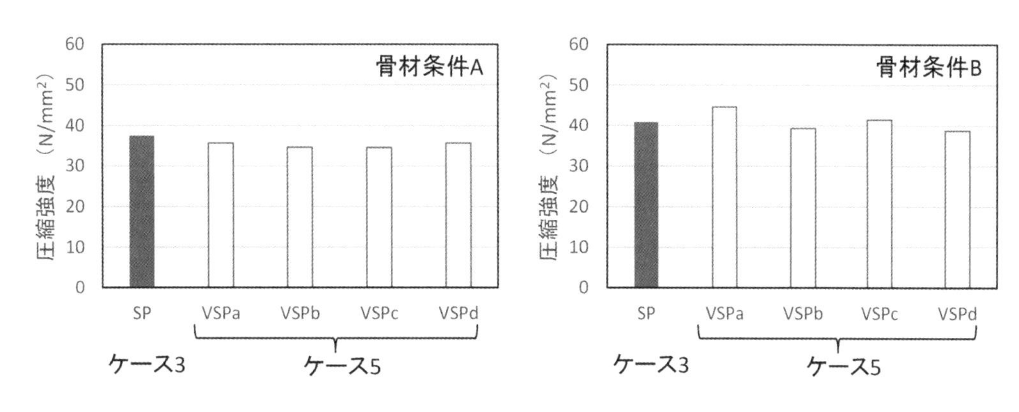

図 5. 3. 2 化学混和剤の違いによる圧縮強度試験結果の比較

表 5. 3. 3 に沈下量試験とボックス試験の試験結果を示す.

図 5. 3. 3 に骨材条件ごとの沈下量試験における粗骨材量比率の比較を示す. ケース 1, 2, 3 を比較すると, 骨材条件によらずコンクリートの性状が比較的良好なケース 1 の粗骨材量比率が最も高く, 単位セメント量を増加したケース 2 や単位セメント量を減じたケース 3 は粗骨材量比率が低下する傾向であった. また, 細骨材率を減じたケース 4 もケース 1 に対して, 粗骨材量比率は低下した.

ケース 3 とケース 5 により化学混和剤の影響を比較すると, 骨材条件によらずに化学混和剤の違いが粗骨材量比率に与える影響は小さく, 増粘剤含有高性能 AE 減水剤を用いることで粗骨材量比率が向上するという結果とはならなかった. これは振動締固めによる粗骨材の沈降には, セメントペーストの粘性以外にも, 粗骨材の形状やモルタル中の細骨材の種類や量によって, 振動を加えた際に骨材が噛み合う現象が起き, 粗骨材が沈降しにくい状況が発生すること等が影響しているためであると推察される.

表 5. 3. 3 沈下量試験およびボックス試験の結果

No.	記号	沈下量試験	ボックス試験	
		粗骨材量比率 (%)	B 室の粗骨材量比率 (%)	間隙通過速度 (mm/s)
1	A-1-SP	60	94	155
2	A-2-SP	55	96	136
3	A-3-SP	55	96	106
4	A-4-SP	42	92	117
5	A-5-VSPa	46	91	139
6	A-5-VSPb	41	89	162
7	A-5-VSPc	53	85	190
8	A-5-VSPd	47	90	147
9	B-1-SP	60	83	67
10	B-2-SP	49	85	85
11	B-3-SP	44	92	64
12	B-4-SP	51	87	35
13	B-5-VSPa	49	92	99
14	B-5-VSPb	51	87	85
15	B-5-VSPc	46	84	87
16	B-5-VSPd	53	80	49

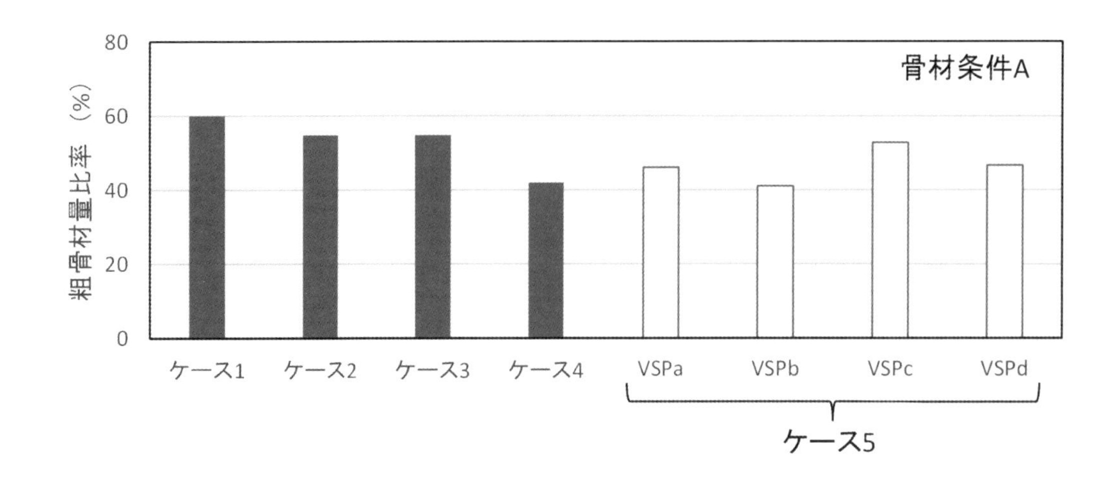

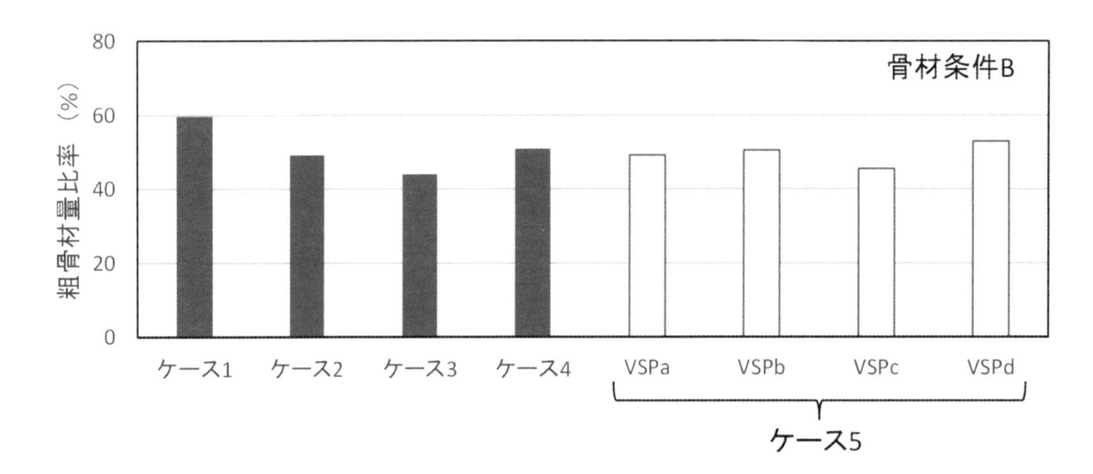

図 5.3.3　沈下量試験における粗骨材量比率の比較

図 5.3.4 に骨材条件ごとのボックス試験における間隙通過速度の比較を示す.

まず，ケース 1 の骨材条件の違いを比較すると，骨材条件 A は，間隙通過速度が約 150mm/s に対して，骨材条件 B では約 70mm/s と骨材条件 A のほうが大きな値が得られた．これは，骨材条件 A は振動を加えた場合に比較的スムーズに鉄筋間を通過して充填されるが，骨材条件 B は振動を加えた場合に骨材の噛合い等が発生し，鉄筋間の通過や充填に時間を要したものと推察される.

次にケース 3 とケース 5 により化学混和剤の違いを比較すると，骨材条件 A，B のいずれの骨材条件においても，増粘剤含有高性能 AE 減水剤を用いることで，通常の高性能 AE 減水剤を用いたケース 3 よりも間隙通過速度が増加し，ケース 1 と同程度の間隙通過速度が得られた．特に，骨材条件 B については，VSPd を除いてケース 1 よりも間隙通過速度が大きくなっており，増粘剤含有高性能 AE 減水剤の増粘作用によりセメントペーストに粘性を付与することで，骨材が噛み合う現象の発生を防ぎ，スムーズに鉄筋間を通過し充填されたためと推察される.

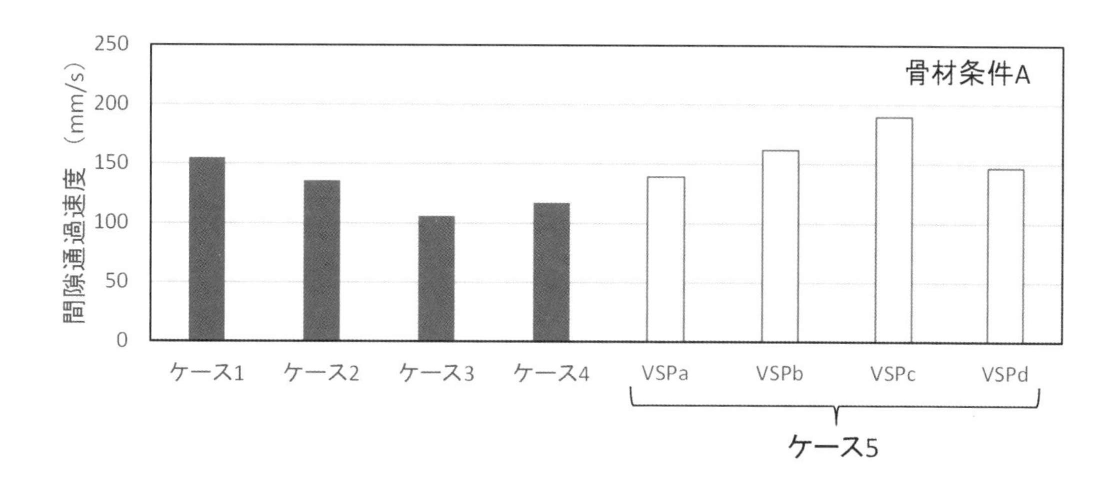

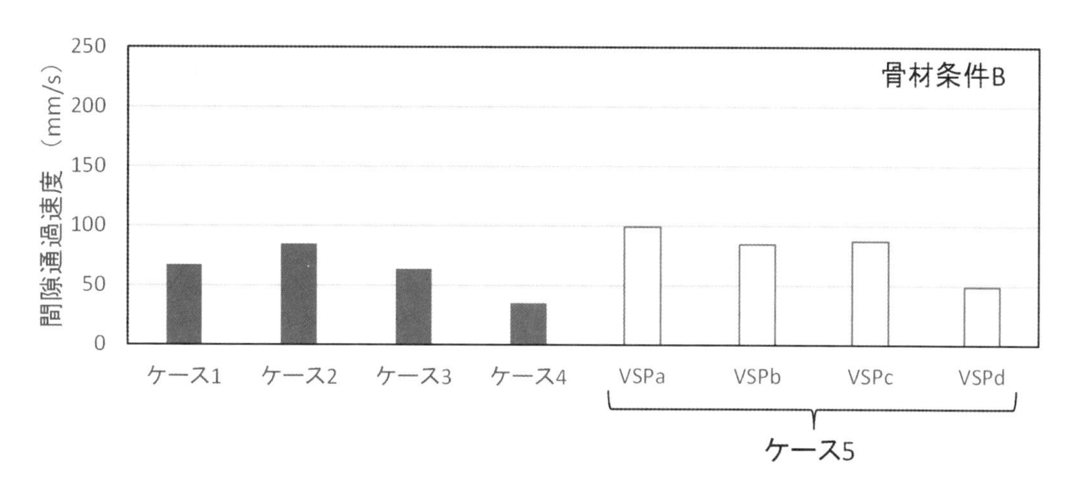

図 5.3.4　ボックス試験における間隙通過速度の比較

5.4　まとめ

増粘剤含有高性能 AE 減水剤について，製造会社の異なる複数の材料を用いて締固めを必要とする高流動コンクリートの性状を比較検討した．

その結果，ブリーディングは，増粘剤含有高性能 AE 減水剤の製造会社の違いによらず，高性能 AE 減水剤を用いた場合よりも若干の減少傾向となった．圧縮強度は，高性能 AE 減水剤を用いた場合とほぼ同等となる結果が得られた．

また，沈下量試験の粗骨材量比率については，増粘剤含有高性能 AE 減水剤を用いても，高性能 AE 減水剤を用いた場合に対して粗骨材量比率が向上する結果とはならなかった．また，増粘剤含有高性能 AE 減水剤の製造会社による違いは確認されなかった．ボックス試験の間隙通過速度は，増粘剤含有高性能 AE 減水剤の製造会社の違いによらず，高性能 AE 減水剤を用いた場合よりも大きな値が得られた．

これらの結果より，締固めを必要とする高流動コンクリートに増粘剤含有高性能 AE 減水剤を用いた場合に，増粘剤含有高性能 AE 減水剤の製造会社の違いによるコンクリートの性状への影響は小さいと考えられる．

6章 フレッシュコンクリートの性状による材料分離の評価

6.1 はじめに

資料編II編の3章で述べたとおり，締固めを必要とする高流動コンクリートの材料分離は，縦方向の分離を沈下量試験の粗骨材量比率で，横方向の分離を加振ボックス試験の間隙通過速度により評価できる．しかしながら，当該コンクリートを実施工で用いる場合，縦方向の分離と横方向の分離が同時に生じる条件も想定されるため，これらの分離現象を複合的に評価することが望ましいと考えられる．そこで，本章では，粗骨材量比率と間隙通過速度の関係から材料分離を評価する手法と，材料分離の指標として設定した目標値の妥当性を検証することを目的として，1章および4章で得られた結果を基に考察する．

6.2 評価手法の妥当性検証

1章の共通試験における全機関の結果と，4章の流動距離の確認試験時に実施した沈下量試験とボックス試験の結果について，それぞれのコンクリートのタイプに分けて整理した粗骨材量比率と間隙通過速度の関係を図6.2.1に示す．同図には，粗骨材量比率と間隙通過速度の目標値（材料分離を許容できる下限値）を併記しており，これらの関係から「分離抵抗性あり」，「分離の可能性あり」，「分離の可能性高」と区分した．共通試験で実施した配合のうち，比較的状態のよい基準配合のケース1は，機関によってばらつきは認められるものの，概ね粗骨材量比率と間隙通過速度の下限値を超える範囲，すなわち「分離抵抗性あり」と評価される範囲に分布しており，資料編II編の3章で解説した，流動距離の確認試験の結果（壁部材）ともあっているのがわかる．

共通試験におけるスランプフロー試験時の目視評価に準じて区分した結果を図6.2.2，図6.2.3に示す．これらの図より，「中央に粗骨材が残る」「粗骨材を端部まで引っ張っていない」など，目視にて材料分離が生じていると判断された配合は，「分離の可能性高」または「分離の可能性あり」と評価される範囲に多く分布していることがわかる．目視評価には個人差が含まれるため統一的な評価がなされた結果とはいえないが，それでもおおよその傾向は捉えることができていると考えられる．

6.3 まとめ

本章で提示した粗骨材量比率と間隙通過速度の関係から材料分離を評価する手法と，材料分離の指標として設定した目標値について，各機関で実施した共通試験の結果を用いて検討した結果，これらを用いた評価手法の妥当性を確認することができた．

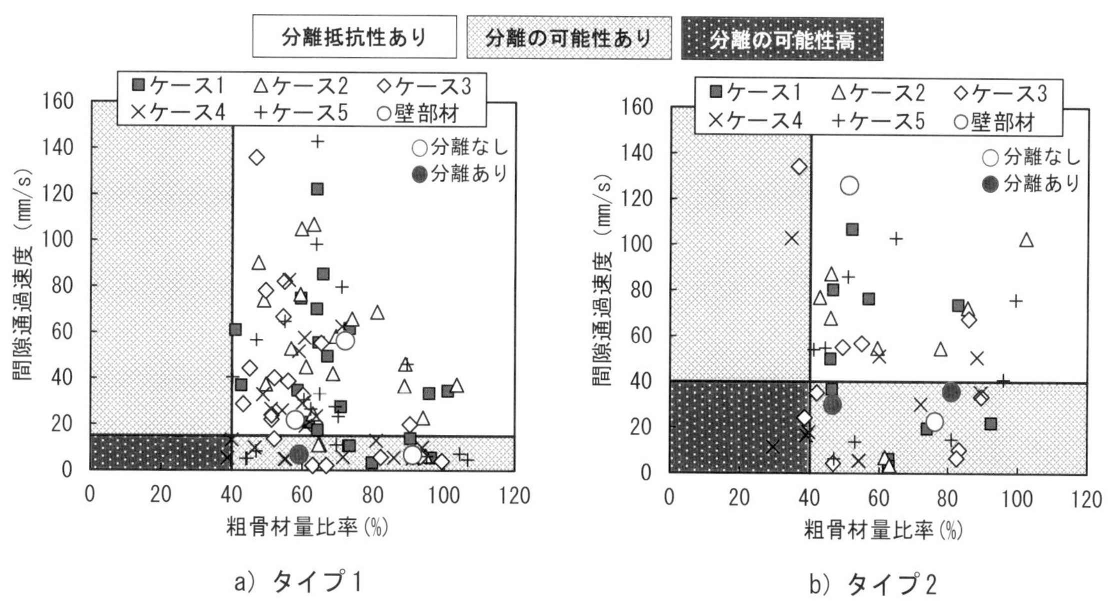

図 6.2.1　粗骨材量比率と間隙通過速度の関係

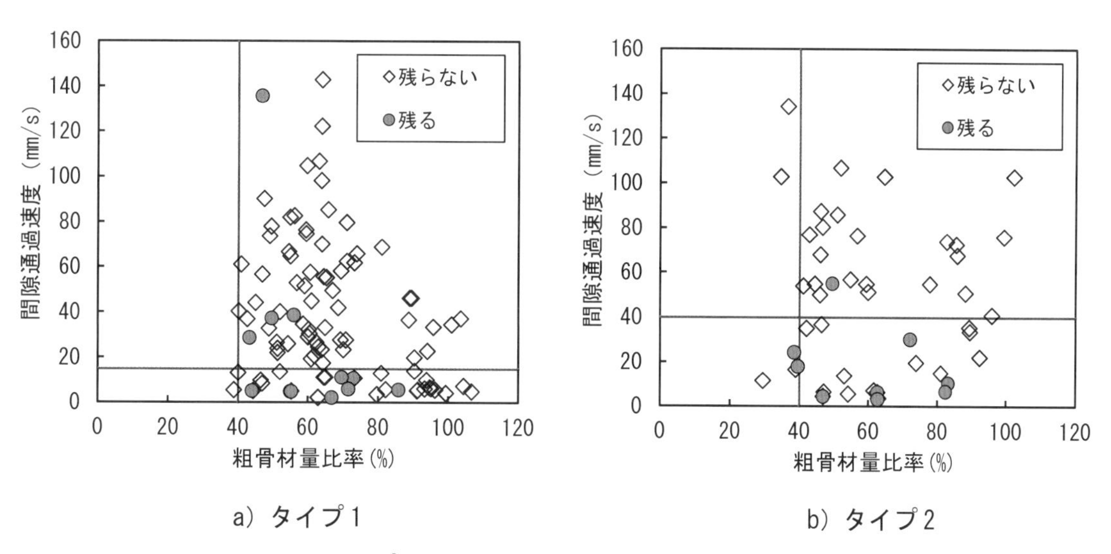

図 6.2.2　スランプフロー試験時の目視評価（中央の粗骨材の残り）

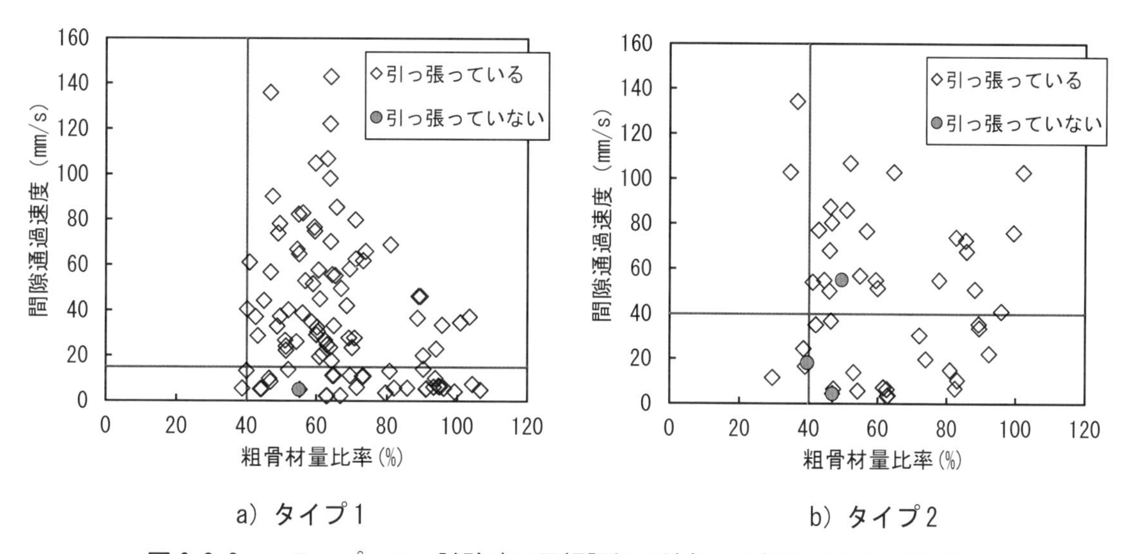

図 6.2.3　スランプフロー試験時の目視評価（端部への粗骨材の引っ張り）

7章　材料分離が硬化コンクリートの品質に与える影響

7.1　はじめに

本章では，締固めが必要な高流動コンクリートにおいて，材料分離が硬化コンクリートの品質に与える影響を実験的に検討した．資料編 II 編 3.3 で述べたように，型枠近傍は振動締固めによる影響が大きく，その場合に縦方向に材料分離しやすいことが想定された．そこで，本章では，［指針（案）：施工標準］より過剰な振動締固めを与えた柱部材を模した試験体を作製した．コンクリート硬化後の試験体から複数のコア供試体を採取して，所定の位置に残存する粗骨材の割合の測定し，同箇所における圧縮強度，静弾性係数および長さ変化率と比較することで，材料分離が硬化コンクリートの品質に与える影響を評価した．

7.2　実験概要

7.2.1　柱部材の供試体概要

写真 7.2.1 に試験体の型枠を示す．寸法は，幅 500mm×奥行 500mm×高さ 1,000mm の柱部材形状とした．配合水準は 4 ケースとし，試験体は 4 体製作した．コンクリートが硬化した後，コア供試体を採取して試験片を成形後，所定の養生をしたうえで各硬化特性の試験を行った．**図 7.2.1** にコア供試体の採取位置を示す．コア供試体の採取は 1 試験体につき 4 箇所とし，コア A は上部縦方向，コア B は上部横方向，コア C は打重ね部横方向，コア D は下部横方向の位置とした．

写真 7.2.1　試験体の型枠

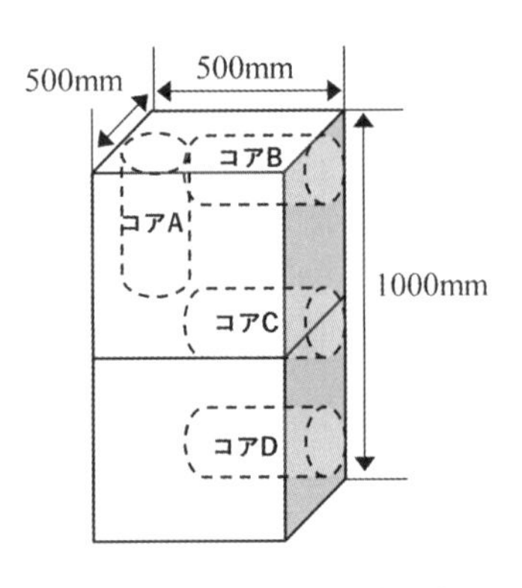

図 7.2.1　コア供試体の採取位置

7.2.2　使用材料および配合水準

本実験は生コン工場で実施した．**表 7.2.1** に使用材料を示す．原材料は，生コン工場で日常的に使用しているものとした．**表 7.2.2** に試験水準とコンクリートの配合を示す．いずれの水準も目標スランプフローは 45±5cm，目標空気量は 4.5±1.0%とし，単位水量 175kg/m³ と細骨材率 50%を一定とした．配合 No.1 は細骨材に山砂，砕砂，粗骨材は石灰砕石を使用した（石灰砕石　ケース 1　基準配合）．これに対し，配合 No.2 は細骨材に砕砂，粗骨材に硬質砂岩砕石を使用し，配合 No.1 より単位セメント量を 30 kg/m³ 増加させた（砂岩砕石　ケース 1　基準配合）．配合 No.3 は砕砂および硬質砂岩砕石の貧配合として配合 No.2 に対しセメント量を 30 kg/m³ 減少（砂岩砕石　ケース 3　セメント減）させ，配合 No.4 は配合 No.3 のうち混和剤を増粘剤含有高性能 AE 減水剤に変更した配合（砂岩砕石　ケース 5　増粘）とした．

表 7.2.1 使用材料

材料名		概 要
セメント	C	普通ポルトランドセメント：密度 3.16 g/cm³
水	W	上水道水
細骨材	S1	砕砂，東京都多摩郡産，表乾密度 2.65g/cm³，粗粒率 3.00
	S2	山砂，千葉県君津産，表乾密度 2.59 g/cm³，粗粒率 1.70
粗骨材	G1	硬質砂岩砕石 1305，埼玉県飯能産 表乾密度 2.65 g/cm³，実積率 59.1%
	G2	硬質砂岩砕石 2013，東京都青梅産，表乾密度 2.65 g/cm³，実積率 60.6%
	G3	石灰岩砕石 2005，埼玉県秩父郡産，表乾密度 2.70 g/cm³，実積率 60.2%
化学混和剤	SP	高性能 AE 減水剤標準形
	AE	AE 剤
	VSP	増粘剤含有高性能 AE 減水剤

表 7.2.2 コンクリートの配合

配合 No.	試験水準	W/C (%)	s/a (%)	単位量(kg/m³)							混和剤添加率		
				C	W	S1	S2	G1	G2	G3	SP	AE	VSP
1	石灰砕石 ケース 1 基準配合	50	50	350	175	623	259	-	-	902	1.60	1.5	-
2	硬質砂岩 ケース 1 基準配合	46	50	380	175	875	-	482	392	-	1.45	2.5	-
3	硬質砂岩 ケース 3 セメント減	50	50	350	175	888	-	488	398	-	1.525	2.5	-
4	硬質砂岩 ケース 5 増粘剤含有	50	50	350	175	888	-	488	398	-	-	0.25	1.35

7.2.3 試験体の打込み・締固め

(1) コンクリートの製造

コンクリートの練混ぜは生コン工場の実機練りミキサ（3300L）を使用し，1 バッチ当り 1.5m³ を練り混ぜてアジテータトラックに積み込み，フレッシュコンクリート試験を実施してから試験体への打込み等を行った．

(2) フレッシュコンクリート試験

表 7.2.3 にフレッシュコンクリートの試験項目および試験方法を示す．

表 7.2.3　試験項目および試験方法

試験項目	試験方法
スランプフロー	JIS A 1150
空気量	JIS A 1128
コンクリート温度	JIS A 1156
間隙通過速度	1.1.4 参照
粗骨材量比率	1.1.5 参照

(3)　試験体の打込みおよび締固め方法

図 7.2.2 にコンクリートの打込み方法および締固め位置を示す．締固め時間は［指針（案）：施工標準］による方法（1 箇所当り 5 秒程度）より厳しい条件とするものとした．**写真 7.2.2** にコンクリートの打込みおよび締固めの状況を示す．打込みは 2 層に分けて行い，締固めには棒状バイブレータ（振動部 187mm，径φ32mm）を使用した．1 層目を 500mm まで打ち込んだ後に図で示す 4 箇所に締固めを行った．2 層目の打込みは 1 層目の締固めから 15 分後に行った．1 層目は棒状バイブレータの先端が下端に接触しないように 10 秒間振動を与えた．2 層目は 1 層目にバイブレータの先端が 100mm 挿入する位置で 10 秒間，さらに 2 層目上部ではバイブレータの先端が 200mm 挿入する位置で 5 秒間振動締固めを行った．

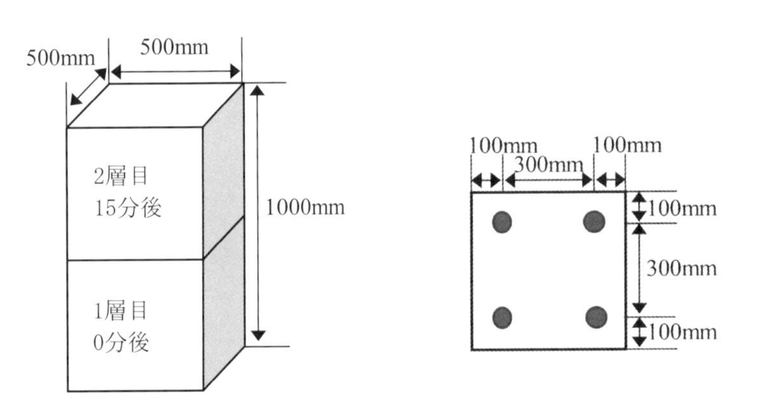

図 7.2.2　コンクリートの打込み方法と締固め位置の概要

写真 7.2.2　コンクリートの打込み（左）および締固め（右）の状況

7.2.4　コア供試体の作製および硬化コンクリート試験

(1)　コア供試体の採取方法

図 7.2.3 にコア供試体の採取位置を示す．コア A は試験体の上面から縦方向に採取した．コア B，C および D は試験体の側面から横方向に，それぞれ高さ位置を変え，上部，打重ね部，下部より採取した，コア供試体の採取は打込みから 6 日後に行った．

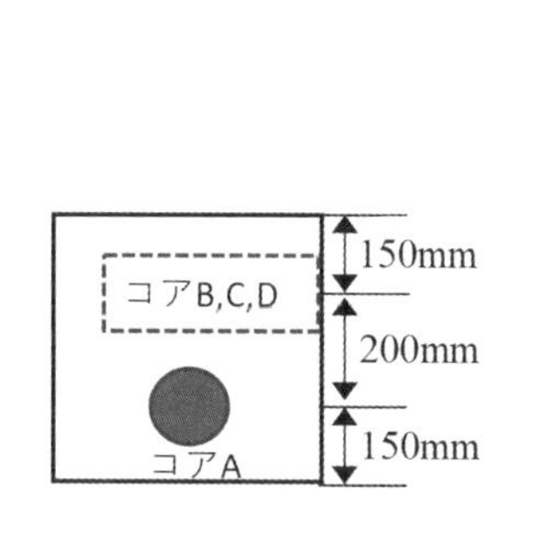

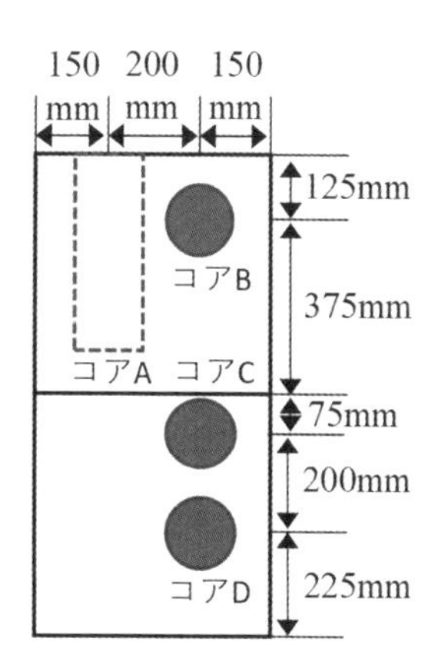

図 7.2.3　コア供試体の採取位置（左：上面，右：側面）

(2)　試験片の成形

図 7.2.4 に採取したコア供試体から試験片の成形方法を示す．コア A は A-1（表面から 10～40mm），A-2（表面から 50～80mm），A-3（表面から 100～130mm），A-4（表面から 250～280）mm）の各位置で 30mm の厚さに切断した．コア B，C および D は，それぞれ試験体表面から 320～350mm の位置（B-1，C-1，D-1）で 30mm に切断し，表面から 10～310mm の位置（B-2，C-2，D-2）で 300mm に切断した．

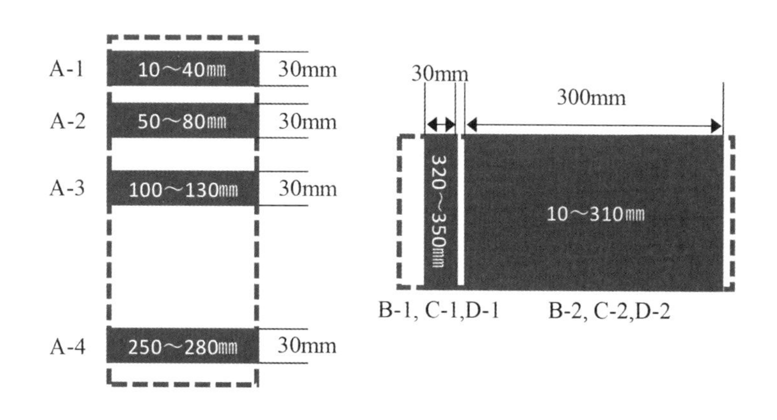

図 7.2.4　試験片の成形方法

(3)　硬化コンクリート試験

硬化コンクリートの試験は，コア供試体より成型した試験片を用いた．表 7.2.4 に試験項目および試験方法を示す．試験片 A1～A4 および B-1，C-1，D4 は粗骨材割合の測定と長さ変化試験に供した．試験片 B-2，C-2，D-2 は圧縮強度試験および静弾性係数試験に供した．

粗骨材割合は，図 7.2.5 に例を示すように，試験片表面の粗骨材を抽出して画像処理でその面積率を測定し，粗骨材容積率（コンクリート中の粗骨材容積割合）で除して求めた値と定義した．なお，コア A では試験体に対し上面側を，コア B，C，D では試験体に対し表面側を「表」と表記し，その一方を「裏」と表記している．

各試験片の長さ変化率は，**図 7.2.6** に示すように試験ゲージプラグの貼り付け，所定の材齢でコンタクトストレインゲージを用いて測定した．試験片 A1〜A4 では両面において 1 方向を測定した．試験片 B-1，C-1，D-1 は測定面が試験体において上下方向にあることから，試験片内の 2 方向で粗骨材の割合が異なることが予想されたことから両面において 2 方向を測定した．

表 7.2.4　試験項目および試験方法

分類	試験項目	試験方法	試験体 No.
コア供試体（材齢 6 日時に採取）	圧縮強度	JIS A 1107，ϕ150×300mm，20°C，R.H.60%室内で気中養生，材齢 4 週で測定	B-2，C-2，D-2
	静弾性係数	JIS A 1149，材齢 4 週	
	粗骨材割合	試験片の表裏面を写真撮影し（**図 7.2.5**），画像処理ソフトで粗骨材面積率を求め，粗骨材容積率（コンクリート中の粗骨材容積割合）で除して求めた	A-1〜A-4 B-1，C-1，D-1
	長さ変化率	コンタクトストレインゲージによる測定（**図 7.2.6**），材齢 1 週後に基長後 20°C60%室内で気中養生，材齢 1，2，3，4，6，8，13，26 週で測定	

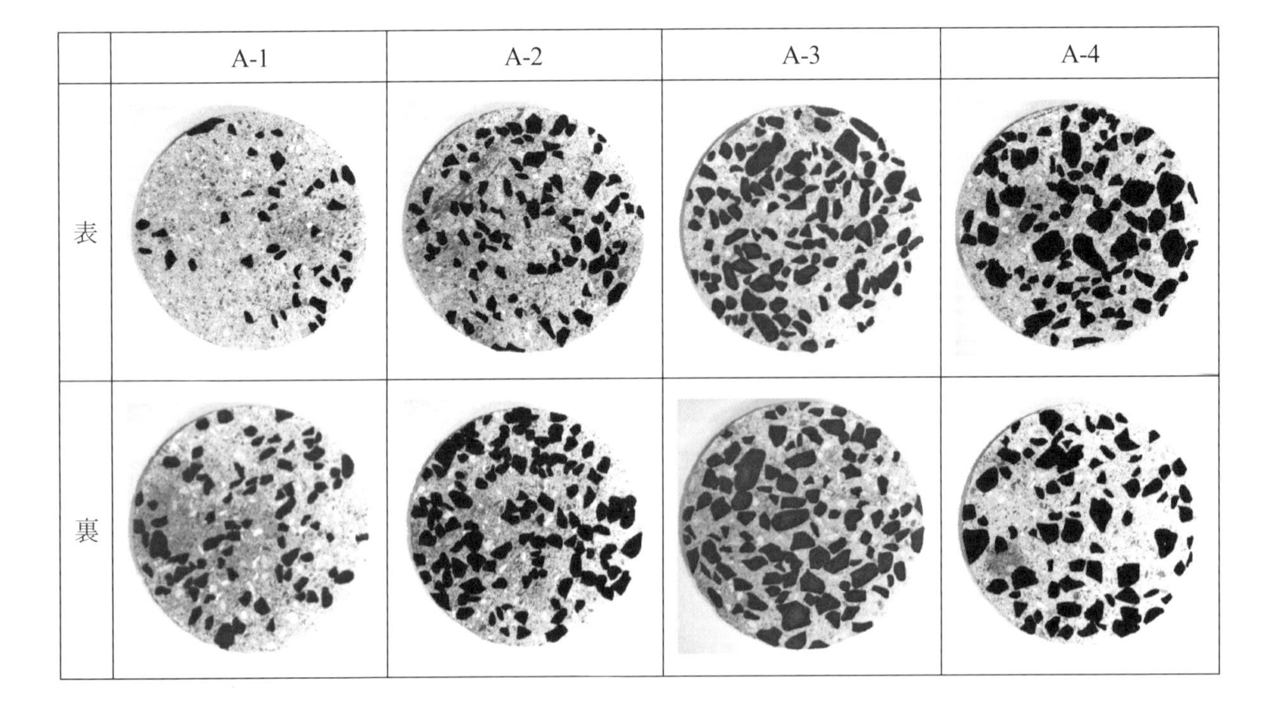

図 7.2.5　試験片表面の粗骨材を抽出した画像の一例（試験体 No. 1，コア A）

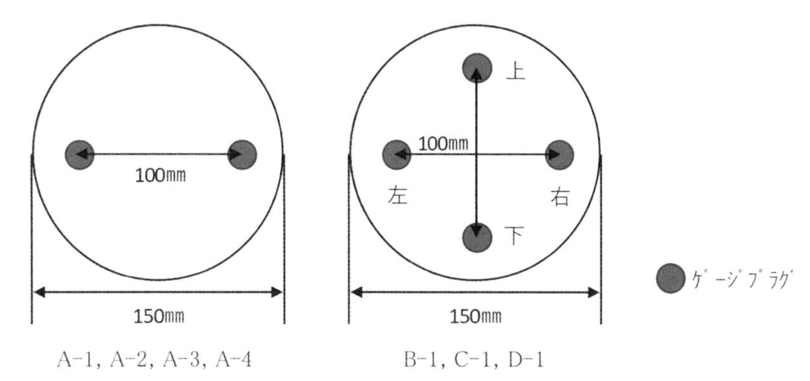

図 7.2.6　コア供試体の長さ変化率の測定方法とゲージプラグの貼付け位置

7.3　実験結果

7.3.1　フレッシュコンクリート試験

表 7.3.1 にフレッシュコンクリートの試験結果を示す．いずれの配合も目標スランプフロー45±5cm，目標空気量 4.5±1.0%ともに満足した．図 7.3.1 に間隙通過速度と粗骨材量比率の結果を示す．間隙通過速度は，石灰骨材を使用した No.1 が砂岩砕石を使用した No.2，No.3，No.4 より大きな値を示した．このことは骨材の違いによって間隙通過性が異なることを示している．砂岩砕石を使用した No.2，No.3，No.4 については，セメント量の少ない No.3 および No.4 の間隙通過速度が若干小さくなっており，セメント量の違いが影響したものと考えられる．粗骨材量比率はいずれの配合も概ね同じ程度であった．これらの分離の評価を 6.2 に準じれば，本実験で使用したいずれのコンクリートも材料分離抵抗性があるものと評価できるものであった．

表 7.3.1　フレッシュコンクリート試験の結果

配合 No.	スランプフロー(cm)			空気量(%)	コンクリート温度(°C)	間隙通過速度(mm/s)	粗骨材量比率(%)
	①	②	平均				
No.1	46.5	45.0	45.8	3.7	32.0	108.9	69.4
No.2	43.0	43.0	43.0	5.0	32.0	26.6	66.4
No.3	45.0	43.5	44.3	4.6	32.0	16.2	71.8
No.4	46.5	45.0	45.8	4.4	33.0	18.2	65.0

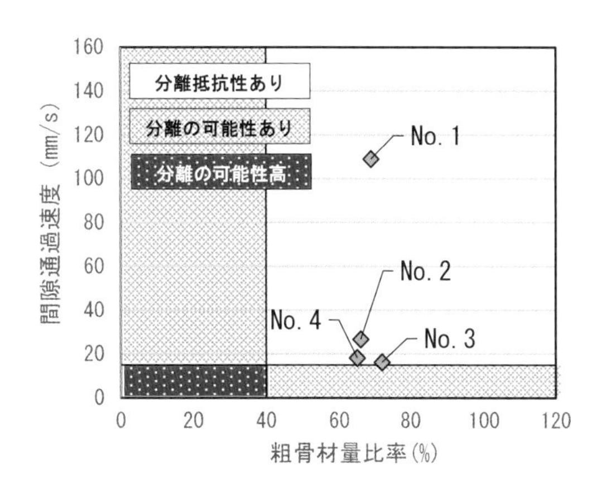

図 7.3.1　間隙通過速度と粗骨材量比率の関係

7.3.2　硬化コンクリート試験

(1)　粗骨材割合

表 7.3.2 に粗骨材割合の測定結果を示す．これらの結果を分析するにあたり，打込み時のばらつきや各ケースでの施工的要因の違いを排除するため，各ケースの測定値の全体の平均で正規化した数値で整理した（**表 7.3.3**）．**図 7.3.2** に各ケースにおける上面からの距離と粗骨材割合の関係を示す．コア A では，いずれの配合も A-3（上面からの距離 80mm）より上側で粗骨材割合が大きく低下している．一方，コア B，C，D を含むそれより下側では，概ね同等の粗骨材割合となっている．また，A-1～A-4 の粗骨材割合を平均として考えると，最も少ない箇所で 76% 以上が確保されており，本実験での高さ 1,000mm の柱部材において，上面付近以外の粗骨材はほぼ均一に分布していると考えられる．上面付近において粗骨材割合が著しく小さいのは，2 層目の締固めが完了したのちにさらに 5 秒間の締固めをしたからと考えられる．このように柱部材全体として過度に粗骨材が分離していることは確認できなかったことから，［指針（案）：施工標準］を満足する品質を有するコンクリートは，過度な締固めを行った場合でも構造体として顕著な材料分離が生じないものと判断できる．

表 7.3.2　粗骨材割合の測定結果

	No.1			No.2			No.3			No.4		
	表	裏	平均	表	裏	平均	表	裏	平均	表	裏	平均
A-1	26.1	53.1	39.6	1.7	11.1	6.4	0.0	26.0	13.0	13.1	46.4	29.8
A-2	71.9	122.6	97.3	29.0	50.2	39.6	36.8	73.2	55.0	54.4	93.5	74.0
A-3	109.4	122.1	115.8	72.7	86.2	79.5	58.3	99.4	78.9	89.2	110.0	99.6
A-4	122.3	98.9	110.6	98.0	89.9	94.0	76.5	86.1	81.3	78.1	99.1	88.6
B-1	110.7	113.8	112.3	88.9	89.7	89.3	68.5	67.4	68.0	81.7	75.7	78.7
C-1	113.0	107.6	110.3	74.6	71.2	72.9	90.8	71.7	81.3	84.4	72.7	78.6
D-1	104.5	107.5	106.0	66.9	74.8	70.9	84.5	82.7	83.6	53.0	63.7	58.4

表 7.3.3　硬化体の粗骨材割合

試験項目		No.1		No.2		No.3		No.4		試験体の上面からの距離
試験片中の粗骨材割合(%)	A-1	38	平均 87	9	平均 76	18	平均 79	41.	平均 101	10～40mm
	A-2	93		55		76		103		50～80mm
	A-3	110		110		109		138		100～130mm
	A-4	105		131		112		123		250～280mm
	B-1	107		124		94		109		125mm
	C-1	105		101		112		109		575mm（1 層目上面から 75mm）
	D-1	101		98		115		81		775mm（1 層目上面から 275mm）

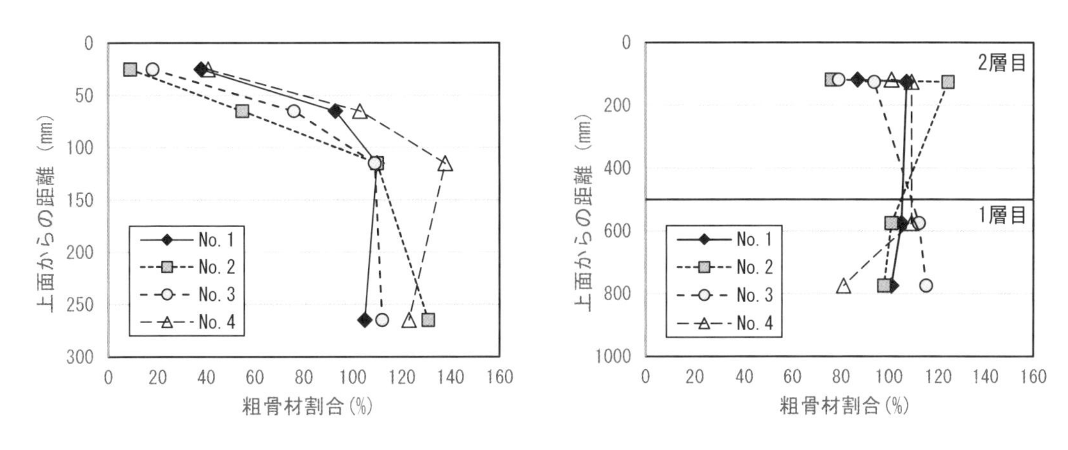

図 7.3.2 上面からの距離に対する粗骨材割合（左：コア A，右：コア B,C,D）

(2) 圧縮強度および静弾性係数

表 7.3.4 に試験結果を示す．なお，試験結果の下段には B-1，C-1 および D-1 の平均に対する各位置における圧縮強度および静弾性係数の比を示す．図 7.3.3 に各ケースにおける上面からの距離と圧縮強度の比および静弾性係数の比の関係を示す．これらの品質に過度な変動は認められなかった．圧縮強度の比は若干ばらつきが見られるが，コア採取時や試験片の成形時にひび割れが生じた可能性もあり，また，各水準で試験回数が 1 回であったことによったものと推察される．

表 7.3.4 圧縮強度および静弾性係数の試験結果

配合	圧縮強度（上段：N/mm²／下段：比率）				静弾性係数（上段：kN/mm²／下段：比率）			
No.	平均	B-1	C-1	D－1	平均	B-1	C-1	D－1
No.1	45.2	46.1	45.3	44.2	32.6	32.7	32.5	32.7
		102	100	98		100	100	100
No.2	41.5	33.1	46.2	45.3	31.5	29.5	33.2	31.9
		80	111	109		94	105	101
No.3	39.7	39.5	44.5	35.1	32.4	30.7	33.3	33.1
		99	112	88		95	103	102
No.4	35.4	39.1	27.3	39.8	31.0	30.1	31	31.8
		110	77	112		97	100	103

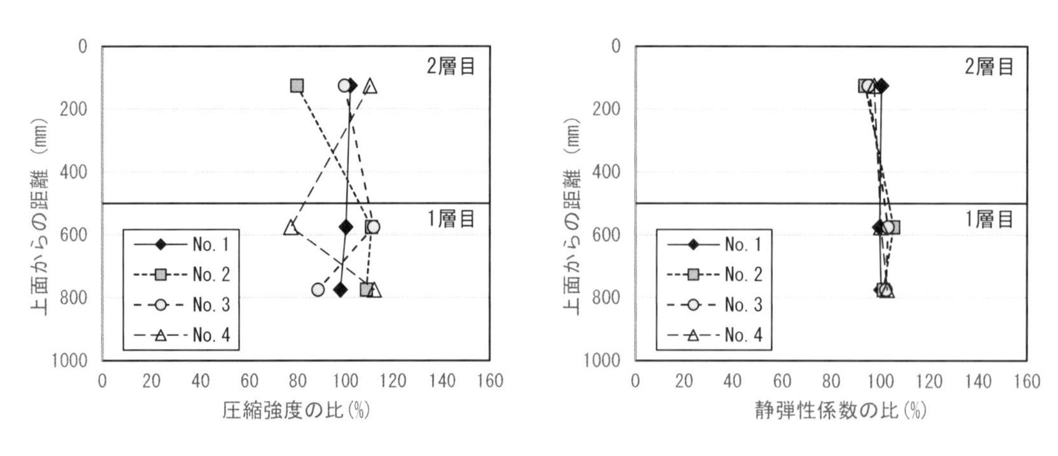

図 7.3.3　標準養生供試体に対する圧縮強度（左）および静弾性係数（右）の比

(3)　長さ変化率

表 7.3.5 および図 7.3.4 に材齢 26 週の試験結果を示す．粗骨材割合と同様に，試験体の最上部の A-1，A-2 の長さ変化率が大きいものの，それ以深の位置では同等な値を示していた．なお，測定期間中に試験体上面に乾燥収縮によるひび割れは確認されなかった．

表 7.3.5　材齢 26 週の長さ変化率の試験結果（$\times 10^{-4}$）

	No.1	No.2	No.3	No.4
A-1	-9.80	-11.20	-15.75	-9.45
A-2	-6.35	-11.15	-10.35	-8.50
A-3	-5.25	-8.15	-7.75	-6.85
A-4	-4.75	-6.60	-7.45	-6.85
B-1	-5.28	-5.95	-7.55	-6.20
C-1	-4.50	-6.85	-7.40	-6.45
D-1	-5.08	-6.00	-7.13	-5.80

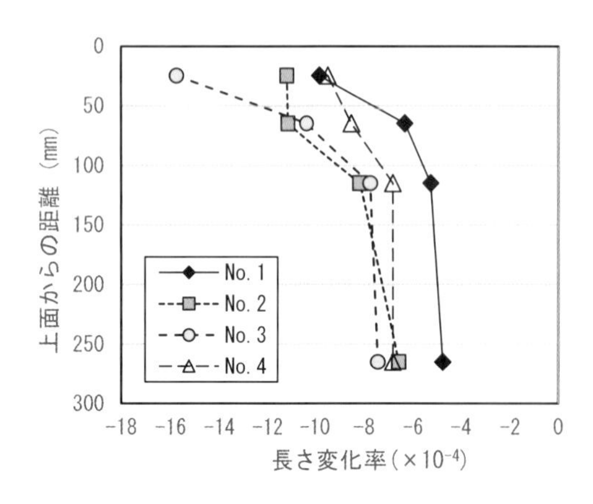

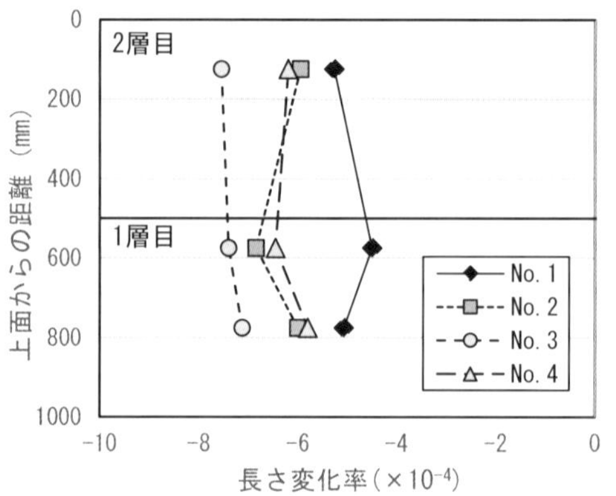

図 7.3.4　上面からの距離に対する長さ変化率（左：コア A，右：コア B, C, D）

7.4　まとめ

［指針（案）：施工標準］で設定したフレッシュコンクリートの粗骨材量比率および間隙通過速度を満足するコンクリートを用いて，［指針（案）：施工標準］より厳しい振動締固め条件で柱部材を模擬した試験体を作製し，その硬化体の品質を確認した．その結果，圧縮強度，静弾性係数および長さ変化率に過度な変動は見られず，構造物全体としての硬化体の品質に大きな影響はないことがわかった．

VI編　締固めを必要とする高流動コンクリートを取り巻く環境

1章　スランプフローで管理するコンクリート

1.1　コンクリートの出荷状況

全国生コンクリート工業組合連合会に加盟するコンリート製造工場から出荷されたコンクリートの総出荷数量の推移を**図1.1**に示す.

東日本大震災の復興需要により東北地区において2010年度から2015年にかけて出荷数量が急増しているが，全国的にはコンクリートの出荷数量は横ばいから微減が続く状況となっている.

年間の総出荷数量は，2010年度：8,528万m^3，2015年度：8,706万m^3，2020年度：7,818万m^3となっている.

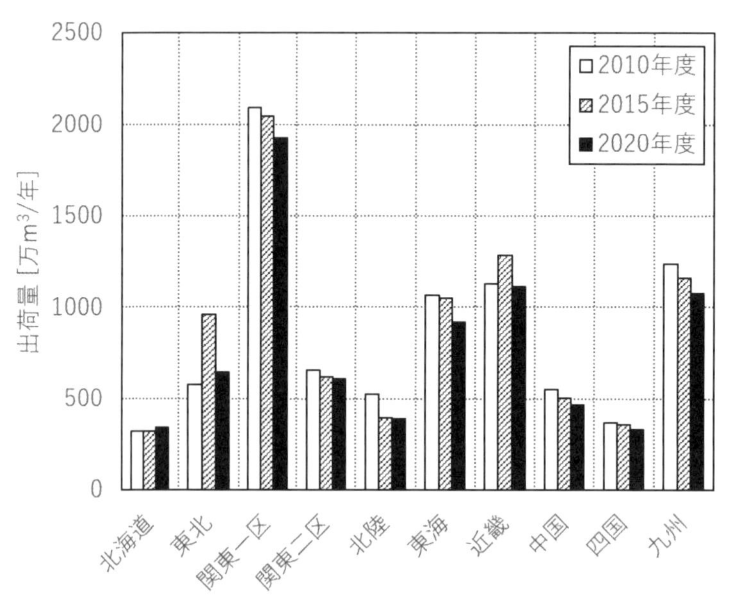

図1.1　生コンクリート総出荷量の推移（スランプ管理およびスランプフロー管理）

1.2　スランプフローで管理するコンクリートの普及状況

(1)　スランプフローで管理するコンクリートのJIS認証取得工場

JIS A5308改正後のスランプフローで管理するコンクリートのJIS認証取得状況は，高強度コンクリートが123工場，普通コンクリートが42工場となっている．高強度コンクリートは半数にあたる64工場が関東一区に集中し，次いで近畿の26工場，九州の23工場の順となっている．また，普通コンクリートは，関東一区：14工場，中国：12工場の順となっているが，高強度コンクリートに比べ3分の1程度となっており，JIS認証取得状況は未だ少ないと言える（**図1.2**参照）.

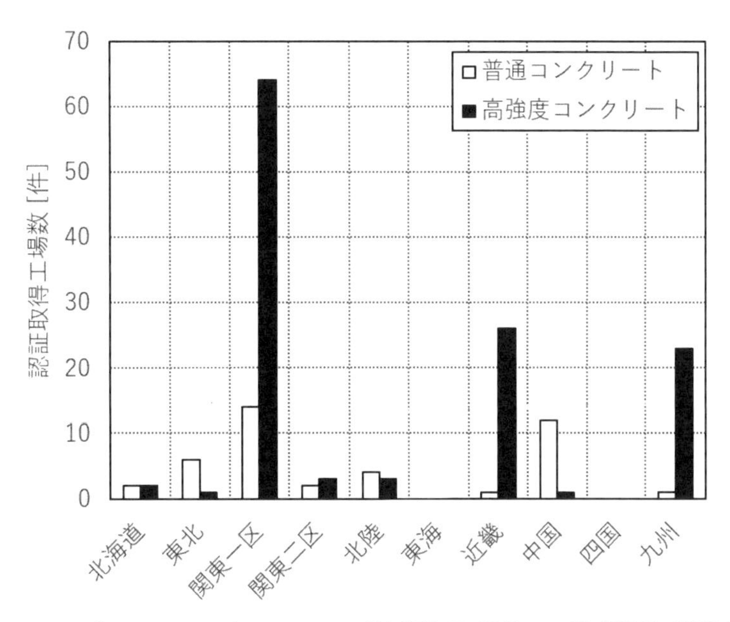

図 1.2　スランプフローコンクリートの JIS 認証取得状況（登録認証機関 HP より）

(2)　スランプフローで管理するコンクリートの実績調査

スランプフローで管理するコンクリートの実績調査として，全国生コンクリート工業組合連合会で実施された調査結果（2021 年 3 月）を以下に示す.

＜調査概要＞

- ・対象　　…　1,750 工場
- ・出荷規模　…　平均 29,291m^3，最大 241,005m^3，最小 156m^3（2019 年度）
- ・工事比率　…　土木：建築＝47%：53%

＜調査概要＞

a) スランプフローで管理する普通コンクリートの認証取得の意識調査

b) JIS A 5308 にないスランプフローで管理する普通コンクリートの出荷実績

c) JIS A 5308 にないスランプフローで管理する普通コンクリートの大臣認定の取得数

d) JIS A 5308 にないスランプフローで管理する普通コンクリートの大臣認定品の出荷量

e) スランプフローで管理する普通コンクリートの区分の追加（JIS A 5308 の区分の拡大）

f) 普通および高強度コンクリートのスランプフロー65cm に関する出荷実績

g) スランプフロー65cm のコンクリートに関する大臣認定の取得数（n=355）

h) 普通コンクリートのスランプフロー65cm の大臣認定品の出荷量（2018～2021 年データ）

i) 高強度コンクリートのスランプフロー65cm の大臣認定品の出荷量（2018～2021 年データ）

j) スランプフロー65cm の大臣認定品の出荷予定

k) JIS A 5308 へのスランプフロー65cm 区分の追加

＜調査結果＞

設問a)の結果を**図1.3**に示す．JIS認証取得済みが43工場，取得準備中が117工場，取得予定なしが1,578工場という結果であり，取得済みと取得準備中を合わせても全体の10%程度とスランプフローで管理する普通コンクリートに関するJIS認証取得に対する必要性がないと考えている工場が大半を占める結果となった．

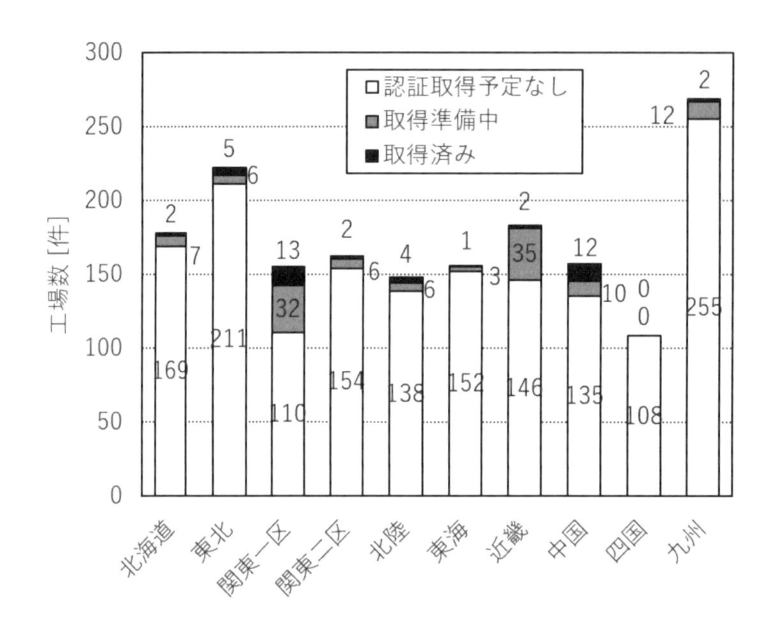

図1.3　スランプフローで管理する普通コンクリートの認証取得に関する意識調査

b) JIS A 5308にないスランプフローで管理する普通コンクリートの出荷実績

【回答】実績あり：186件（約11%），実績なし：1,554件

c) JIS A 5308にないスランプフローで管理する普通コンクリートの大臣認定の取得数

【回答】取得工場数：113工場（約6%），認定数（延べ）：269件

d) JIS A 5308にないスランプフローで管理する普通コンクリートの大臣認定品の出荷量

【回答】工場数：48工場（約3%），延べ出荷量：38,204m^3（平均9,796m^3，最大5,359m^3）

e) スランプフローで管理する普通コンクリートの区分の追加（JIS A 5308の区分の拡大）

【回答】必要あり：34件（フロー65cm，呼び強度30で50～60cm），必要なし：1,698件

f) 普通および高強度コンクリートのスランプフロー65cmに関する出荷実績

【回答】実績あり：136件，実績なし：1,603件（**図1.4**参照）

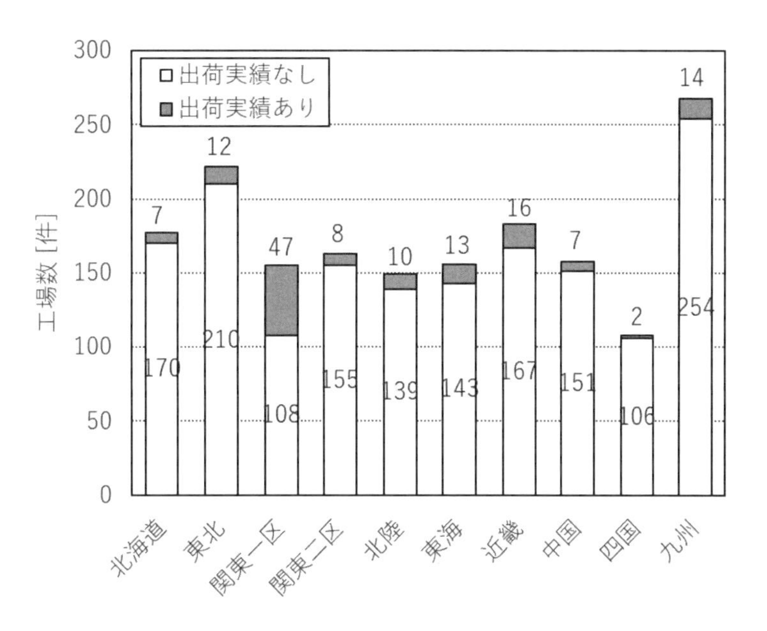

図 1.4　普通および高強度コンクリートのスランプフロー65㎝に関する出荷実績

g) スランプフロー65cm のコンクリートに関する大臣認定の取得数（n=355）

【回答】取得工場数：355 件，認定数（延べ）：1,144 件（**図 1.5** 参照）

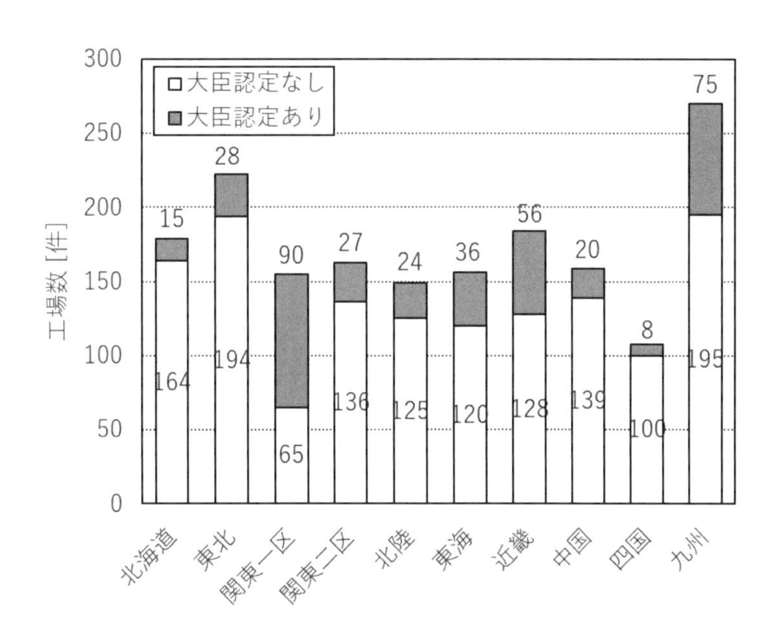

図 1.5　スランプフロー65㎝のコンクリートに関する大臣認定の取得状況

h) 普通コンクリートのスランプフロー65cm の大臣認定品の出荷量（2018～2021 年データ）

【回答】工場数：11 件，延べ出荷量：23,159m^3（最大 10,106m^3）

i) 高強度コンクリートのスランプフロー65cm の大臣認定品の出荷量（2018～2021 年データ）

【回答】工場数：95 件，延べ出荷量：50,338m^3（平均 530m^3，最大 4,925m^3）

j) スランプフロー65cm の大臣認定品の出荷予定

【回答】予定あり：65 件，予定なし：1,646 件

k) JIS A 5308 へのスランプフロー65cm 区分の追加

【回答】普通･高強度ともに必要：93 件，高強度に必要：382 件，必要ない：1,199 件

設問 b)～d)の回答から，JIS A 5308 にないスランプフローで管理される普通コンクリートの出荷実績のある工場は 10%程度あり，施工環境によっては高い流動性を有するコンクリートが必要な状況があることが伺える．一方，設問 e)の回答から，普通コンクリート領域においてより大きなスランプフロー区分（65cm）の追加を望む回答は 2%以下という低い結果となっている．

設問 f)～k)の回答から，スランプフローが 65cm と流動性が比較的高いコンクリートに対する出荷は大臣認定品が多く，高強度コンクリートが大部分を占めることが分かる．高強度域では粉体量も多く粘性も高くなるためスランプフロー65cm の高い流動性を備えたコンクリートが求められているものと推察される．また，建築工事に用いる材料は JIS 認証を得たものあるいは大臣認定を得たものが必要であるが，JIS 改正前に大臣認定を取得している生コン工場は，改めて JIS 認証を取得する必要がないことや現段階においてスランプフロー管理のコンクリートの積極的な利用が図られていないこともあり，需要と供給の関係からも JIS 認証の積極的な取得には至っていないものと推察される．

2章　締固めを必要とする高流動コンクリートの位置づけに関する調査

コンクリート技術シリーズ 123「締固めを必要とする高流動コンクリートの配合設計・施工技術研究小委員会（358 委員会）[1]」では，締固めを必要とする高流動コンクリートの位置づけを整理する目的で，①流動性の範囲と材料分離抵抗性を確保するために必要な単位粉体量の関係，②具体的な部材を対象とした場合における適用の可否とその使用目的,③具体的な施工の方法に関するアンケート調査を本委員会に参加する委員（大学, ゼネコン, 専門業者，混和剤およびセメントメーカ）を対象に実施している.

2.1　締固めを必要とする高流動コンクリートの位置づけに関する議論

コンクリート標準示方書［施工編：特殊コンクリート］「3章 高流動コンクリート」では，流動性と充塡に必要な締固めの程度の関係の概念図を図2.1のように示している．この図において，締固めを必要とする高流動コンクリートは，コンクリート標準示方書［施工編：施工標準］で対象とする普通コンクリートとコンクリート標準示方書［施工編：特殊コンクリート］「3章 高流動コンクリート」で対象とする自己充塡性を有する高流動コンクリートとの中間の流動性を有するコンクリートであるとともに，「締固めをすることを前提」とするものの，充塡に必要な締固めの程度が普通コンクリートよりも小さいコンクリートであると解釈することができる.

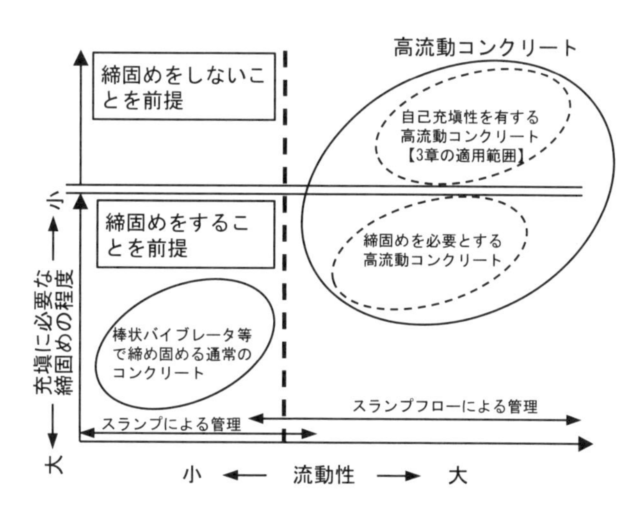

図 2.1　コンクリート標準示方書［施工編：特殊コンクリート］[2]
（3 章高流動コンクリートにおける流動性と充塡に必要な締固めの程度の関係）

(1)　流動性の範囲

大半の委員が，締固めを必要とする高流動コンクリートの流動性の範囲は「スランプ 21cm 以上で，スランプフロー50 ないし 55cm 以下」とのイメージを持っており，理由として以下の点が挙げられた．①コンクリート標準示方書［施工編：施工標準］で対象とする普通コンクリートの範囲は，打込みの最小スランプが 16cm 以下（許容差や運搬および圧送に伴う流動性の低下を見込むと荷卸し時の目標スランプは 18cm 程度になる）であり，コンクリート標準示方書［施工編：特殊コンクリート］「3 章 高流動コンクリート」で対象とする自己充塡性を有する高流動コンクリートのうち，最も流動性の小さいランク 3 のスランプフローの目安が 550～650mm であること．②山岳トンネルの覆工コンクリートで広く活用されている中流動覆工コンクリート（施工管理要領では，流動性はスランプ 21±2.5cm とスランプフロー35～50cm が併記されている）の流動性の範囲と概ね同じであること．これらから委員のイメージする流動性の範囲に大きな違いがなかったものと考えられる.

(2)　締固めの程度

普通コンクリートの場合，1 箇所当りの締固め時間は 5～15 秒が標準とされているのに対し，自己充填性を有する高流動コンクリートは締固めを行わないことを前提としていることから，締固めを必要とする高流動コンクリートの締固めの時間の標準は，その中間ないしは 5 秒程度になるのではないかとの意見が多かった．一方で，普通コンクリートは流動性が小さいため未充填の発生を防止するために，しっかりと締め固めることが必要であるが，締固めを必要とする高流動コンクリートは流動性が高く材料分離が生じやすいため，普通コンクリートと同じような目的で締固めを行うと材料分離を誘発し，かえって品質を損なうおそれがあり，「締固め」に対する考え方が異なるのではないかとの意見も出された．さらに，普通コンクリートのように流動性が小さい場合と締固めを必要とする高流動コンクリートのように流動性が大きい場合とでは，棒状バイブレータによる振動エネルギーの伝搬範囲が異なると考えられることから，締固め間隔や締固めの方法（棒状バイブレータではなく，型枠バイブレータを用いることも含む）についての検討も必要であるとの意見もあった．

普通コンクリートは，コンクリート標準示方書［施工編：施工標準］「4.5.2 スランプ」において，部材の種類ごとに，鋼材量・鋼材のあきと締固め作業高さに応じて，打込みの最小スランプが定められている．つまり，普通コンクリートでは締固めは 1 箇所当り 5～15 秒間行うことを前提として，配筋および施工条件に応じて流動性を変化させていると考えることができる．自己充填性を有する高流動コンクリートも配筋条件に応じて自己充填性ランクを区分しており，それに応じてスランプフローの目安も変化させている．これらを踏まえると，締固めを必要とする高流動コンクリートについても，補助的に締め固めることを前提として，配筋条件や施工条件に応じて流動性のレベルを変化させるという区分の方法もあるのではないかとの意見も出された．

(3)　材料分離に関する考え方

締固めを必要とする高流動コンクリートは，比較的セメント量が少ない配合において流動性を高めたコンクリートであることから，普通コンクリートに比べて材料分離抵抗性は低下するため，材料分離抵抗性を担保する定量的な指標や評価方法が不可欠であるという意見が多く出された．

具体的には，普通コンクリートは，コンクリート標準示方書［施工編：施工標準］「4.6.2 単位粉体量」において，「単位粉体量はスランプの大きさに応じて適切な材料分離抵抗性が得られるように設定する」と記述されており，材料分離抵抗性は単位粉体量で担保する考え方が示されている．普通コンクリートと配合は異なるが，締固めを必要とする高流動コンクリートにおいても，単位粉体量で材料分離抵抗性を担保することができるのではないかという意見があった．また，材料分離の試験方法としては，JIS A 1123「コンクリートのブリーディング試験方法」や JSCE-F 701「ボックス形容器を用いた加振時のコンクリートの間隙通過性試験方法（案）」が示されており，締固めを必要とする高流動コンクリートに活用できるのではないかという意見もあった．

(4)　使用目的

締固めを必要とする高流動コンクリートの使用目的としては，①配筋条件や施工条件が厳しく普通コンクリートでは施工が困難であるので用いる場合（品質の確保）と，②普通コンクリートでも施工はできるが，昨今の労働者不足などを勘案して，より少人数で容易に施工するために用いる場合（生産性の向上）の 2 通りがあるとの意見が多く出された．また，前者の目的のためには，現状，自己充填性を有する高流動コンクリートが使用されているが，そこまでの高い流動性や自己充填性までは不要である場合もあることから，そのような場合に締固めを必要とする高流動コンクリートを適用すべきであるという意見や，使用目的の違いにより，締固めを必要とする高流動コンクリートに求められるワーカビリティーや施工の方法も相違するのではないかとの意見もあった.

上記の議論の結果，流動性の範囲や材料分離抵抗性の指標・評価手法の必要性は，大半の委員が共通してイメージ・認識していることが明らかとなった．一方で，具体的に材料分離抵抗性を担保するのに必要となる単位粉体量の具体的な値や，実際にどのような配筋条件や施工条件の場合に締固めを必要とする高流動コンクリートを適用するのか，またその目的や使用に際しての留意事項は何かを抽出し整理するには，統一したフォーマットで調査することが有効と考えられた.

2.2　締固めを必要とする高流動コンクリートに関するアンケート結果の概要

2.1 の議論を受け，材料分離抵抗性を担保するのに必要となる単位粉体量の具体的な値や，実際にどのような配筋条件や施工条件の場合に締固めを必要とする高流動コンクリートを適用するのか，またその目的や使用に際しての留意事項を抽出整理するため，アンケートでは締固めを必要とする高流動コンクリートを流動性に基づき 3 つに区分し（A．スランプ：18～21cm［スランプフロー：30cm 前後（30 弱～35cm 程度）］，B．スランプ：21cm 超［スランプフロー：40cm 前後（35～45cm 程度）］，C．スランプフロー：50cm 前後（45～55cm 程度）），それぞれ使用する混和剤（高性能 AE 減水剤，増粘剤含有高性能 AE 減水剤）ごとに，材料分離を生じることなく施工に供することができる必要な単位粉体量（単位セメント量）を調査した.

次に，コンクリート標準示方書［施工編：施工標準］に示される「鋼材の最小あき，締固め作業高さに応じた打込みの最小スランプの目安」を用いて，厚みのある部材としてはり部材を，厚みの薄い部材として壁部材を対象とし，締固めを必要とする高流動コンクリートの適用範囲のイメージならびに適用あるいは不適用とした理由について調査した.

(1)　必要と思われる単位粉体量（単位セメント量）

材料分離抵抗性の確保ならびに高性能 AE 減水剤の使用を考慮した場合，締固めを必要とする高流動コンクリートの単位粉体量は 300kg/m³ 以上を確保する必要があると考えられている．また，高性能 AE 減水剤を用いた締固めを必要とする高流動コンクリートは，スランプフローが 10cm 大きくなる毎に，単位粉体量を 50kg/m³ 増加し，材料分離抵抗性を確保する必要があると考えられている．なお，増粘剤含有高性能 AE 減水剤を用いた締固めを必要とする高流動コンクリートは，スランプフロー40cm および 50cm の領域において，高性能 AE 減水剤を用いた締固めを必要とする高流動コンクリートに比べ，単位粉体量を 50kg/m³ 程度減じることができると捉えられている（表 2.1 参照）．

表 2.1　スランプフローと必要な単位粉体量 [1)]

項目		スランプ：18～21cm（SL21） スランプフロー：30cm 前後	スランプ：21cm 超（SLF40） スランプフロー：40cm 前後	スランプ：－（SLF50） スランプフロー：50cm 前後
単位粉体量 ※必要な単位粉体量は 300kg/m³ 以上	高性能 AE 減水剤	・450～500kg/m³ の回答：0% ・400～450kg/m³ の回答：0% ・350～400kg/m³ の回答：45% ・300～350kg/m³ の回答：50% ・300kg/m³ 未満の回答　：0% ➡Min：300kg/m³ 以上確保で過半数超	・450～500kg/m³ の回答：5% ・400～450kg/m³ の回答：30% ・350～400kg/m³ の回答：35% ・300～350kg/m³ の回答：25% ・300kg/m³ 未満の回答　：0% ➡Min：350kg/m³ 以上確保で過半数超	・450～500kg/m³ の回答：25% ・400～450kg/m³ の回答：45% ・350～400kg/m³ の回答：20% ・300～350kg/m³ の回答：0% ・300kg/m³ 未満の回答：0% ➡Min：400kg/m³ 以上確保で過半数超
	増粘剤含有高性能 AE 減水剤	・450～500kg/m³ の回答：0% ・400～450kg/m³ の回答：0% ・350～400kg/m³ の回答：20% ・300～350kg/m³ の回答：65% ・300kg/m³ 未満の回答　：15% ➡Min：300kg/m³ 以上確保で過半数超	・450～500kg/m³ の回答：0% ・400～450kg/m³ の回答：5% ・350～400kg/m³ の回答：35% ・300～350kg/m³ の回答：55% ・300kg/m³ 未満の回答　：0% ➡Min：300kg/m³ 以上確保で過半数超	・450～500kg/m³ の回答：0% ・400～450kg/m³ の回答：30% ・350～400kg/m³ の回答：45% ・300～350kg/m³ の回答：15% ・300kg/m³ 未満の回答　：0% ➡Min：350kg/m³ 以上確保で過半数超

(2) 部材形状や施工条件を考慮したコンクリートの流動性

図 2.2 にはり部材を対象とした適用範囲に関する調査のまとめを，**図 2.3** に壁部材を対象とした適用範囲に関する調査のまとめを示す.

はり部材など比較的部材の厚いものは，鋼材の最小あきがコンクリートの充塡性に大きく影響すると捉えられている．特に，鋼材の最小あき 60mm を境として，普通コンクリートによる施工が困難なケースが生じ易いと感じている．一方，締固め作業高さの影響は小さいものとなった.

壁部材など比較的部材の薄いものは，締固め作業高さがコンクリートの充塡性に大きく影響すると捉えられている．特に，締固め作業高さ 5m 以上では，鋼材の最小あきや鋼材量に関わらず，締固めを必要とする高流動コンクリートの適用が望まれる結果となった．一方，鋼材の最小あき単独の影響は小さく，鋼材量との相互作用の影響が表れる結果となった．特に，鋼材量が 200kg/m^3 以上，鋼材の最小あきが 100mm 未満を境として，充填不良等のリスクが高まると感じており，鋼材量が 350kg/m^3 以上では，普通コンクリートによる施工が困難なケースが生じ易いと感じている.

妥当なコンクリートの流動性としては，はり部材は，スランプ：18～21cm（SL21）が 0 件，スランプフロー：40cm 前後（SLF40）が 9 件，スランプフロー：50cm 前後（SLF50）が 8 件，未回答：3 件，壁部材は，スランプ：18～21cm（SL21）が 0 件，スランプフロー：40cm 前後（SLF40）が 14 件，スランプフロー：50cm 前後（SLF50）が 3 件，未回答：3 件という回答が得られた．同じ部材かつ施工条件においても，スランプフローの選択は目的や得られる効果を考慮したうえで適宜選択される結果となっている（**表 2.2** および **表 2.3** 参照）．また，充塡性の観点では，部材厚が大きくかつ締固め作業が可能な環境であればスランプフロー：40cm 前後（SLF40）とスランプフロー：50cm 前後（SLF50）による差は小さいと捉えられていた．はり部材にみられるように，スランプフロー：50cm 前後（SLF50）で型枠により大きな力が作用する場合は，型枠補強の実施など別途配慮する事項が生じるため，使用については一概に流動性を高めることが望ましい訳ではなく都度判断が必要との意見があった.

本調査では，生産性向上に向けた締固めを必要とする高流動コンクリートの適用に関する意識に比べ，現行のコンクリート標準示方書では不具合が生じ易い施工条件に対する改善策として，締固めを必要とする高流動コンクリートの適用が強く望まれる結果となった．耐震規準の見直しとともに，単位容積当りの鋼材量が増加し，以前にも増して構造物の高密度配筋の状態が生じる事態となっている．材料面からも，良質な河床砂礫の枯渇により細・粗骨材の砕砂・砕石への変更が進み，同一のスランプでもフレッシュ性状が異なる状況に陥っており，普通コンクリートでは不具合が生じ易い現実が見える結果となった.

製造者においては，現段階においてスランプフロー管理のコンクリートの積極的な利用が図られていないこともあり，需要と供給の関係から JIS 認証の積極的な取得には至っていないが，施工者は生産性向上の観点などから柔軟な対応を行う意識が高い．使用環境が整備され，スランプフロー管理のコンクリートの施工実績が増加することにより，市場が形成され，需給のギャップが埋められていくものと考えられる.

はり部材における打込みの最小スランプの目安（cm）

	鋼材の最小あき	締固め作業高さ		
		0.5m未満	0.5m以上1.5m未満	1.5m以上
条件①	150mm以上	5	6	8
	(選択理由)	**普通コン**	**普通コン**	**普通コン**
条件②	100mm以上　150mm未満	6	8	10
		普通コン	**普通コン**	**普通コン**
条件③	80mm以上　100mm未満	8	10	12
	(選択理由)	**普通コン**	**普通コン**	**普通/SLF40**
条件④	60mm以上　80mm未満	10	12	14
	(選択理由)	**SLF40**	**SLF40**	**SLF40**
条件⑤	60mm未満	12	14	16
	(選択理由)	**SLF40**	**SLF40**	**SLF40**

はり部材における打込みの最小スランプの目安（cm）

	鋼材の最小あき	締固め作業高さ		
		0.5m未満	0.5m以上1.5m未満	1.5m以上
条件①	150mm以上	5	6	8
	(選択理由)	**普通コン**	**普通コン**	**普通コン**
条件②	100mm以上　150mm未満	6	8	10
		普通コン	**普通コン**	**普通コン**
条件③	80mm以上　100mm未満	8	10	12
	(選択理由)	**普通コン**	**普通コン**	**普通/SLF50**
条件④	60mm以上　80mm未満	10	12	14
	(選択理由)	**普通コン**	**SLF50**	**SLF50**
条件⑤	60mm未満	12	14	16
	(選択理由)	**SLF50**	**SLF50**	**SLF50**

図2.2　はり部材を対象とした適用範囲に関する調査のまとめ（上:SLF40, 下:SLF50）[1)]
【凡例】グレーハッチング部：普通コンクリートでは施工が困難な領域

壁部材における打込みの最小スランプの目安（cm）

	鋼材量	鋼材の最小あき	締固め作業高さ		
			3m未満	3m≦X<5m	5m以上
条件⑥	200kg/m^{3}未満	100mm以上	8	10	15
		(選択理由)	**普通コン**	**普通コン**	**SLF40**
		100mm未満	10	12	15
		(選択理由)	**普通コン**	**普通コン**	**SLF40**
条件⑦	200kg/m^{3}以上 350kg/m^{3}未満	100mm以上	10	12	15
		(選択理由)	**普通コン**	**SLF40**	**SLF40**
		100mm未満	12	12	15
		(選択理由)	**普通/SLF40**	**SLF40**	**SLF40**
条件⑧	350kg/m^{3}以上	—	15		
		(選択理由)	**SLF40**		

壁部材における打込みの最小スランプの目安（cm）

	鋼材量	鋼材の最小あき	締固め作業高さ		
			3m未満	3m≦X<5m	5m以上
条件⑥	200kg/m^{3}未満	100mm以上	8	10	15
		(選択理由)	**普通コン**	**普通コン**	**SLF50**
		100mm未満	10	12	15
		(選択理由)	**普通コン**	**普通コン**	**SLF50**
条件⑦	200kg/m^{3}以上 350kg/m^{3}未満	100mm以上	10	12	15
		(選択理由)	**普通コン**	**SLF50**	**SLF50**
		100mm未満	12	12	15
		(選択理由)	**普通/SLF50**	**SLF50**	**SLF50**
条件⑧	350kg/m^{3}以上	—	15		
		(選択理由)	**SLF50**		

図2.3　壁部材を対象とした適用範囲に関する調査のまとめ（上:SLF40，下:SLF50）[1)]

【凡例】グレーハッチング部：普通コンクリートでは施工が困難な領域

表 2.2 はり部材において締固めを必要とする高流動コンクリートを選択した理由[1]

SLF40 の場合	SLF50 の場合
条件①：2 の理由 ・生産性向上(2 件)	条件①：2 の理由 ・生産性向上(2 件)
条件②：2 の理由 ・バイブレータを十分かけることが困難 ・不具合低減 ・生産性向上(4 件)	条件②：2 の理由 ・バイブレータを十分かけることが困難 ・不具合低減 ・生産性向上(4 件)
条件③：2 の理由 ・鋼材のあきが自己充填性ランク 2 の下限側のため、締固め作業高さを考慮すると本コンクリートの検討が必要 ・バイブレータを十分かけることが困難 ・締固め作業の労力を減らし、初期欠陥リスクも低減させたい ・締固め作業高さ 0.5m 以上 1.5m 未満の場合は牛産性向上、1.5m以上の場合は締固め不足、充填不良の回避 ・不具合低減と生産性向上 ・鋼材のあきが狭く、締固め作業高さが高く、締固め作業を行いにくいため ・生産性向上(2 件) ・充填不良リスクの低減	条件③：2 の理由 ・鋼材のあきが自己充填性ランク 2 の下限側のため、締固め作業高さを考慮すると本コンクリートの検討が必要 ・バイブレータを十分かけることが困難 ・締固め作業の労力を減らし、初期欠陥リスクも低減させたい ・締固め作業高さ 0.5m 以上 1.5rn 未満の場合は生産性向上、1.5m以上の場合は締固め不足、充填不良の回避 ・不具合低減と生産性向上 ・鋼材のあきが狭く、締固め作業高さが高く、締固め作業を行いにくいため。 ・生産性向上(2 件) ・充填不良リスクの低減
条件④：2 の理由 ・鋼材のあきが自己充填性ランク 2 の下限側のため、締固め作業高さが 0.5m 未満での施工においても本コンクリートの検討が必要 ・バイブレータを十分かけることが困難 ・締固め不良発生防止のため ・締固め作業の労力を減らし、初期欠陥リスクも低減させたい ・施工上、作業がしにくく、品質確保に苦しむ条件のため ・締固め作業高さ 0.5m 未満の場合は生産性向上、0.5m 以上 1.5m 未満は締固め不足、充填不良の回避 ・鋼材のあきが小さく、締固め作業が行いにくいため ・不具合低減（自己充塡ランク 2 に相当）、充填不良リスクの低減 ・生産性向上	条件④：2 の理由 ・鋼材のあきが自己充填性ランク 2 の下限側のため、締固め作業高さが 0.5m 未満での施工においても本コンクリートの検討が必要 ・バイブレータを十分かけることが困難 ・締固め不良発生防止のため ・締固め作業の労力を減らし、初期欠陥リスクも低減させたい ・施工上、作業がしにくく、品質確保に苦しむ条件のため ・締固め作業高さ 0.5m 未満の場合は生産性向上、0.5m 以上 1.5m 未満は締固め不足、充填不良の回避 ・鋼材のあきが小さく、締固め作業が行いにくいため ・不具合低減（自己充塡ランク 2 に相当）、充填不良リスクの低減 ・生産性向上
条件⑤：2 の理由 ・締固め不良発生防止のため ・ϕ50mm の内部振動機の挿入が難しく、適切な振動締固めが困難なため ・締固め作業の労力を減らし、初期欠陥リスクも低減させたい ・施工効率を考えると、締固め作業高さが 0.5m 以上 1.5m 未満で普通コンの限界で、本コンクリートの選択肢も考えるレベルと思われる ・締固め作業高さ 0.5m 未満の場合は生産性向上、0.5m 以上 1.5m 未満は締固め不足、充填不良の回避 ・生産性向上のため（但し，粉体として FA などの混和材が使用できる場合） ・鋼材のあきが著しく小さく、締固め作業に時間を要し生産性が著しく低下するため ・不具合低減、充填不良リスクの低減 ・生産性向上	条件⑤：2 の理由 ・締固め不良発生防止のため ・ϕ50mm の内部振動機の挿入が難しく、適切な振動締固めが困難なため ・締固め作業の労力を減らし、初期欠陥リスクも低減させたい ・施工効率を考えると、締固め作業高さが 0.5m 以上 1.5m 未満で普通コンの限界で、本コンクリートの選択肢も考えるレベルと思われる ・締固め作業高さ 0.5m 未満の場合は生産性向上、0.5m 以上 1.5m 未満は締固め不足、充填不良の回避 ・鋼材のあきが著しく小さく、締固め作業に時間を要し生産性が著しく低下するため ・不具合低減、充填不良リスクの低減 ・生産性向上

<選択理由>

1. 普通コンクリートでは施工困難のため、本コンクリート（SL21 ）を使いたい
2. 普通コンクリートでも施工可能だが●●(生産性向上,不具合低減,etc)のため、本コンクリート(SL21)を使いたい
3. 普通コンクリートで容易に施工できるため、本コンクリート(SL21)は使わない
4. 本コンクリート(SL21)で施工すると●●(型枠の剛性Upが必要,etc)という問題が生じるので使わない

表 2.3　壁部材において締固めを必要とする高流動コンクリートを選択した理由[1)]

SLF40 の場合	SLF50 の場合
条件⑥（100mm 以上）：2 の理由 ・基本的に普通コンクリートでの施工が可能だが締固め作業高さによっては締固め作業低減のため本コンクリートの検討が必要 ・締固め作業の労力を減らし、初期欠陥リスクも低減させたい ・締固め作業高さ 5m 以上ではスランプアップが望ましい ・不具合低減 ・生産性向上のため（但し，粉体として FA などの混和材が使用できる場合） ・締固め作業高さが高く、締固め作業に時間を要し生産性が著しく低下する	条件⑥（100mm 以上）：2 の理由 ・基本的に普通コンクリートでの施工が可能だが締固め作業高さによっては締固め作業低減のため本コンクリートの検討が必要 ・締固め作業の労力を減らし、初期欠陥リスクも低減させたい ・締固め作業高さ 5m 以上ではスランプアップが望ましい ・不具合低減 ・生産性向上 ・締固め作業高さが高く、締固め作業に時間を要し生産性が著しく低下する
条件⑥（100mm 未満）：2 の理由 ・作業高さから視認性の確保が困難 ・締固め作業高さ 5m 以上ではスランプアップが望ましい ・不具合低減のため、締固め作業高さを考慮 ・生産性向上のため（但し，粉体として FA などの混和材が使用できる場合） ・締固め作業高さもあり、最小のあきも小さく、締固め作業が行いにくい ・生産性向上（5m 未満）	条件⑥（100mm 未満）：2 の理由 ・作業高さから視認性の確保が困難 ・締固め作業高さ 5m 以上ではスランプアップが望ましい ・不具合低減のため、締固め作業高さを考慮 ・締固め作業高さもあり、最小のあきも小さく、締固め作業が行いにくい ・生産性向上（5m 未満）［一部，型枠の検討を踏まえた上で適用を判断］
条件⑦（100mm 以上）：2 の理由 ・ランク 2 程度の鋼材量のため、締固め作業高さが高くなると本コンクリートの採用が望ましい ・バイブレータを十分かけることが困難 ・締固め不良発生防止のため ・鋼材量も多く、締固め作業高さも 3m 以上となる場合には、本コンクリートの使用により生産性が向上する可能性が高い ・作業高さから視認性の確保が困難 ・鋼材量も多いため、締固め作業高さ 3～5m では普通コンでの施工は苦しい ・不具合低減のため、締固め作業高さを考慮 ・生産性向上のため（但し，粉体として FA などの混和材が使用できる場合） ・鋼材量が多く、締固め作業高さもあり、締固め作業が行いにくい ・不具合低減 ・生産性向上（5m 未満）	条件⑦（100mm 以上）：2 の理由 ・ランク 2 程度の鋼材量のため、締固め作業高さが高くなると本コンクリートの採用が望ましい ・バイブレータを十分かけることが困難 ・締固め不良発生防止のため ・鋼材量も多く、締固め作業高さも 3m 以上となる場合には、本コンクリートの使用により生産性が向上する可能性が高い ・作業高さから視認性の確保が困難 ・鋼材量も多いため、締固め作業高さ 3～5m では普通コンでの施工は苦しい ・不具合低減のため、締固め作業高さを考慮 ・鋼材量が多く、締固め作業高さもあり、締固め作業が行いにくい ・不具合低減 ・生産性向上（5m 未満）［一部，型枠の検討を踏まえた上で適用を判断］
条件⑦（100mm 未満）：2 の理由 ・バイブレータを十分かけることが困難 ・締固め不良発生防止のため ・鋼材量も多く、締固め作業高さも 3m 以上となる場合には、本コンクリートの使用により生産性が向上する可能性が高い ・作業高さから視認性の確保が困難 ・鋼材量も多いため、締固め作業高さ 3～5m では普通コンでの施工は苦しい ・不具合防止により有効（筒先がどの程度等間隔に挿入できるかにもよる） ・生産性向上のため（但し，粉体として FA などの混和材が使用できる場合） ・鋼材量が多く、最小のあきも小さく、締固め作業が行いにくいため ・不具合低減 ・充塡不良リスクの低減	条件⑦（100mm 未満）：2 の理由 ・バイブレータを十分かけることが困難 ・締固め不良発生防止のため ・鋼材量も多く、締固め作業高さも 3m 以上となる場合には、本コンクリートの使用により生産性が向上する可能性が高い ・作業高さから視認性の確保が困難 ・鋼材量も多いため、締固め作業高さ 3～5m では普通コンでの施工は苦しい ・不具合防止により有効（筒先がどの程度等間隔に挿入できるかにもよる） ・生産性向上のため（但し，粉体として FA などの混和材が使用できる場合） ・鋼材量が多く、最小のあきも小さく、締固め作業が行いにくいため ・不具合低減 ・充塡不良リスクの低減
条件⑧：2 の理由 ・生産性向上 ・不具合低減のため（但し，粉体として FA などの混和材が使用できる場合）	条件⑧：2 の理由 ・生産性向上 ・不具合低減のため（但し，粉体として FA などの混和材が使用できる場合）

<選択理由>

1. 普通コンクリートでは施工困難のため、本コンクリート（SL21）を使いたい
2. 普通コンクリートでも施工可能だが●●(生産性向上,不具合低減,etc)のため、本コンクリート(SL21)を使いたい
3. 普通コンクリートで容易に施工できるため、本コンクリート(SL21)は使わない
4. 本コンクリート(SL21)で施工すると●●(型枠の剛性Upが必要,etc)という問題が生じるので使わない

参考文献

1) 土木学会：コンクリート技術シリーズ No.123　締固めを必要とする高流動コンクリートの配合設計・施工技術研究小委員会（358 委員会）　委員会報告書，2020.5
2) 土木学会：コンクリート標準示方書［施工編］，2018.3

3章　締固めを必要とする高流動コンクリートに関する文献調査

締固めを必要とする高流動コンクリートに関する文献調査の結果を以下に示す.

3.1　調査概要

締固めを必要とする高流動コンクリートの施工については現時点において実績が少なく，施工を行ううえでの留意点や品質に関する知見を鋭意蓄積している段階である．本委員会では文献調査を基に，配合や施工方法について調査を行い取りまとめることとした．調査対象とする文献は，土木学会，日本コンクリート工学会において発表された高流動コンクリートや締固めを必要とする高流動コンクリートに関する文献とし，71編が抽出された（**表3.1**参照）.

表3.1　文献調査の結果 [1~62)]

調査対象	2013	2014	2015	2016	2017	2018	2019	2020	2021	小計
土木学会論文集	—	—	—	—	—	…	—	—	—	0
土木学会年次学術講演会概要集	—	4	8	6	9	…	4	8	8	47
コンクリート工学論文集	—	—	—	—	—	…	—	—	—	0
コンクリート工学年次論文集	2	5	—	3	2	…	2	6	3	23
その他	—	1	—	—	—	—	—	—	—	1
（一社）日本建設業連合会　建築分野における高流動性コンクリートの普及に関する研究会活動報告書										1

検索キーワード：「中流動コンクリート　or　高流動コンクリート」×「フレッシュ　or　施工性　or　硬化　or　品質」

3.2　締固めを必要とする高流動コンクリートの諸元（文献調査の結果）

(1)　スランプフローと水セメント比の関係

全体傾向として，スランプフロー：425～500mm，水セメント比：40～55%の範囲のものが多く使われている結果となった．増粘剤成分を含む配合はスランプフローが425mmと500mmに，増粘剤を含まない配合は450mmと500mmに集中し．増粘剤の有無とスランプフローの違いについては明確な差はない結果となった．スランプフローが400～500mmに集中した理由については，覆工コンクリートへの適用事例や供試体・試験体レベルの報告が25件と比較的多く含まれていることが要因の1つと考えられる（**図3.1**および**図3.2**参照）．また，呼び強度が確認できた事例についてスランプフローと呼び強度の関係を確認した結果，バラつきはあるもののスランプフローの増加に伴い呼び強度が高くなる傾向がみられる結果となった（**図3.3**参照）.

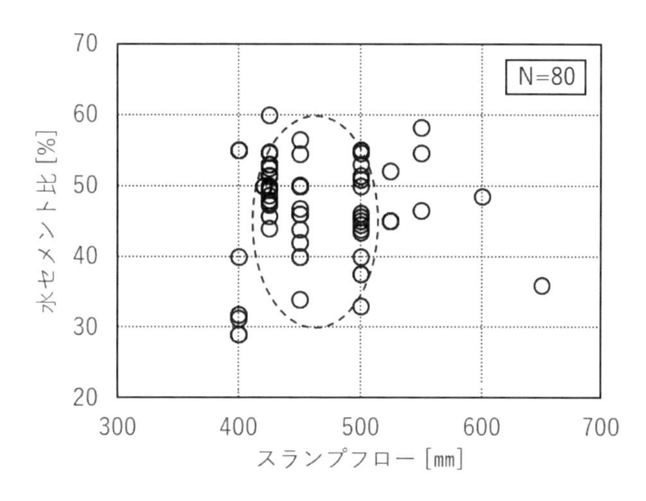

図 3.1　スランプフローと水セメント比の関係（全体）

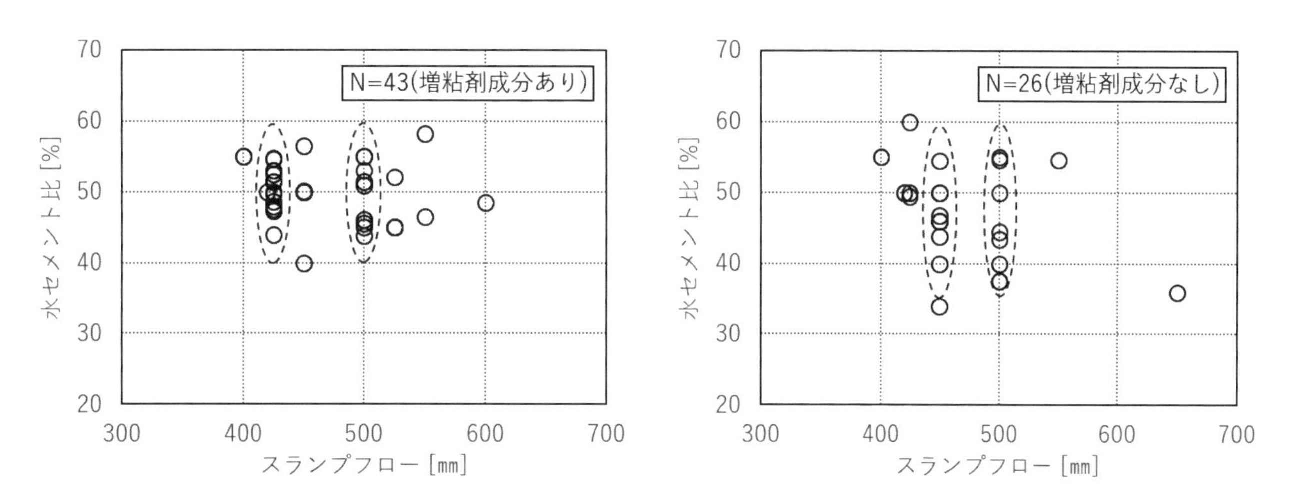

図 3.2　スランプフローと水セメント比の関係（左:増粘剤成分あり，右:増粘剤成分なし）

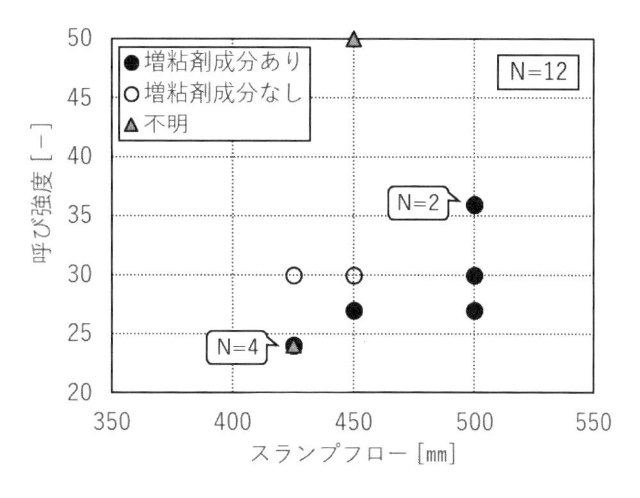

図 3.3　スランプフローと呼び強度の関係

(2)　水セメント比と単位粉体量の関係

水セメント比と単位粉体量の間には線形関係が認められ，水セメント比が 30～60%の範囲において，単位粉体量が 300～500kg/m³ 程度となる結果が得られた（図 3.4 参照）．増粘剤成分を含まない配合は，水セメント比：35～55%，単位粉体量：310～480kg/m³ と幅広く分布する結果となり．増粘剤成分を含んだ配合は水セメント比：45～55%，単位粉体量：300～380kg/m³ に集中する結果となった．なお，増粘剤の有無によらず単位粉体量の下限値は 300kg/m³ 以上となっており，水セメント比 55%以下の範囲では単位粉体量の下限値は概ね 320kg/m³ 以上となっている（図 3.5 参照）．

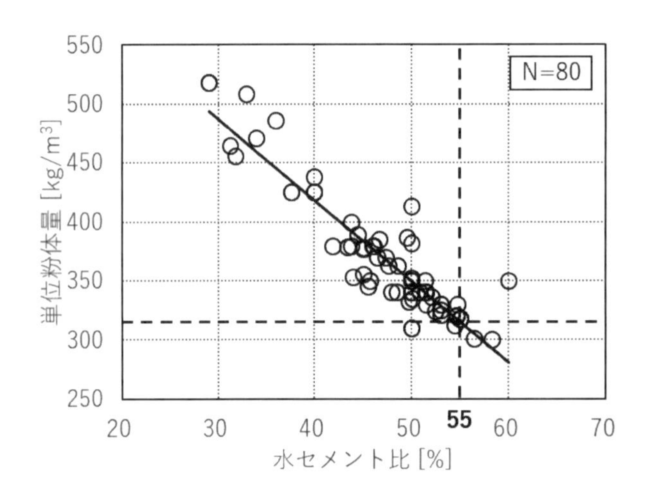

図 3.4　水セメント比と単位粉体量の関係（全体）

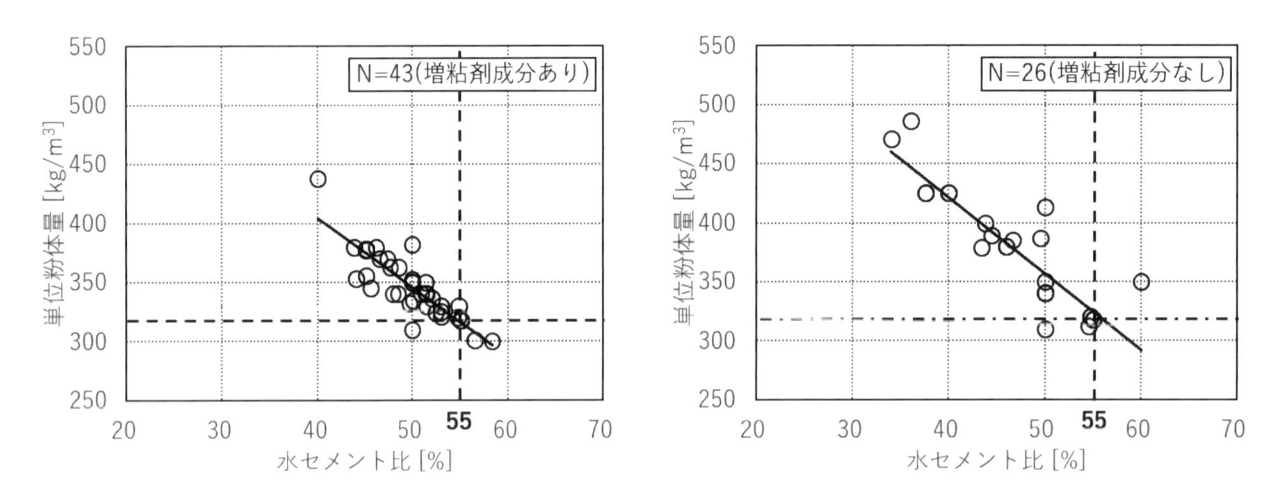

図 3.5　水セメント比と単位粉体量の関係（左:増粘剤成分あり，右:増粘剤成分なし）

(3)　スランプフローと単位粉体量の関係

スランプフローと単位粉体量の関係は，スランプフロー：400～600mm に対して，単位粉体量が 300～500kg/m³ 程度を示す結果となった（図 3.6 参照）．増粘剤の有無に着目すると，スランプフローが 400～500mm の範囲では，増粘剤成分を含む配合は単位粉体量が 320～380kg/m³ 程度であるのに対し，増粘剤成分を含まない配合は 320～420kg/m³ 程度となり，増粘剤成分を含む配合は単位粉体量が 40kg/m³ 程度少ない結果となった（図 3.7 参照）．また，（一社）日本建設業連合会　建築分野における高流動性コンクリートの普及に関する研究会の報告では，増粘剤成分を含む高性能 AE 減水剤を用いる場合，同程度のスランプフローを有するコンクリートにおいて，単位粉体量の目安として 20～50kg/m³ 程度少なくできる可能性が示されている（図 3.8 参照）．

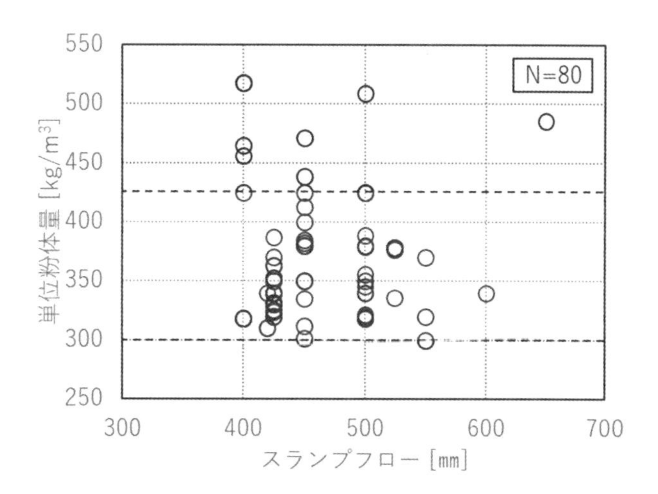

図 3.6　スランプフローと単位粉体量の関係（全体）

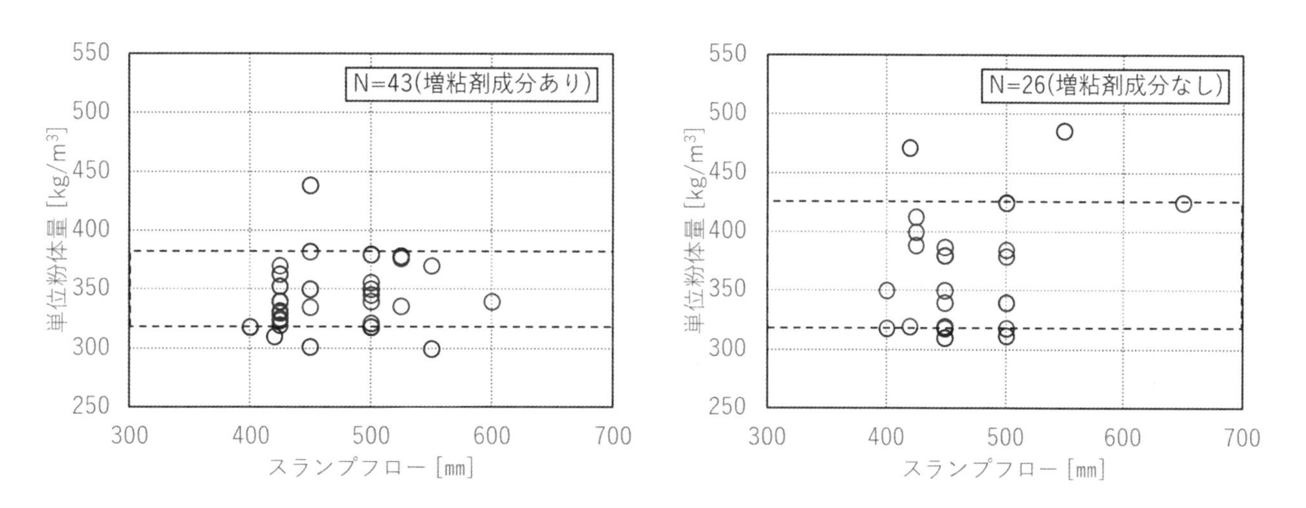

図 3.7　スランプフローと単位粉体量の関係（左:増粘剤成分あり，右:増粘剤成分なし）

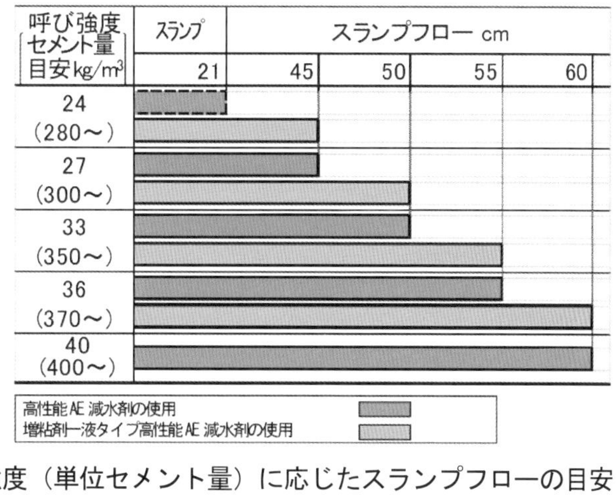

呼び強度 ［セメント量］ 目安kg/m³	スランプ	スランプフロー cm			
	21	45	50	55	60
24 (280～)					
27 (300～)					
33 (350～)					
36 (370～)					
40 (400～)					

高性能 AE 減水剤の使用
増粘剤一液タイプ高性能 AE 減水剤の使用

図 3.8　呼び強度（単位セメント量）に応じたスランプフローの目安（建築分野）[63)]

(4) スランプフローと単位水量の関係

スランプフロー400～650mmの範囲において，単位水量は155～175kg/m³のものが多いが175kg/m³を超える事例も報告されている．なお，増粘剤成分の有無にかかわらず単位水量は同程度の範囲で用いられている（図3.9および図3.10参照）．

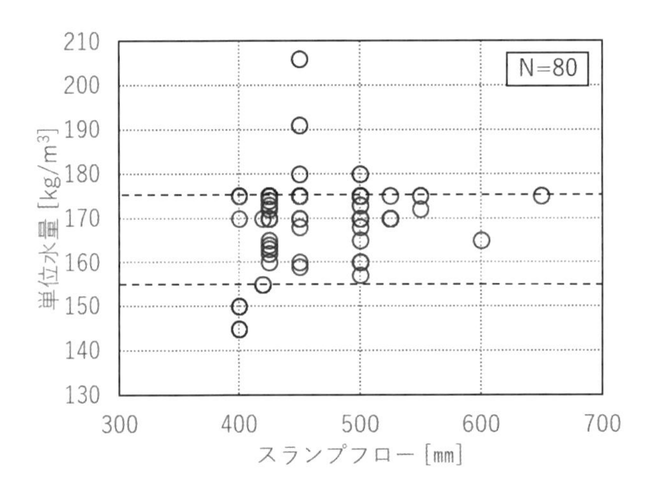

図3.9　スランプフローと単位水量の関係（全体）

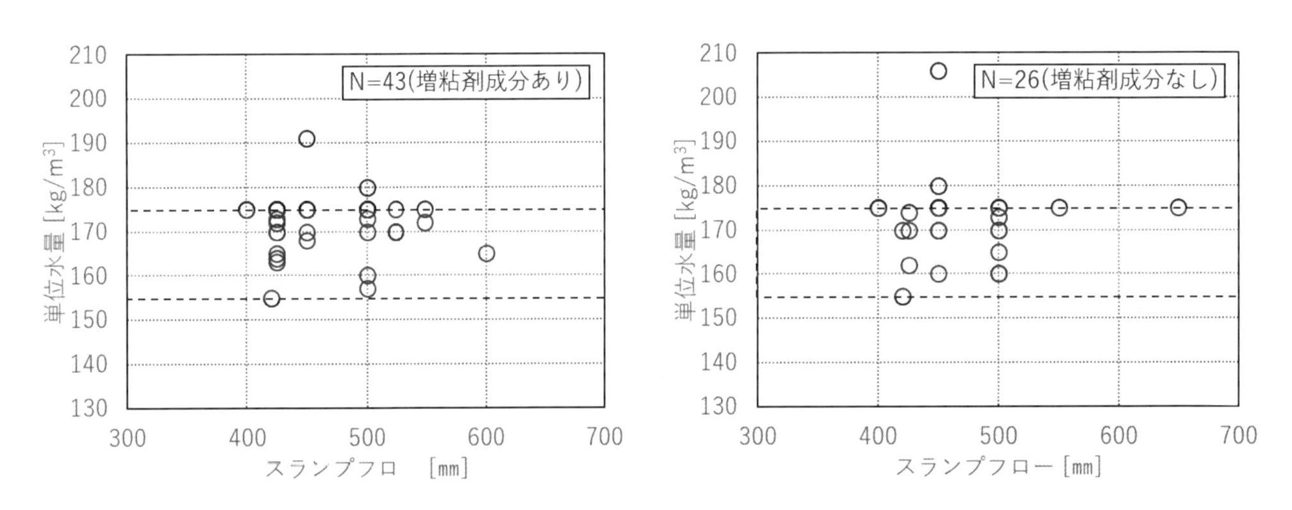

図3.10　スランプフローと単位水量の関係（左:増粘剤成分あり，右:増粘剤成分なし）

(5) スランプフローと単位粗骨材量の関係

スランプフロー400～650mmの範囲において，単位粗骨材量は800～1,000kg/m³のものが多い．また，増粘剤成分を含まない配合は，スランプフローの増加に伴い単位粗骨材量が減少する傾向がみられる（図3.11および図3.12参照）．

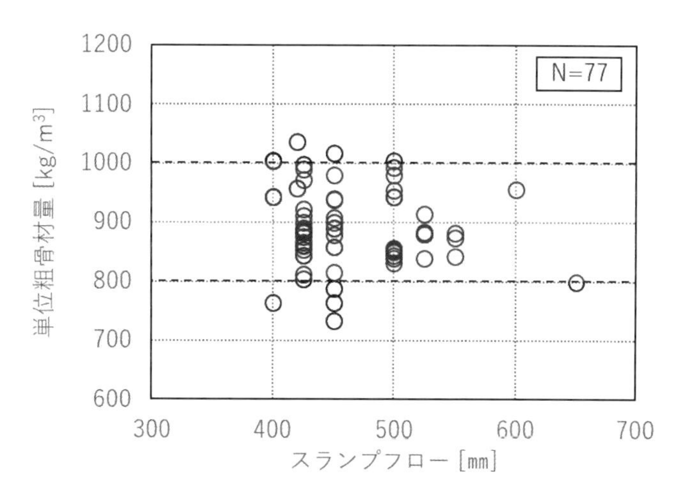

図 3. 11　スランプフローと単位粗骨材量の関係（全体）

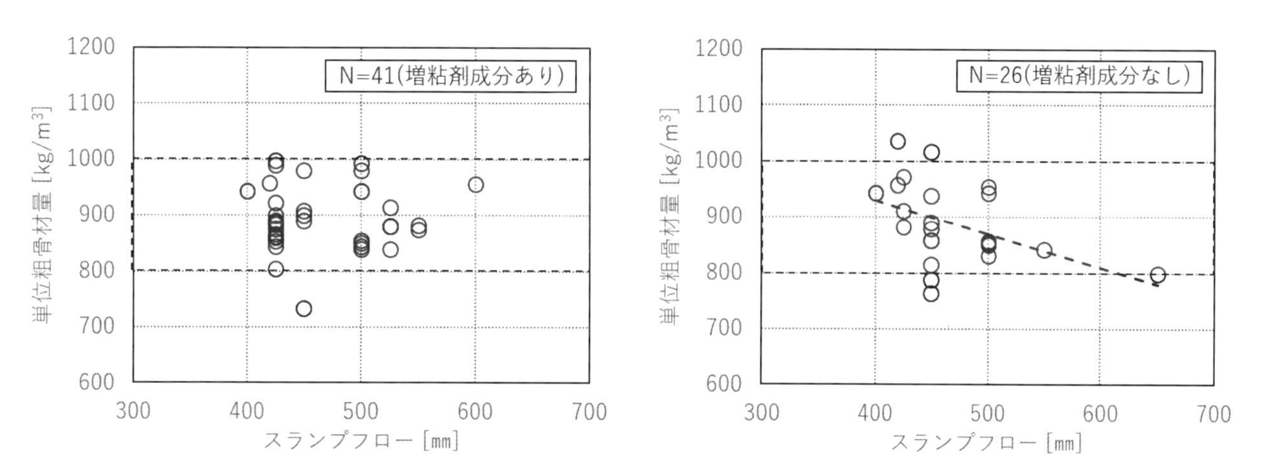

図 3. 12　スランプフローと単位粗骨材量の関係（左：増粘剤成分あり，右：増粘剤成分なし）

(6)　スランプフローと細骨材率の関係

スランプフロー400～650mm の範囲において，細骨材率は 45～55%のものが多く，増粘剤成分の有無にかかわらず同程度の範囲で用いられていることが分かる（図 3. 13 および図 3. 14 参照）.

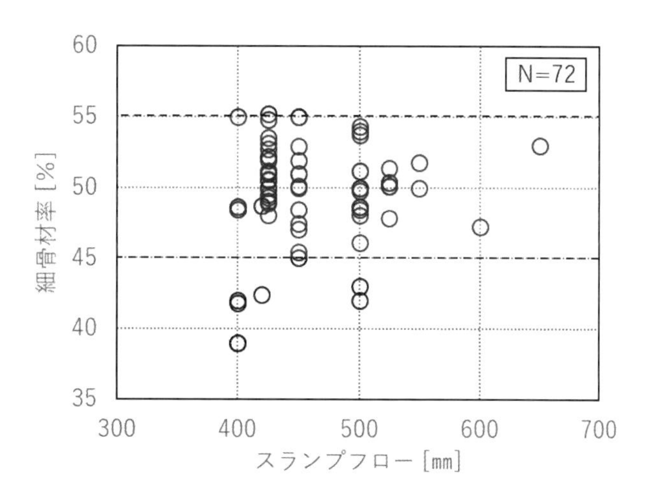

図 3. 13　スランプフローと単位水量の関係（全体）

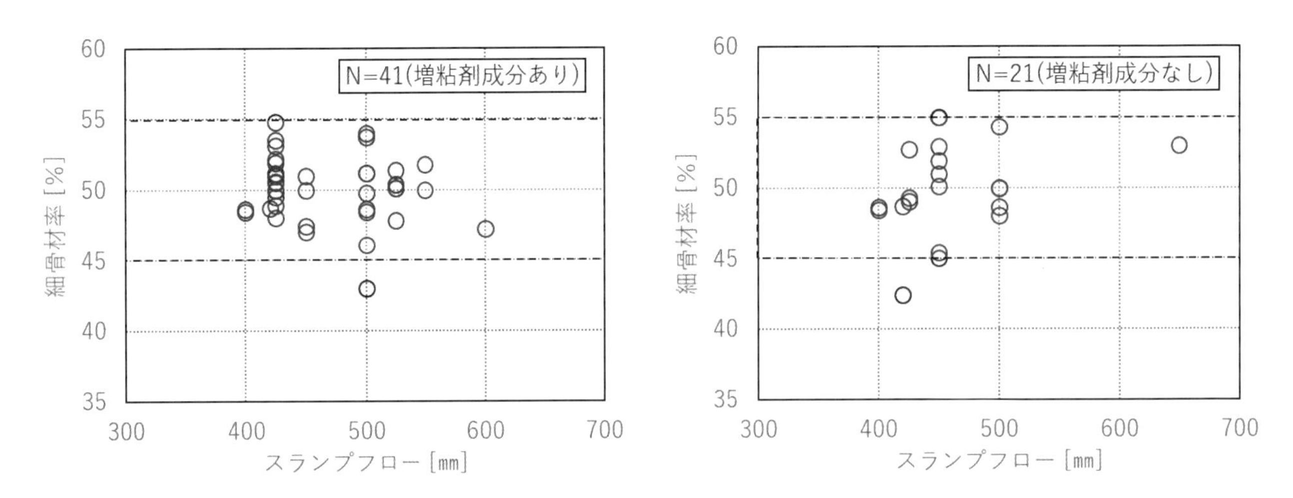

図 3.14 スランプフローと単位水量の関係（左:増粘剤成分あり，右:増粘剤成分なし）

(7) 施工方法

締固めが必要な高流動コンクリートの施工ならびに実物大施工実験の情報を基に，自由落下高さや振動締固め時間，型枠に作用する側圧など施工方法に関する結果を以下に示す．

データ数が少ないため参考としての扱いではあるが，壁部材や橋梁部材においては自由落下高さの増加に伴い単位粉体量を大きく設定する傾向がみられるが，スランプフローの大きさと自由落下高さについては明確な関係は認められない結果となった（**図 3.15** 参照）．また，単位粉体量の増加に伴い振動締固め時間が増加する等の一義的な関係は確認できていない（**図 3.16** 参照）．一方，振動締固めによる粗骨材の分離については，スランプフローが大きくなると分離が生じやすい結果が示されており，材料分離抵抗性（単位粉体量）と流動性を総合的に評価したうえで，振動締固め時間を定める必要があることが分かる（**図 3.17** 参照）．

（一社）日本建設業連合会 建築分野における高流動性コンクリートの普及に関する研究会の報告では，振動締固め時間を普通コンクリートで 15 秒，高流動性コンクリートで 5 秒として実施した結果，同等の表面充填率が得られたとの報告があり，振動締固め時間は 0～10 秒程度と一般的なコンクリートに比べ短時間とすることが可能であることが示されている．一方，型枠内への打込み過程において，実験ミスではあるものの，高流動性コンクリートの柱脚部に一部充填不良が見られるなど施工において粗骨材の分離が生じないよう留意を払う必要があることが分かる．なお，型枠へ生じる側圧については液圧に近い値が得られており，安全性確保の観点からもデータが蓄積されるまでは，型枠設計時は液圧相当として検討することが望ましいと考えられる（**図 3.18** および**図 3.19** 参照）．

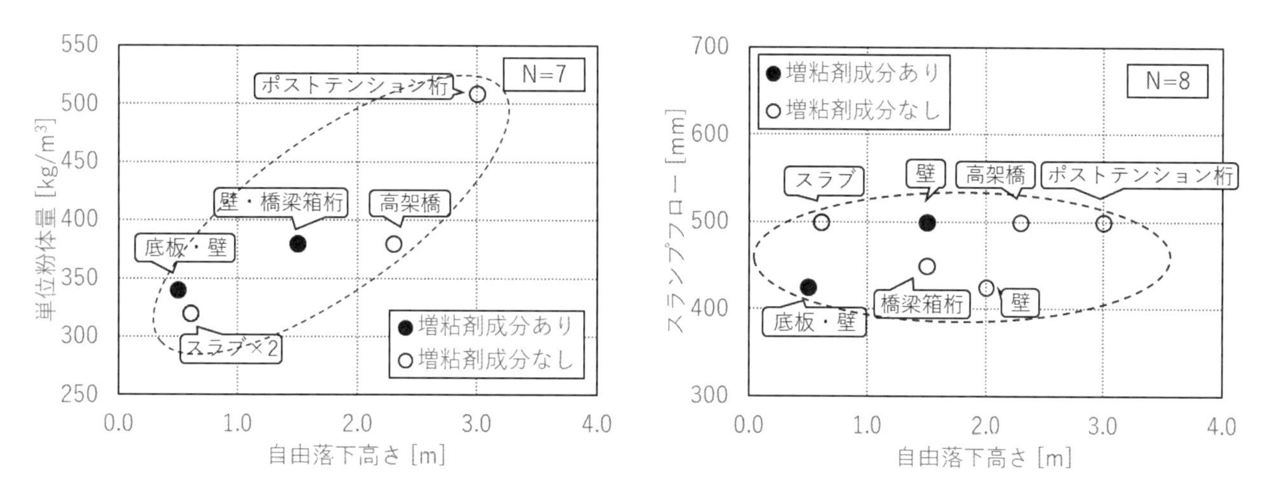

図 3.15　自由落下高さと単位粉体量（左）およびスランプフロー（右）の関係

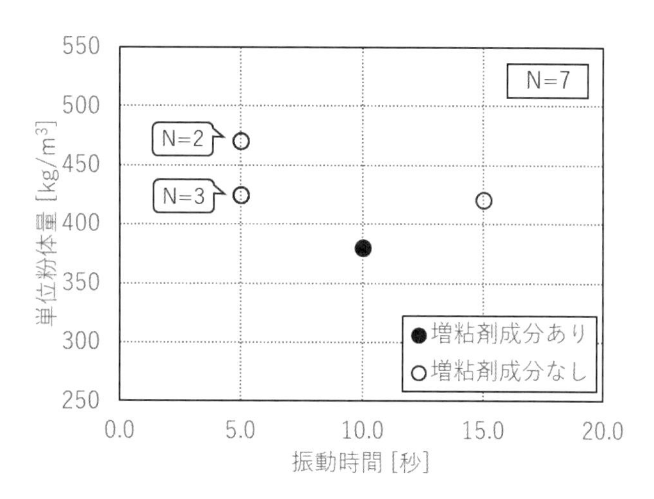

図 3.16　振動時間と単位粉体量の関係

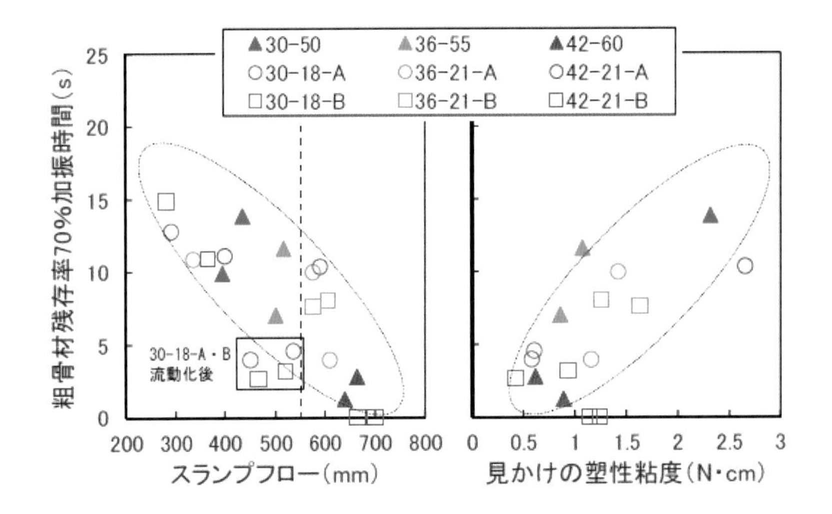

種類	配合名	W/C (%)	s/a (%)	Gvol (m^3/m^3)	SLF(SL) (mm, cm)	単位量 (kg/m^3)					
						W	C	S1	S2	G	Ad
VSP配合	30-50	50.5	50.7	330	500±75	175	347	617	269	885	Ad1:3.82
	36-55	44.0	51.4	318	550±100	175	398	609	266	853	Ad1:4.38
	42-60	39.0	50.1	318	600±100	175	449	578	253	853	Ad1:4.94
VFP配合	30-18-A	49.0	44.9	360	(18±2.5)	183	374	531	232	965	Ad2:3.74
	36-21-A	44.0	49.0	336	(21±2.0)	172	391	586	256	901	Ad3:3.52
	42-21-A	39.0	47.4	336	(21±2.0)	174	447	549	240	901	Ad3:4.02
	30-18-B	49.0	44.9	360	(18±2.5)	183	374	531	232	965	Ad4:3.74
	36-21-B	44.0	49.0	336	(21±2.0)	172	391	586	256	901	Ad5:3.52
	42-21-B	39.0	47.4	336	(21±2.0)	174	447	549	240	901	Ad5:4.02

W：地下水，C：普通ポルトランドセメント（密度 3.16g/cm³），S1：神栖産陸砂（表乾密度 2.59 g/cm³），S2：佐野産砕石（表乾密度 2.63 g/cm³），G：土浦産砕石（表乾密度 2.68 g/cm³，最大寸法 20mm），Ad1：高性能 AE 減水剤標準型I種（増粘剤含有型），Ad2・Ad4：AE 減水剤標準型I種，Ad3・Ad5：高性能 AE 減水剤標準型I種，Gvol：粗骨絶対容積

図 3.17　粗骨材残存率 70%加振時間とスランプフローの関係 [64]

(配合条件：39.0%≦W/C≦50.5%，C=347～449kg/m³)

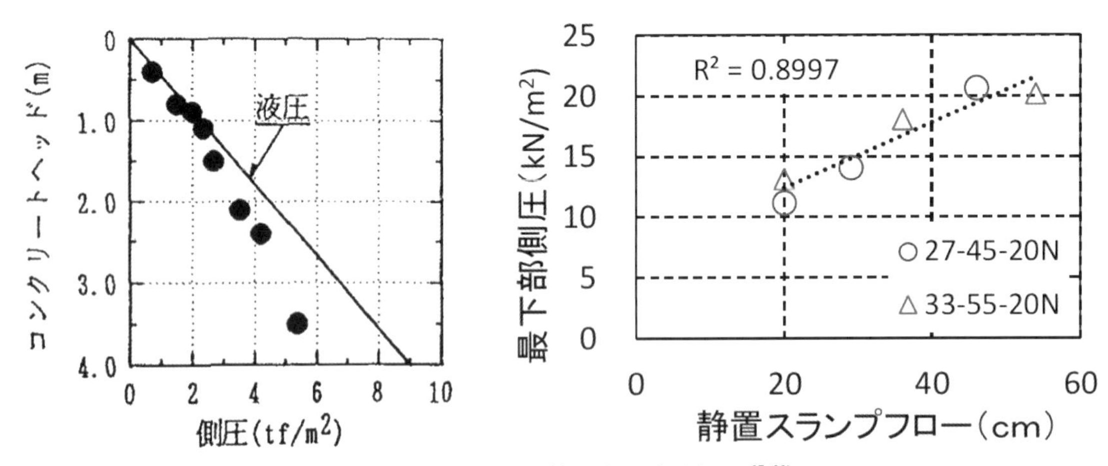

図 3.18　型枠に作用する側圧 [65, 66]

項目	一般的なコンクリート	高流動性コンクリート	高流動コンクリート
目標スランプ	スランプ18cm	スランプフロー45～55cm	スランプフロー55～65cm
流動性	普通	優れる	自己充填性に優れる
材料分離抵抗性	普通（高い）	高い	十分高い
締固め	十分な締固めを前提	簡易な締固め	流動補助的な バイブレータ使用
締固め時間	15秒を標準	0～10秒	無し（軽微）
表面仕上がり	締固め必要で良好	良好（分離気味留意）	良好
側圧	打込み速度に応じて コンクリートヘッドが 生じる	時間経過でコンクリートヘッ ドが生じる可能性（液圧が 安全）	すべて液圧
表面充填率	締固め15秒で良好	短い締固め時間で良好	締固め不要で良好
上下の差	普通	少ない	少ない
構造体品質	普通	ほぼ同等	同等（横流しに制限）
施工性	普通	締固め時間の短縮が可能	締固め時間の大幅な低減
		打込み回数・時間の短縮 （20％以上）	打込み時間の短縮

(a)　普通コンクリート

(b)　高流動性コンクリート

図 3.19　高流動性コンクリートの特性（建築分野）67) を改変（一部修正）して転載

(8)　間隙通過性試験の容器形状の違いが試験結果に及ぼす影響

間隙通過性試験に使用される試験機にはボックス形のほかに U 形もある．間隙通過性試験の容器形状の違いが試験結果に及ぼす影響についての検討例 68)を以下に示す．試験では，引き上げと同時にバイブレータを始動し 190mm，300mm の到達時間を測定し，間隙通過速度を算出している．**表 3.2** に試験に用いられた配合を示す．

表 3.2　配合表 68)

配合 番号	W/C (%)	s/a (%)	単位量(kg/m³)						目標値	
			W	C	S	G	SP	VSP	スランプフロー	空気量
1	50.0	55	170	340	961	807	5.44	-	45±5cm	4.5±1.0%
2	45.9	55	170	370	948	797	5.37	-		
3	54.8	55	170	310	975	820	5.58	-		
4	50.0	45	170	340	786	951	4.25	-		
5	54.8	55	170	310	975	820	-	6.36		
6	50.0	63	170	340	1100	664	8.84	-		

図 3.20 に U 形とボックス形容器を用いた間隙通過性試験の間隙通過速度を示す．単位粗骨材量が相対的に多い配合 No.4 および単位細骨材量が他の配合と比較して多い配合 No.6 は，U 形がボックス形より間隙通過速度は若

干早い．配合 No.1，No.2，No.3，No.5 はボックス形が U 形よりも間隙通過速度が若干早いものの，容器形状によらず間隙通過速度は同程度であると考えられる．図 3. 21 に加振動 U 形／ボックス形充填試験の鉄筋障害を移動したコンクリートの粗骨材量比率を示す．配合 No.1～5 は U 形がボックス形よりも粗骨材量比率が小さく，間隙通過後の粗骨材の分離程度が U 形の方がボックス形よりも厳しい結果であると考えられる．

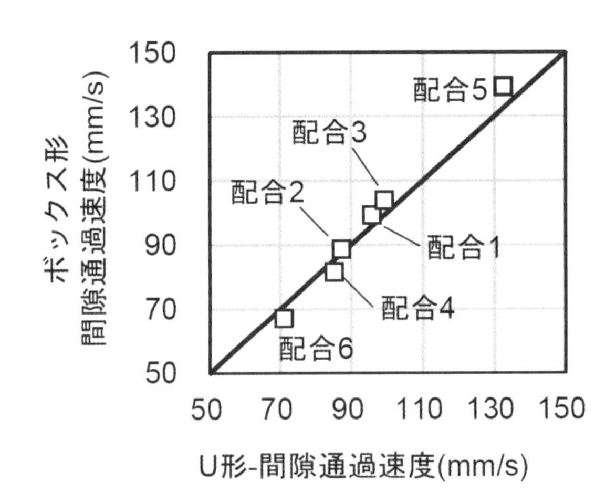

図 3. 20　容器形状の違いが間隙通過速度に与える影響[68)]

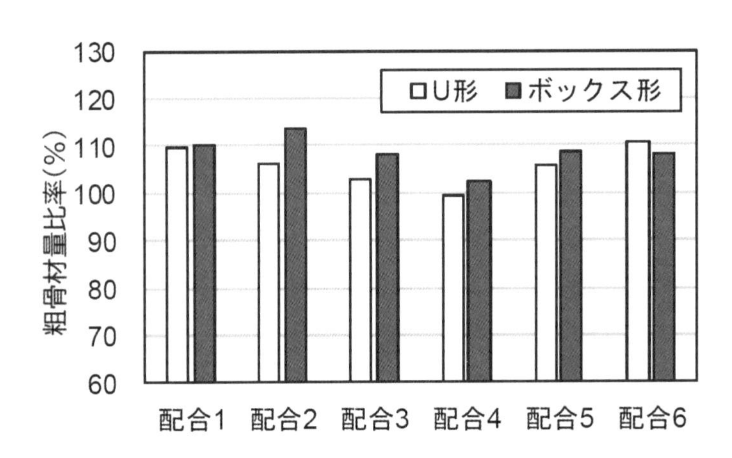

図 3. 21　容器形状の違いが粗骨材量比率に与える影響[68)] を改変（一部修正）して転載

参考文献

1) 曽我部直樹，佐藤忠宏，黒川篤，蓮野武志：国道 49 号揚川改良揚川橋新設工事の上部工における中流動コンクリートの適用，コンクリート工学，Vol.52，No.3，pp.251-256，2014

2) 前原聡，笠倉亮太，早川健司，伊藤正憲：増粘剤含有型流動化剤を用いた中流動コンクリートの施工性および硬化性状に関する検討，コンクリート工学年次論文集，Vol.36，No.1，pp.1630-1635，2014

3) 宮川美穂，岩城圭介，佐々木秀一，入内島克明：後添加型液体増粘剤を使用した中流動コンクリートに関する研究 ，コンクリート工学年次論文集，Vol.36，No.1，pp.160-165，2014

4) 鶴田浩章，村上真，上田尚史，安藤圭：護岸に適用する中流動コンクリートの基礎性状とすりへり抵抗性 ，コンクリート工学年次論文集，Vol.36，No.1，pp.1438-1443，2014

5) 松丸貴英，日向哲朗，白岩誠史，多田孔充，藤井忍：中流動覆工コンクリートによる品質向上に関する一考察 ，土木学会第 69 回年次学術講演会，VI-059，pp.117-118，2014

6) 作榮二郎，小山広光，坂井吾郎，尾口佳文：ブリーディング低減成分を含有した増粘剤一液型高性能AE減水剤を使用した中流動覆工コンクリートの基本特性，土木学会第69回年次学術講演会，V-363，pp.725-726，2014
7) 内田雄士，平田学，尾口佳丈，坂井吾郎，大野誠彦：ブリーディングを抑制した中流動覆工コンクリートの現場適用，土木学会第69回年次学術講演会，VI-061，pp.121-122，2014
8) 塩田彩夏，小林寿子，橋本学，今井俊一郎：中流動コンクリートの鉄道高架橋への適用に関する実験的検討，土木学会第70回年次学術講演会，V-285，pp.569-570，2015
9) 野々村嘉映，髙松雅宏，入内島克明，勝田義康，宮川美穂，会場琢：増粘剤を含む流動化剤を使用した中流動コンクリートのトンネル覆工への適用，土木学会第70回年次学術講演会，VI-639，pp.1277-1278，2015
10) 西岡和則，坂井吾郎，松本修治，小山広光，大野誠彦：凝結促進剤を添加した中流動および高流動覆工コンクリートの各種性状について，土木学会第70回年次学術講演会，VI-640，pp.1279-1280，2015
11) 波真澄，平間昭信，伊藤正人，大友裕隆，小林一士，原直之，宮川美穂：後添加型中流動コンクリートの小断面放水路トンネルへの適用，土木学会第70回年次学術講演会，VI-641，pp.1281-1282，2015
12) 橋本理，梁俊，坂本淳，笹西孝行：現場添加用の増粘剤一液型流動化剤を用いた中流動コンクリートの製造方法に関する検討，土木学会第70回年次学術講演会，VI-642，pp.1283-1284，2015
13) 増田弘明，八木弘，岩尾哲也：中流動覆工コンクリートの締固め方法に関する検討，土木学会第70回年次学術講演会，VI-643，pp.1285-1286，2015
14) 松丸貴英，白岩誠史，川中政美，井奥克彦，芝本芳生：透気試験による中流動覆工コンクリートの表層品質評価に関する検討，土木学会第70回年次学術講演会，VI-644，pp.1287-1288，2015
15) 和田信博，石橋靖亨，渡邊有寿，柳井修司，伊代田祥仁：中流動コンクリートによる超長距離圧送を適用したシールドトンネル二次覆工の構築，土木学会第70回年次学術講演会，VI-717，pp.1433-1434，2015
16) 桜井邦昭，前田敬一郎，佐々木高士，林孝弥：大規模LNG地下式貯槽の高密度な配筋や閉鎖空間を有する側壁における高流動および中流動コンクリートによる施工，コンクリート工学年次論文集，Vol.38, No.1, pp.1563-1568，2016
17) 梶田秀幸，桝田佳寛，笹倉博行，伊達信之：傾斜フロー試験器によるコンクリートの施工性評価，コンクリート工学年次論文集，Vol.38，No.1，pp.1533-1538，2016
18) 藤崎明，片岡義信，森澤勝弘，島弘：高強度コンクリートに結合材としてフライアッシュを使用した場合の諸性状，コンクリート工学年次論文集，Vol.38，No.1，pp.1467-1472，2016
19) 山之内康一郎，佐久間翔平，伊藤義也，山口晋：フレッシュコンクリートの圧送性評価方法に関する基礎研究，土木学会第71回年次学術講演会，V-327，pp.653-654，2016
20) 田之倉誠，吉田匠吾，根本浩史，細井元規：長距離圧送におけるコンクリートの配合選定と品質管理方法の検討，土木学会第71回年次学術講演会，V-329，pp.657-658，2016
21) 野村晃平，平井孝明，鶴田浩章，上田尚史：フライアッシュを用いた中流動コンクリートの耐塩害特性と耐摩耗特性，土木学会第71回年次学術講演会，V-334，pp.667-668，2016
22) 槙島修，川里麻莉子：流動化剤(増粘剤一液タイプ)を用いたコンクリートの締固め性能に関する検討，土木学会第71回年次学術講演会，V-363，pp.725-726，2016
23) 田篭滉貴，伊代田岳史，岡本敏道：締固め時間の変動がコンクリートの上下方向における材料分離に与える影響，土木学会第71回年次学術講演会，V-364，pp.727-728，2016

24) 原大樹，新明正人，須藤信一，坂井吾郎，松本修治：後添加型中流動コンクリートの高密度配筋覆工への適用事例，土木学会第 71 回年次学術講演会，VI-184，pp.367-368，2016
25) 井口舞，兵頭彦次，丸田浩：塗布型収縮低減剤・養生剤がコンクリートの表面透気係数に及ぼす影響，土木学会第 72 回年次学術講演会，V-473，pp.945-946，2017
26) 野村晃平，鶴田浩章：収縮低減剤を用いた中流動コンクリートの収縮特性と耐凍害特性，土木学会第 72 回年次学術講演会，V-609，pp.1217-1218，2017
27) 土師康一，新谷岳，澤村淳美，田中徹：環境温度に起因する中流動コンクリートの性状変化に関する一考察，土木学会第 72 回年次学術講演会，VI-145，pp.289-290，2017
28) 谷村浩輔，楠本太，山本将：打込み直前流動化中流動覆工コンクリート性状，土木学会第 72 回年次学術講演会，VI-146，pp.291-292，2017
29) 信永博文，山本将，木村厚之：中流動覆工コンクリートの打込み締固め方法，土木学会第 72 回年次学術講演会，VI-153，pp.305-306，2017
30) 蒲雅志，佐々木大輝，永久和正，柏原宏輔：寒冷地における覆工コンクリートの高耐久化に向けた取組み，土木学会第 72 回年次学術講演会，VI-160，pp.319-320，2017
31) 佐藤崇洋，新岡尚幸，竹市篤史，橋本基，中嶋翔平，月崎良一，手塚康成：覆工コンクリートにおける品質および耐久性向上への効果検証について，土木学会第 72 回年次学術講演会，VI-166，pp.331-332，2017
32) 萩谷俊祐，中田善久，平野修也，湯本哲也：各種混和剤の使用率により流動性を付与したコンクリートのフレッシュ性状に関する一考察，コンクリート工学年次論文集，Vol.39，No.1，pp.1249-1254，2017
33) 太田貴士，黒岩秀介，野田泰史：粉末の流動化剤および増粘剤を用いた高性能流動化コンクリートのフレッシュ性状に関する実験的検討，コンクリート工学年次論文集，Vol.39，No.1，pp.1285-1290，2017
34) 伊藤始，栗山浩，窪田一沙，泉谷智之，田島久嗣：実機製造した高強度フライアッシュコンクリートの流動性と材料分離抵抗性に関する検討，土木学会第 72 回年次学術講演会，V-362，pp.723-724，2017
35) 松本修治，佐藤崇洋，橋本学，手塚康成，青柳隆浩：実施工における覆工用高流動コンクリートの適用実績－国道 45 号唐丹第 3 トンネル工事－，土木学会第 72 回年次学術講演会，VI-147，pp.293-294，2017
36) 幸田圭司，大西孝典，戸田晶，根本浩史：狭隘な施工環境下におけるボックスカルバート頂版コンクリートの施工，コンクリート工学年次論文集，Vol.41，No.1，pp.1361-1366，2019
37) 土屋直子，鹿毛忠継，小泉信一：低粉体系の高流動コンクリートの調合条件に関する研究，コンクリート工学年次論文集，Vol.41，No.1， pp.1061-1066，2019
38) 佐土原志奈，西祐宜，平野修也，森部紀晴：配合条件がフレッシュコンクリートの目視観察結果および充填性試験に及ぼす影響，土木学会第 74 回年次学術講演会，V-314，2019
39) 仲野弘識，堀昭，大橋英紀，土師康一：1,500m 相当の長距離圧送したコンクリートのフレッシュ性状の変化に関する一考察，土木学会第 74 回年次学術講演会，VI-441，2019
40) 中村康祐，白岩誠史，杉浦規之，飯田信一，河上伸一：後添加方式による中流動覆工コンクリートの品質管理手法に関する一考察後添加方式による中流動覆工コンクリートの品質管理手法に関する一考察，土木学会第 74 回年次学術講演会，VI-442，2019
41) 中西努，五十嵐昭生，西浦秀明，桜井邦昭，今林泰史：増粘剤成分を含有した流動化剤を用いた高流動化コンクリートのトンネル覆工への適用検討，土木学会第 74 回年次学術講演会，V-312，2019

42) 金枝俊輔，谷口正輝，天谷公彦，立石陽輝：中流動FAコンクリートを使用したプレキャスト製品の品質に関する一考察，土木学会第75回年次学術講演会，V-240，2020
43) 古川翔太，加藤佳孝，天野勲，髙橋駿人：振動時間が流動性の高いコンクリートの材料分離と硬化後の残留空隙に与える影響，土木学会第75回年次学術講演会，V-422，2020
44) 梁俊，坂本淳，丸屋剛：締固めを必要とする高流動コンクリートの分離抵抗性に関する検討，土木学会第75回年次学術講演会，V-423，2020
45) 髙木雄介，小林孝一，菱刈智也：電気伝導率によるフレッシュコンクリート内の材料分布状況の予測，土木学会第75回年次学術講演会，V-429，2020
46) 作榮二郎，亀島健太，松本修治，坂井吾郎：ブリーディング低減成分を含有した増粘剤一液型高性能AE減水剤を使用した覆工用高流動コンクリートの基本特性，土木学会第75回年次学術講演会，V-434，2020
47) 鈴木将充，早川健司，加藤佳孝：締固めを必要とする高流動コンクリートの振動締固め方法に関する検討，土木学会第75回年次学術講演会，V-437，2020
48) 六本木日菜子，高木英知，松本修治，柳井修司，橋本学，渡邉賢三，坂井吾郎：壁部材を対象とした安価な締固め不要コンクリートの打込み方法の検討，土木学会第75回年次学術講演会，V-441，2020
49) 宮下隆太郎，黒川尚義，西浦秀明，桜井邦昭，戸川一彦：低セメント量の高流動コンクリートによるトンネル覆工の施工報告，土木学会第75回年次学術講演会，VI-01，2020
50) 梁俊，坂本淳，丸屋剛，太田貴士：締固めを必要とする高流動コンクリートの配合選定に関する基礎的な研究，コンクリート工学年次論文集，Vol.42，No.1，pp.905-910，2020
51) 小林竜平，橋本紳一郎，根本浩史，齊藤和秀：配合・材料条件が増粘剤一液タイプ高性能AE減水剤を用いた中・高流動コンクリートの性状に及ぼす影響，コンクリート工学年次論文集，Vol.42，No.1，pp.917-922，2020
52) 菱刈智也，小林孝一，髙木雄介：フレッシュコンクリートの材料分離抵抗性の定量的評価の考案，コンクリート工学年次論文集，Vol.42，No.1，pp.971-976，2020
53) 古川翔太，加藤佳孝，鈴木将充，髙橋駿人：モルタルの粘性と粗骨材量が流動性の高いコンクリートの材料分離に与える影響，コンクリート工学年次論文集，Vol.42，No.1，pp.989-994，2020
54) 清水寛太，山田義智，平野修也，崎原康平：振動下における低粉体系高流動コンクリートの推定レオロジー定数と間隙通過性および材料分離抵抗性に関する実験的研究，コンクリート工学年次論文集，Vol.42，No.1，pp.1013-1018，2020
55) 鈴木将充，古川翔太，早川健司，加藤佳孝：締固めを必要とする高流動コンクリートの締固め方法に関する基礎的検討，コンクリート工学年次論文集，Vol.42，No.1，pp.1049-1054，2020
56) 上谷明生，山崎哲也，中野清人：高流動コンクリート③トンネル覆工に適用する中流動覆工コンクリート，コンクリート工学，Vol.59，No.4，pp.335-341，2021
57) 高木雄介，菱刈智也，小林孝一：電気伝導率を用いた材料分離抵抗性評価手法の考案，コンクリート工学年次論文集，Vol.43，No.1，pp.776-771，2021
58) 氏家勲，河金甲，河合慶有，蔦川昌希：自由落下高さが異なる締固めを必要とする高流動コンクリートの硬化後の品質に関する検討，コンクリート工学年次論文集，Vol.43，No.1，pp.808-813，2021
59) 杉浦規之，赤池考起，佐藤涼：中流動覆工コンクリートの圧送による打込み事例，土木学会第76回年次学術講演会，VI-477，2021

60) 梁俊，坂本淳，丸屋剛 ：締固めを必要とする高流動コンクリートの締固めのし易さの評価，土木学会第 76 回年次学術講演会，Ⅴ-298，2021
61) 平山智章，塩見尚潔，水野浩平，六本木日菜子，松本修治，橋本学，渡邉賢三，柳井修司，坂井吾郎：スラブ部材を対象とした安価な締固め不要コンクリートの打込み方法の検討，土木学会第 76 回年次学術講演会，Ⅴ-303，2021
62) 渡邉大河，山田大悟，橋本紳一郎，三本巌，中村敏之，根本浩史，伊達重之：締固めを必要とする高流動コンクリートの材料分離抵抗性評価に関する基礎的検討，土木学会第 76 回年次学術講演会，Ⅴ-299，2021
63) （一社）日本建設業連合会：高流動性コンクリートの利用ガイドライン～高い流動性と材料分離抵抗性をあわせ持つコンクリートの普及による建築物の品質と施工性の向上を目指して～，2020.9
64) 竹中寛，高淵稔貴，森田浩史，岸本豪太：増粘剤含有混和剤を用いたコンクリートの材料分離抵抗性および充塡性に関する一考察，土木学会第 76 回年次学術講演会，Ⅴ-306，2021
65) 中島良一，酒井芳文，牛島栄，前田強：高流動コンクリートのアーチ橋への適用（施工実験その３：側圧に関する検討），土木学会第 49 回年次学術講演会，Ⅴ-181，pp.362-363，1994
66) 依田和久，松田拓，古川雄太，木村仁治，塩田博之，太田貴士，梅本宗宏：高流動性コンクリートの施工性と躯体の品質評価に関する研究（その１）：小型模擬試験体による基礎実験および型枠側圧実験，日本建築学会技術報告集，第 26 巻，第 64 号，pp.839-844，2020
67) 依田和久，松田拓，古川雄太，木村仁治，塩田博之，太田貴士，梅本宗宏：高流動性コンクリートの施工性と躯体の品質評価に関する研究（その２）：実大模擬試験体実験の結果と効果の検討，日本建築学会技術報告集，第 27 巻，第 65 号，pp.36-41，2021
68) 直町聡子，梁俊，坂本淳，丸屋剛：締固めを必要とする高流動コンクリートの配合選定に関する基礎的な研究，コンクリート工学年次論文集，Vol.44，No.1，pp.826-831，2022

●コンクリートライブラリー一覧●

号数：標題／発行年月／判型・ページ数／本体価格

第 1 号：コンクリートの話－吉田徳次郎先生御遺稿より－／昭.37.5 ／ B 5・48 p.
第 2 号：第 1 回異形鉄筋シンポジウム／昭.37.12 ／ B 5・97 p.
第 3 号：異形鉄筋を用いた鉄筋コンクリート構造物の設計例／昭.38.2 ／ B 5・92 p.
第 4 号：ペーストによるフライアッシュの使用に関する研究／昭.38.3 ／ B 5・22 p.
第 5 号：小丸川 PC 鉄道橋の架替え工事ならびにこれに関連して行った実験研究の報告／昭.38.3 ／ B 5・62 p.
第 6 号：鉄道橋としてのプレストレストコンクリート桁の設計方法に関する研究／昭.38.3 ／ B 5・62 p.
第 7 号：コンクリートの水密性の研究／昭.38.6 ／ B 5・35 p.
第 8 号：鉱物質微粉末がコンクリートのウォーカビリチーおよび強度におよぼす効果に関する基礎研究／昭.38.7 ／ B 5・56 p.
第 9 号：添えばりを用いるアンダーピンニング工法の研究／昭.38.7 ／ B 5・17 p.
第 10 号：構造用軽量骨材シンポジウム／昭.39.5 ／ B 5・96 p.
第 11 号：微細な空げきてん充のためのセメント注入における混和材料に関する研究／昭.39.12 ／ B 5・28 p.
第 12 号：コンクリート舗装の構造設計に関する実験的研究／昭.40.1 ／ B 5・33 p.
第 13 号：プレパックドコンクリート施工例集／昭.40.3 ／ B 5・330 p.
第 14 号：第 2 回異形鉄筋シンポジウム／昭.40.12 ／ B 5・236 p.
第 15 号：デイビダーク工法設計施工指針（案）／昭.41.7 ／ B 5・88 p.
第 16 号：単純曲げをうける鉄筋コンクリート桁およびプレストレストコンクリート桁の極限強さ設計法に関する研究／昭.42.5 ／ B 5・34 p.
第 17 号：MDC 工法設計施工指針（案）／昭.42.7 ／ B 5・93 p.
第 18 号：現場コンクリートの品質管理と品質検査／昭.43.3 ／ B 5・111 p.
第 19 号：港湾工事におけるプレパックドコンクリートの施工管理に関する基礎研究／昭.43.3 ／ B 5・38 p.
第 20 号：フライアッシュを混和したコンクリートの中性化と鉄筋の発錆に関する長期研究／昭.43.10 ／ B 5・55 p.
第 21 号：バウル・レオンハルト工法設計施工指針（案）／昭.43.12 ／ B 5・100 p.
第 22 号：レオバ工法設計施工指針（案）／昭.43.12 ／ B 5・85 p.
第 23 号：BBRV 工法設計施工指針（案）／昭.44.9 ／ B 5・134 p.
第 24 号：第 2 回構造用軽量骨材シンポジウム／昭.44.10 ／ B 5・132 p.
第 25 号：高炉セメントコンクリートの研究／昭.45.4 ／ B 5・73 p.
第 26 号：鉄道橋としての鉄筋コンクリート斜角げたの設計に関する研究／昭.45.5 ／ B 5・28 p.
第 27 号：高張力異形鉄筋の使用に関する基礎研究／昭.45.5 ／ B 5・24 p.
第 28 号：コンクリートの品質管理に関する基礎研究／昭.45.12 ／ B 5・28 p.
第 29 号：フレシネー工法設計施工指針（案）／昭.45.12 ／ B 5・123 p.
第 30 号：フープコーン工法設計施工指針（案）／昭.46.10 ／ B 5・75 p.
第 31 号：OSPA 工法設計施工指針（案）／昭.47.5 ／ B 5・107 p.
第 32 号：OBC 工法設計施工指針（案）／昭.47.5 ／ B 5・93 p.
第 33 号：VSL 工法設計施工指針（案）／昭.47.5 ／ B 5・88 p.
第 34 号：鉄筋コンクリート終局強度理論の参考／昭.47.8 ／ B 5・158 p.
第 35 号：アルミナセメントコンクリートに関するシンポジウム；付：アルミナセメントコンクリート施工指針（案）／ 昭.47.12 ／ B 5・123 p.
第 36 号：SEEE 工法設計施工指針（案）／昭.49.3 ／ B 5・100 p.
第 37 号：コンクリート標準示方書（昭和 49 年度版）改訂資料／昭.49.9 ／ B 5・117 p.
第 38 号：コンクリートの品質管理試験方法／昭.49.9 ／ B 5・96 p.
第 39 号：膨張性セメント混和材を用いたコンクリートに関するシンポジウム／昭.49.10 ／ B 5・143 p.
第 40 号：太径鉄筋 D 51 を用いる鉄筋コンクリート構造物の設計指針（案）／昭.50.6 ／ B 5・156 p.
第 41 号：鉄筋コンクリート設計法の最近の動向／昭.50.11 ／ B 5・186 p.
第 42 号：海洋コンクリート構造物設計施工指針（案）／昭和.51.12 ／ B 5・118 p.
第 43 号：太径鉄筋 D 51 を用いる鉄筋コンクリート構造物の設計指針／昭.52.8 ／ B 5・182 p.
第 44 号：プレストレストコンクリート標準示方書解説資料／昭.54.7 ／ B 5・84 p.
第 45 号：膨張コンクリート設計施工指針（案）／昭.54.12 ／ B 5・113 p.
第 46 号：無筋および鉄筋コンクリート標準示方書（昭和 55 年版）改訂資料【付・最近におけるコンクリート工学の諸問題に関する講習会テキスト】／昭.55.4 ／ B 5・83 p.
第 47 号：高強度コンクリート設計施工指針（案）／昭.55.4 ／ B 5・56 p.
第 48 号：コンクリート構造の限界状態設計法試案／昭.56.4 ／ B 5・136 p.
第 49 号：鉄筋継手指針／昭.57.2 ／ B 5・208 p. ／ 3689 円
第 50 号：鋼繊維補強コンクリート設計施工指針（案）／昭.58.3 ／ B 5・183 p.
第 51 号：流動化コンクリート施工指針（案）／昭.58.10 ／ B 5・218 p.
第 52 号：コンクリート構造の限界状態設計法指針（案）／昭.58.11 ／ B 5・369 p.
第 53 号：フライアッシュを混和したコンクリートの中性化と鉄筋の発錆に関する長期研究（第二次）／昭.59.3 ／ B 5・68 p.
第 54 号：鉄筋コンクリート構造物の設計例／昭.59.4 ／ B 5・118 p.
第 55 号：鉄筋継手指針（その 2）―鉄筋のエンクローズ溶接継手―／昭.59.10 ／ B 5・124 p. ／ 2136 円

●コンクリートライブラリー一覧●

号数：標題／発行年月／判型・ページ数／本体価格

第 56 号：人工軽量骨材コンクリート設計施工マニュアル／昭.60.5 ／ B 5・104 p.
第 57 号：コンクリートのポンプ施工指針（案）／昭.60.11 ／ B 5・195 p.
第 58 号：エポキシ樹脂塗装鉄筋を用いる鉄筋コンクリートの設計施工指針（案）／昭.61.2 ／ B 5・173 p.
第 59 号：連続ミキサによる現場練りコンクリート施工指針（案）／昭.61.6 ／ B 5・109 p.
第 60 号：アンダーソン工法設計施工要領（案）／昭.61.9 ／ B 5・90 p.
第 61 号：コンクリート標準示方書（昭和 61 年制定）改訂資料／昭.61.10 ／ B 5・271 p.
第 62 号：PC 合成床版工法設計施工指針（案）／昭.62.3 ／ B 5・116 p.
第 63 号：高炉スラグ微粉末を用いたコンクリートの設計施工指針（案）／昭.63.1 ／ B 5・158 p.
第 64 号：フライアッシュを混和したコンクリートの中性化と鉄筋の発錆に関する長期研究（最終報告）／昭 63.3 ／ B 5・124 p.
第 65 号：コンクリート構造物の耐久設計指針（試案）／平. 元.8 ／ B 5・73 p.
※第 66 号：プレストレストコンクリート工法設計施工指針／平.3.3 ／ B 5・568 p. ／ 5825 円
※第 67 号：水中不分離性コンクリート設計施工指針（案）／平.3.5 ／ B 5・192 p. ／ 2913 円
第 68 号：コンクリートの現状と将来／平.3.3 ／ B 5・65 p.
第 69 号：コンクリートの力学特性に関する調査研究報告／平.3.7 ／ B 5・128 p.
第 70 号：コンクリート標準示方書（平成 3 年版）改訂資料およびコンクリート技術の今後の動向／平 3.9 ／ B 5・316 p.
第 71 号：太径ねじふし鉄筋 D 57 および D 64 を用いる鉄筋コンクリート構造物の設計施工指針（案）／平 4.1 ／ B 5・113 p.
第 72 号：連続繊維補強材のコンクリート構造物への適用／平.4.4 ／ B 5・145 p.
第 73 号：鋼コンクリートサンドイッチ構造設計指針（案）／平.4.7 ／ B 5・100 p.
※第 74 号：高性能 AE 減水剤を用いたコンクリートの施工指針（案）付・流動化コンクリート施工指針（改訂版）／平.5.7 ／ B 5・142 p. ／ 2427 円
第 75 号：膨張コンクリート設計施工指針／平.5.7 ／ B 5・219 p. ／ 3981 円
第 76 号：高炉スラグ骨材コンクリート施工指針／平.5.7 ／ B 5・66 p.
第 77 号：鉄筋のアモルファス接合継手設計施工指針（案）／平.6.2 ／ B 5・115 p.
第 78 号：フェロニッケルスラグ細骨材コンクリート施工指針（案）／平.6.1 ／ B 5・100 p.
第 79 号：コンクリート技術の現状と示方書改訂の動向／平.6.7 ／ B 5・318 p.
第 80 号：シリカフュームを用いたコンクリートの設計・施工指針（案）／平.7.10 ／ B 5・233 p.
第 81 号：コンクリート構造物の維持管理指針（案）／平.7.10 ／ B 5・137 p.
第 82 号：コンクリート構造物の耐久設計指針（案）／平.7.11 ／ B 5・98 p.
第 83 号：コンクリート構造のエスセティックス／平.7.11 ／ B 5・68 p.
第 84 号：ISO 9000 s とコンクリート工事に関する報告書／平 7.2 ／ B 5・82 p.
第 85 号：平成 8 年制定コンクリート標準示方書改訂資料／平 8.2 ／ B 5・112 p.
第 86 号：高炉スラグ微粉末を用いたコンクリートの施工指針／平 8.6 ／ B 5・186 p.
第 87 号：平成 8 年制定コンクリート標準示方書（耐震設計編）改訂資料／平 8.7 ／ B 5・104 p.
第 88 号：連続繊維補強材を用いたコンクリート構造物の設計・施工指針（案）／平 8.9 ／ B 5・361 p.
第 89 号：鉄筋の自動エンクローズ溶接継手設計施工指針（案）／平 9.8 ／ B 5・120 p.
第 90 号：複合構造物設計・施工指針（案）／平 9.10 ／ B 5・230 p. ／ 4200 円
第 91 号：フェロニッケルスラグ細骨材を用いたコンクリートの施工指針／平 10.2 ／ B 5・124 p.
第 92 号：銅スラグ細骨材を用いたコンクリートの施工指針／平 10.2 ／ B 5・100 p. ／ 2800 円
第 93 号：高流動コンクリート施工指針／平 10.7 ／ B 5・246 p. ／ 4700 円
第 94 号：フライアッシュを用いたコンクリートの施工指針（案）／平 11.4 ／ A 4・214 p. ／ 4000 円
第 95 号：コンクリート構造物の補強指針（案）／平 11.9 ／ A 4・121 p. ／ 2800 円
第 96 号：資源有効利用の現状と課題／平 11.10 ／ A 4・160 p.
第 97 号：鋼繊維補強鉄筋コンクリート柱部材の設計指針（案）／平 11.11 ／ A 4・79 p.
第 98 号：LNG 地下タンク躯体の構造性能照査指針／平 11.12 ／ A 4・197 p. ／ 5500 円
第 99 号：平成 11 年版　コンクリート標準示方書［施工編］－耐久性照査型－　改訂資料／平 12.1 ／ A 4・97 p.
第100号：コンクリートのポンプ施工指針［平成 12 年版］／平 12.2 ／ A 4・226 p.
※第101号：連続繊維シートを用いたコンクリート構造物の補修補強指針／平 12.7 ／ A 4・313 p. ／ 5000 円
第102号：トンネルコンクリート施工指針（案）／平 12.7 ／ A 4・160 p. ／ 3000 円
※第103号：コンクリート構造物におけるコールドジョイント問題と対策／平 12.7 ／ A 4・156 p. ／ 2000 円
第104号：2001 年制定　コンクリート標準示方書［維持管理編］制定資料／平 13.1 ／ A 4・143 p.
第105号：自己充てん型高強度高耐久コンクリート構造物設計・施工指針（案）／平 13.6 ／ A 4・601 p.
第106号：高強度フライアッシュ人工骨材を用いたコンクリートの設計・施工指針（案）／平 13.7 ／ A 4・184 p.
第107号：電気化学的防食工法　設計施工指針（案）／平 13.11 ／ A 4・249 p. ／ 2800 円
第108号：2002 年版　コンクリート標準示方書　改訂資料／平 14.3 ／ A 4・214 p.
第109号：コンクリートの耐久性に関する研究の現状とデータベース構築のためのフォーマットの提案／平 14.12 ／ A 4・177 p.
第110号：電気炉酸化スラグ骨材を用いたコンクリートの設計・施工指針（案）／平 15.3 ／ A 4・110 p.
※第111号：コンクリートからの微量成分溶出に関する現状と課題／平 15.5 ／ A 4・92 p. ／ 1600 円
※第112号：エポキシ樹脂塗装鉄筋を用いる鉄筋コンクリートの設計施工指針［改訂版］／平 15.11 ／ A 4・216 p. ／ 3400 円

●コンクリートライブラリー一覧●

号数：標題／発行年月／判型・ページ数／本体価格

第113号：超高強度繊維補強コンクリートの設計・施工指針（案）／平 16.9 ／ A 4・167 p. ／ 2000 円
第114号：2003 年に発生した地震によるコンクリート構造物の被害分析／平 16.11 ／ A 4・267 p. ／ 3400 円
第115号：（CD-ROM 写真集）2003 年，2004 年に発生した地震によるコンクリート構造物の被害／平 17.6 ／ A4・CD-ROM
第116号：土木学会コンクリート標準示方書に基づく設計計算例［桟橋上部工編］／ 2001 年制定コンクリート標準示方書［維持管理編］に基づくコンクリート構造物の維持管理事例集（案）／平 17.3 ／ A4・192 p.
第117号：土木学会コンクリート標準示方書に基づく設計計算例［道路橋編］／平 17.3 ／ A4・321 p. ／ 2600 円
第118号：土木学会コンクリート標準示方書に基づく設計計算例［鉄道構造物編］／平 17.3 ／ A4・248 p.
※第119号：表面保護工法　設計施工指針（案）／平 17.4 ／ A4・531 p. ／ 4000 円
第120号：電力施設解体コンクリートを用いた再生骨材コンクリートの設計施工指針（案）／平 17.6 ／ A4・248 p.
第121号：吹付けコンクリート指針（案）　トンネル編／平 17.7 ／ A4・235 p. ／ 2000 円
※第122号：吹付けコンクリート指針（案）　のり面編／平 17.7 ／ A4・215 p. ／ 2000 円
※第123号：吹付けコンクリート指針（案）　補修・補強編／平 17.7 ／ A4・273 p. ／ 2200 円
※第124号：アルカリ骨材反応対策小委員会報告書－鉄筋破断と新たなる対応－／平 17.8 ／ A4・316 p. ／ 3400 円
第125号：コンクリート構造物の環境性能照査指針（試案）／平 17.11 ／ A4・180 p.
第126号：施工性能にもとづくコンクリートの配合設計・施工指針（案）／平 19.3 ／ A4・278 p. ／ 4800 円
第127号：複数微細ひび割れ型繊維補強セメント複合材料設計・施工指針（案）／平 19.3 ／ A4・316 p. ／ 2500 円
第128号：鉄筋定着・継手指針［2007 年版］／平 19.8 ／ A4・286 p. ／ 4800 円
第129号：2007 年版　コンクリート標準示方書　改訂資料／平 20.3 ／ A4・207 p.
第130号：ステンレス鉄筋を用いるコンクリート構造物の設計施工指針（案）／平 20.9 ／ A4・79p. ／ 1700 円
※第131号：古代ローマコンクリート－ソンマ・ヴェスヴィアーナ遺跡から発掘されたコンクリートの調査と分析－／平 21.4 ／ A4・148p. ／ 3600 円
第132号：循環型社会に適合したフライアッシュコンクリートの最新利用技術－利用拡大に向けた設計施工指針試案－／平 21.12 ／ A4・383p. ／ 4000 円
第133号：エポキシ樹脂を用いた高機能 PC 鋼材を使用するプレストレストコンクリート設計施工指針（案）／平 22.8 ／ A4・272p. ／ 3000 円
第134号：コンクリート構造物の補修・解体・再利用における CO_2 削減を目指して－補修における環境配慮および解体コンクリートの CO_2 固定化－／平 24.5 ／ A4・115p. ／ 2500 円
※第135号：コンクリートのポンプ施工指針　2012 年版／平 24.6 ／ A4・247p. ／ 3400 円
※第136号：高流動コンクリートの配合設計・施工指針　2012 年版／平 24.6 ／ A4・275p. ／ 4600 円
※第137号：けい酸塩系表面含浸工法の設計施工指針（案）／平 24.7 ／ A4・220p. ／ 3800 円
第138号：2012 年制定　コンクリート標準示方書改訂資料－基本原則編・設計編・施工編－／平 25.3 ／ A4・573p. ／ 5000 円
第139号：2013 年制定　コンクリート標準示方書改訂資料－維持管理編・ダムコンクリート編－／平 25.10 ／ A4・132p. ／ 3000 円
第140号：津波による橋梁構造物に及ぼす波力の評価に関する調査研究委員会報告書／平 25.11 ／ A4・293p. + CD-ROM ／ 3400 円
第141号：コンクリートのあと施工アンカー工法の設計・施工指針（案）／平 26.3 ／ A4・135p. ／ 2800 円
第142号：災害廃棄物の処分と有効利用－東日本大震災の記録と教訓－／平 26.5 ／ A4・232p. ／ 3000 円
第143号：トンネル構造物のコンクリートに対する耐火工設計施工指針（案）／平 26.6 ／ A4・108p. ／ 2800 円
※第144号：汚染水貯蔵用 PC タンクの適用を目指して／平 28.5 ／ A4・228p. ／ 4500 円
※第145号：施工性能にもとづくコンクリートの配合設計・施工指針［2016 年版］／平 28.6 ／ A4・338p.+DVD-ROM ／ 5000 円
※第146号：フェロニッケルスラグ骨材を用いたコンクリートの設計施工指針／平 28.7 ／ A4・216p. ／ 2000 円
※第147号：銅スラグ細骨材を用いたコンクリートの設計施工指針／平 28.7 ／ A4・188p. ／ 1900 円
※第148号：コンクリート構造物における品質を確保した生産性向上に関する提案／平 28.12 ／ A4・436p. ／ 3400 円
※第149号：2017 年制定　コンクリート標準示方書改訂資料－設計編・施工編－／平 30.3 ／ A4・336p. ／ 3400 円
※第150号：セメント系材料を用いたコンクリート構造物の補修・補強指針／平 30.6 ／ A4・288p. ／ 2600 円
※第151号：高炉スラグ微粉末を用いたコンクリートの設計・施工指針／平 30.9 ／ A4・236p. ／ 3000 円
※第152号：混和材を大量に使用したコンクリート構造物の設計・施工指針（案）／平 30.9 ／ A4・160p. ／ 2700 円
※第153号：2018 年制定　コンクリート標準示方書改訂資料－維持管理編・規準編－／平 30.10 ／ A4・250p. ／ 3000 円
第154号：亜鉛めっき鉄筋を用いるコンクリート構造物の設計・施工指針（案）／平 31.3 ／ A4・167p. ／ 5000 円
※第155号：高炉スラグ細骨材を用いたプレキャストコンクリート製品の設計・製造・施工指針（案）／平 31.3 ／ A4・310p. ／ 2200 円
※第156号：鉄筋定着・継手指針〔2020 年版〕／令 2.3 ／ A4・283p. ／ 3200 円
※第157号：電気化学的防食工法指針／令 2.9 ／ A4・223p. ／ 3600 円
※第158号：プレキャストコンクリートを用いた構造物の構造計画・設計・製造・施工・維持管理指針（案）／令 3.3 ／ A4・271p. ／ 5400 円
※第159号：石炭灰混合材料を地盤・土構造物に利用するための技術指針（案）／令 3.3 ／ A4・131p. ／ 2700 円
※第160号：コンクリートのあと施工アンカー工法の設計・施工・維持管理指針（案）／令 4.1 ／ A4・234p. ／ 4500 円
※第161号：締固めを必要とする高流動コンクリートの配合設計・施工指針（案）／令 5.2 ／ A4・239p. ／ 3300 円

※は土木学会にて販売中です．価格には別途消費税が加算されます．

定価 3,630 円（本体 3,300 円＋税 10%）

コンクリートライブラリー161
締固めを必要とする高流動コンクリートの配合設計・施工指針（案）

令和 5 年 2 月 1 日　第 1 版・第 1 刷発行

編集者……公益社団法人　土木学会　コンクリート委員会
締固めを必要とする高流動コンクリートの施工に関する研究小委員会
委員長　渡辺 博志
発行者……公益社団法人　土木学会　専務理事　塚田　幸広

発行所……公益社団法人　土木学会
〒160-0004　東京都新宿区四谷 1 丁目（外濠公園内）
TEL　03-3355-3444　FAX　03-5379-2769
http://www.jsce.or.jp/
発売所……丸善出版株式会社
〒101-0051　東京都千代田区神田神保町 2-17　神田神保町ビル
TEL　03-3512-3256　FAX　03-3512-3270

ISBN978-4-8106-1057-4
印刷・製本・用紙：（株）報光社